Conrad/Müller

Attribute Prüfprozesse in der Produktion

Stephan Conrad
Tobias Müller

Attributive Prüfprozesse in der Produktion

HANSER

Über die Autoren:
Stephan Conrad, Birkenau
Dr.-Ing. Tobias Müller, Würselen

MIX
Papier aus verantwortungsvollen Quellen
FSC® C083411

Print-ISBN: 978-3-446-48271-5
E-Book-ISBN: 978-3-446-48438-2

Bibliografische Information der Deutschen Nationalbibliothek:
Die Deutsche Nationalbibliothek verzeichnet diese Publikation in der Deutschen Nationalbibliografie; detaillierte bibliografische Daten sind im Internet unter http://dnb.d-nb.de abrufbar.

Vilshofener Straße 10 | 81679 München | info@hanser.de
www.hanser-fachbuch.de
Lektorat: Julia Stepp
Herstellung: Melanie Zinsler
Coverkonzept: Marc Müller-Bremer, www.rebranding.de, München
Covergestaltung: Max Kostopoulos
Titelmotiv: © stock.adobe.com/xiaoliangge
Satz: Eberl & Kœsel Studio, Kempten
Druck: CPI Books GmbH, Leck
Printed in Germany

Inhalt

1 Attributive Prüfprozesse als Bestandteil der Produktion

In der heutigen, schnelllebigen Produktionswelt spielen Qualitätssicherung und Qualitätsmanagement eine entscheidende Rolle für den Unternehmenserfolg. In einer Zeit, in der Märkte und Wettbewerb immer kompetitiver werden, ist es für Unternehmen von größter Bedeutung, Produkte von höchster Qualität zu liefern, um sich von günstigeren Anbietern abzuheben. Dies gilt insbesondere für Unternehmen, die sich über eine Qualitätsführerschaft auf dem Markt behaupten wollen und für die eine Preisführerschaft zum Beispiel aufgrund hoher Lohnkosten nicht umsetzbar oder aufgrund der Unternehmensphilosophie auch nicht erstrebenswert ist. Eine herausragende Produktqualität kann nicht nur dazu beitragen, Kunden zufriedenzustellen und langfristige Kundenbeziehungen aufzubauen, sondern auch das Unternehmensimage stärken und neue Marktanteile gewinnen.

Ein zentrales Element bei der Sicherstellung, Regelung und Optimierung der Qualität ist die Fertigungsmesstechnik. Diese spielt eine wesentliche Rolle in modernen Produktionsprozessen, da sie Messdaten liefert, die zur Überwachung und Steuerung der Produktqualität verwendet werden können. Durch den Einsatz fortschrittlicher Technologien der Messtechnik und (Mess-)Datenverarbeitung können Unternehmen sicherstellen, dass ihre Produkte den festgelegten Spezifikationen entsprechen und höchste Standards erfüllen. Darüber hinaus schafft die Fertigungsmesstechnik eine fundierte Datengrundlage und bildet somit die Basis für diverse Entscheidungsprozesse in Unternehmen. Diese Daten sind nicht nur essenziell für die kontinuierliche Verbesserung der Produktionsprozesse, sondern auch für strategische Entscheidungen im Hinblick auf Produktentwicklung und -innovation.

Die Fertigungsmesstechnik steht in diesem Zusammenhang für die mit dem Messen und Prüfen verbundenen Tätigkeiten von industriell hergestellten Produkten (Pfeifer/Schmitt 2010). Attributive Prüfprozesse stellen hierbei einen Teilbereich der Fertigungsmesstechnik dar, welcher insbesondere mit dem Aufstreben von kostengünstiger optischer Messtechnik und Machine Vision-Algorithmen an Bedeutung gewonnen hat.

Machine Vision

„Anwendung von Computer Vision auf Maschinen, Roboter, Prozesse oder Qualitätskontrolle.

Anmerkung 1: Diese Definition gilt auch für die Verwendung in optischen Elementen und Bauteilen."

(ISO/TR 14997-2, 2022; übersetzt aus dem Englischen)

Doch was bedeutet diese Definition für die Praxis?

Übersetzung für die Praxis

Machine Vision-Systeme erfassen Bilder eines Produkts oder Bauteils und wenden Bildverarbeitungsroutinen an, um auf Basis dieser Bilder die Qualitätsmerkmale des Produkts zu extrahieren und zu bewerten. Durch die Flexibilität, die geringen Anschaffungskosten und eine kontaktlose Messung/Qualitätsbewertung sind Machine Vision-Systeme eine attraktive Wahl für automatisierte Qualitätskontrollen und -regelungen (Wolfschläger 2024).

Im Gegensatz zu Messungen, welche für einen Prüfentscheid herangezogen werden (z. B. um über Messwerte Längen, Breiten oder Gewichte zu bewerten), klassieren attributive Prüfprozesse. Attributive Prüfprozesse bilden den Kern dieses Buches, deshalb sollen sie, ebenso wie der Begriff Klassieren, zunächst definiert werden. Für den Begriff Klassieren gibt es eine feststehende Definition, zum Beispiel nach VDA-Band 5.3 (VDA QMC 2024).

Klassierung

Bei der Klassierung handelt es sich um die Zuordnung einer Eigenschaft eines Objekts zu einer zuvor definierten Klasse (VDA QMC 2024).

Klassierung ist das Zuordnen von Elementen zu den zuvor bestimmten Klassen, basierend auf ihren Merkmalen und den festgelegten Klassifizierungsregeln. **Klassifizierung** bezeichnet hingegen das Bilden von Klassen durch das Festlegen gemeinsamer Merkmale.

Ein Prüfprozess selbst besteht immer aus drei Aspekten – dem Prüfmittel, dem Prüfmerkmal und den Einsatzbedingungen (Bild 1.1).

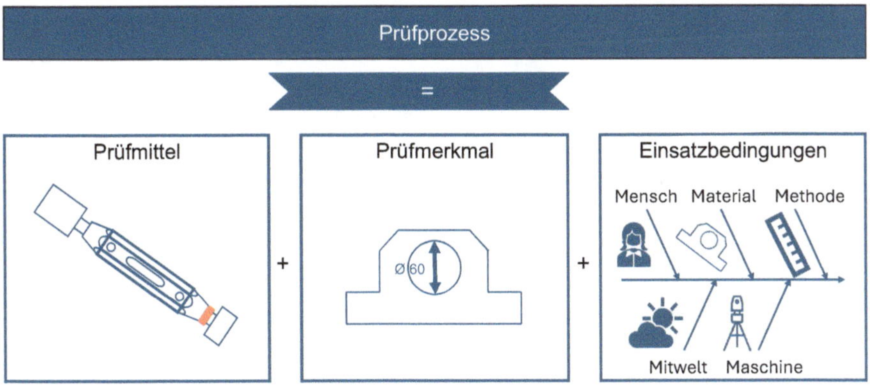

Bild 1.1 Die Bestandteile eines Prüfprozesses

Für den Begriff „attributiver Prüfprozess" oder „Prüfprozess" im Allgemeinen gibt es bislang noch keine einheitliche Definition. Für die Nutzung in diesem Buch und für die allgemeine Nutzung des Begriffs wird die im Folgenden aufgeführte Definition analog zum VDA-Band 5 vorgeschlagen.

Prüfprozess

Bei einem Prüfprozess handelt es sich um die Durchführung der Prüfung und die Ermittlung eines Prüfentscheids durch Abgleich des Ergebnisses eines Messprozesses mit einer vorgegebenen Spezifikation unter Berücksichtigung der ermittelten Messunsicherheit.

Die Situation kann folgendermaßen dargestellt werden (Bild 1.2):

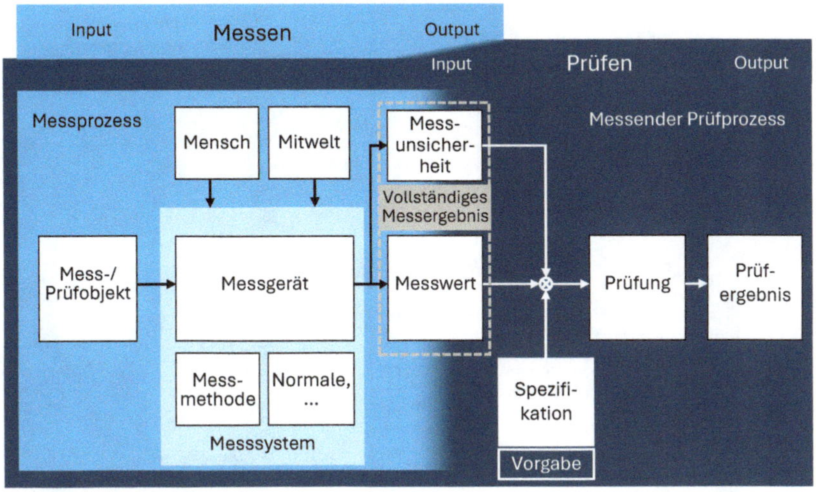

Bild 1.2 Messender Prüfprozess in Anlehnung an VDA-Band 5 (VDA QMC 2021)

Das Messsystem besteht aus Messgerät, Referenzen/Normalen und allen weiteren Messmitteln und Messhilfsmitteln, die für die Durchführung einer Messung notwendig sind. Dazu gehört auch die mit der Art des Messmittels verbundene Messmethode (Zweipunkt-Antastung, Scanning, Absolutmessung, Vergleichsmessung etc.).

Der Messprozess ist das Durchführen der Messung unter den aktuellen Bedingungen zum Zeitpunkt des Messens (z. B. Einflüsse durch die messenden Personen, die Temperatur und der Temperaturgradient, die Luftfeuchte, der Verschmutzungsgrad des Werkstücks etc.).

Der Output des Messprozesses ist das vollständige Messergebnis, das aus Messwert und zugehöriger Messunsicherheit besteht.

Der Prüfprozess greift auf den Messprozess und das vollständige Messergebnis zurück, um einen Prüfentscheid durch Abgleich des Ergebnisses eines Messprozesses mit einer vorgegebenen Spezifikation unter Berücksichtigung der ermittelten Messunsicherheit zu fällen.

Somit ist Messen und Prüfen eine Abfolge von Tätigkeiten und nicht, wie oft vermutet, eine diametral gegenüberstehende Vorgehensweise, die oft verkürzt als „Messen mit Messwerten und Prüfen ohne Messwerte" wiedergegeben wird.

Attributiver Prüfprozess

Einem attributiven Prüfprozess geht kein Messprozess voraus, sondern ein attributiver Bewertungsprozess (Bild 1.3). Das attributive Bewertungssystem umfasst analog zu den vorangegangenen Ausführungen das notwendige Equipment und die prinzipielle Vorgehensweise (z. B. taktil, sensorisch, optisch, mit Lehre, durch Farbvergleich etc.). Der attributive Bewertungsprozess entspricht der Durchführung der Bewertung unter den aktuellen Bedingungen zum Zeitpunkt des Bewertens analog zum Messprozess.

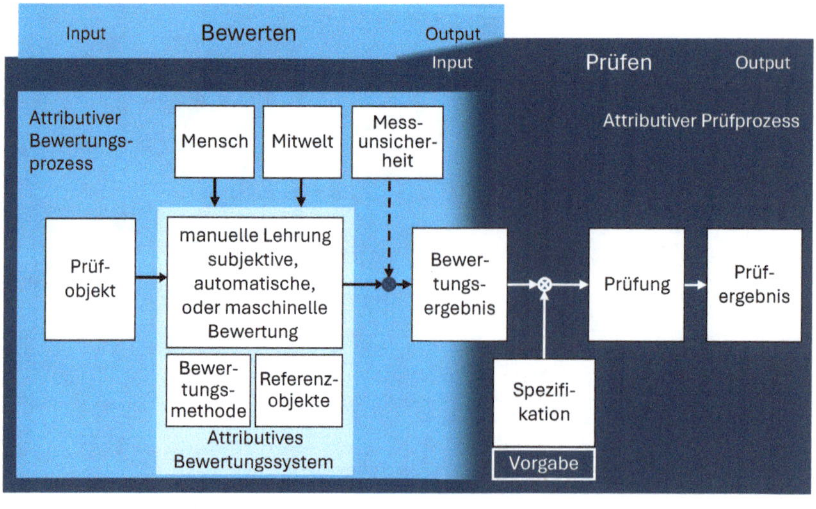

Bild 1.3 Attributiver Prüfprozess in Anlehnung an VDA-Band 5 (VDA QMC 2021)

Der Output des Bewertungsprozesses ist eine simple Feststellung wie „Farbe ist unterschiedlich", „Grenzlehrdorn gleitet durch die Bohrung" oder „ein Kratzer ist sichtbar".

Der Prüfprozess greift auf den Bewertungsprozess und das Bewertungsergebnis zurück, um einen Prüfentscheid durch Abgleich des Bewertungsergebnisses mit einer vorgegebenen Spezifikation zu fällen. Dabei ist eine „Bewertungsunsicherheit" zwar vorhanden, kann aber möglicherweise nicht ermittelt und insbesondere nicht berücksichtigt werden.

Übersetzung für die Praxis

Für das praktische Verständnis ist wichtig, dass sowohl messend als auch attributiv geprüft werden kann. Das Prüfen ist die Ermittlung eines Prüfentscheids aufgrund eines Messwertes oder einer Bewertung (Beobachtung).

Beispiele:

- Der Flansch lässt sich in die Gutseite der Rachenlehre einlegen, passt aber nicht in die Schlechtseite. Das Teil ist i. O.
- Der Isolationswiderstand von 2,75 GΩ liegt deutlich über dem Mindestwert von 380 MΩ. Das Teil ist i. O.
- Der Kratzer auf der Glasscheibe ist sichtbar und lässt sich mit einem Fingernagel spüren, liegt aber innerhalb der Falzzone. Laut Spezifikation sind Kratzer mittlerer Intensität in der Falzzone akzeptabel. Das Teil ist i. O.
- Die Flanschdicke von 15,892 mm unterschreitet die obere Toleranzgrenze von 15,900 mm. Das Guard Band auf Basis der bekannten Messunsicherheit beträgt 0,057 mm. Somit lässt sich trotz Messwert innerhalb der Toleranz nicht nachweisen, dass das Teil i. O. ist. Damit wird das Teil als n. i. O. eingestuft und darf nicht ausgeliefert werden.

Der wesentliche Unterschied in der Durchführung der messenden Prüfung und der attributiven Prüfung ist die Nutzung der Messunsicherheit:

- Im messenden Fall entsteht ein vollständiges Messergebnis mit Messunsicherheit, woraus Schutzabstände berechnet werden, die im Prüfentscheid berücksichtigt werden müssen.
- Im attributiven Fall ist die Messunsicherheit oder „Bewertungsunsicherheit" ebenfalls vorhanden und kann auch aufgezeigt werden, allerdings nicht immer als Messunsicherheit in der Dimension eines Messwertes (U = 0,53 µm), sondern vielfach nur als Kennwert in einer wahrscheinlichkeitstheoretischen Dimension (z. B. Kappa κ = 0,82). Damit kann sie im Prüfentscheid auch nicht berücksichtigt werden, und es können keine Guard Bands angewandt werden.

Somit spiegelt sich die Unsicherheit im attributive Prüfentscheid vollständig wider, während im messenden Fall die Unsicherheit berücksichtigt wird und damit der Prüfentscheid abgesichert werden kann.

Attributive Prüfprozesse zielen darauf ab, festzustellen, ob ein Produkt bestimmte Kriterien erfüllt oder nicht.

Dies sind beispielhafte attributive Prüfmerkmale:

- **Farbe:** die Überprüfung, ob ein Produkt in der korrekten Farbe lackiert wurde
- **Oberflächengüte:** die Überprüfung, ob eine Oberfläche Fehlstellen wie Kratzer, Dellen oder sonstige sichtbare Mängel aufweist
- **Form:** Überprüfung auf das Vorhandensein von Verformungen oder strukturellen Anomalien
- **Vollständigkeit:** Sicherstellung, dass alle Teile eines Produkts vorhanden sind (gegebenenfalls inklusive einer Überprüfung der korrekten Montage)

Je nach Anwendungsfall kann es sinnvoller sein, eine Messung für einen Prüfentscheid zu nutzen oder auf die vorangehend beschriebene attributive Prüfung zurückzugreifen. Welche Methode und welche Systeme gewählt werden, ist häufig eine multikriterielle Entscheidung.

Dies sind die Vorteile attributiver Prüfprozesse gegenüber Messungen (mit anschließendem Prüfentscheid):

- **Kosten:** Häufig sind attributive Prüfprozesse im direkten Vergleich der Anwendungsfälle kostengünstiger (insbesondere mit dem vorangehend beschriebenen Aufstreben kostengünstiger optischer Messtechnik, wie z. B. Kameras in Kombination mit Machine Vision-Algorithmen).
- **Geschwindigkeit:** Häufig sind attributive Prüfprozesse schneller und können auch einfacher In-Line verbaut werden.
- **Automatisierungspotenzial:** Mit der Entwicklung von optischer Messtechnik und Machine Vision-Algorithmen lassen sich attributive Prüfprozesse häufig leicht(er) automatisieren. Dies reduziert den Bedarf an menschlicher Intervention und minimiert das Risiko subjektiver Fehlern.
- **Eignung für bestimmte Merkmale:** Einige Produktmerkmale lassen sich besser qualitativ als quantitativ über Messwerte bewerten. Beispielsweise kann die Sichtprüfung auf Kratzer oder Verfärbungen effizienter mit attributiven Methoden durchgeführt werden.

Dies sind die Nachteile attributiver Prüfprozesse gegenüber Messungen (mit anschließendem Prüfentscheid):

- **Begrenzte Informationsmenge:** Da attributive Prüfprozesse nur Aussagen über das Erfüllen oder Nichterfüllen bestimmter Kriterien treffen (z. B. OK/NOK oder die Beschreibung einer Farbe) ist der Informationsgehalt gegenüber einer variablen Prüfung, welche spezifische Messwerte als zusätzliche Informationen mit ausgibt, begrenzt. Die Lage innerhalb (oder außerhalb) der Toleranz wird nicht bestimmt.

- **Eingeschränkte Prozessverbesserung:** Es gibt keine detaillierte Information über das Ausmaß oder die Natur des Problems (z. B. die Lage des Prüfergebnisses zum Sollwert oder der Toleranzgrenzen), was eine Diagnose und Behebung des Qualitätsproblems erschweren kann.
- **Eignungsnachweis:** Verschiedenste Normen und Richtlinien fordern einen Eignungsnachweis für die in der Produktion eingesetzten Prüfprozesse (unabhängig von der Ausprägung, ob attributiv oder messend). Grundlage hierfür bildet häufig die Bestimmung der Messunsicherheit, welche z. B. über den Guide to the Expression of Uncertainty in Measurement (GUM) (JCGM 100:2008) oder den VDA-Band 5 (VDA QMC 2024) bestimmt werden kann. Da die Messunsicherheit für attributive Prüfprozesse aber nicht ohne Weiteres quantifiziert werden kann, sind andere Methoden zu nutzen, welche die anwendenden Personen aber häufig vor Herausforderungen stellen. Begründet ist dies entweder darin, dass die notwendigen statistischen Kenntnisse nicht vorliegen oder schlichtweg die Dokumentation von Eignungsnachweisen attributiver Prüfprozesse in Normen und Richtlinien oft nicht im Vordergrund steht. Hinzu kommt, dass optische Messtechnik insbesondere in Kombination mit Machine Vision noch einmal neue Herausforderungen birgt, welche erstmalig im neuen VDA-Band 5.3 adressiert wurden.

Wird die attributive Prüfung über eine Lehre (z. B. einen Lehrdorn oder -ring) durchgeführt, sind nach Dietrich und Conrad folgende Nachteile zu ergänzen (Dietrich/Conrad 2024):

- **Vielseitigkeit:** Lehren sind auf die Überprüfung einer spezifischen Toleranz ausgelegt. Variable Prüfprozesse in Form von Messprozessen können häufig ein breiteres Spektrum an Nennmaßen und Toleranzen prüfen und sind so flexibler einsetzbar.
- **Abnutzung:** Abnutzungserscheinungen können nicht ohne Weiteres über das Nachstellen des Geräts kompensiert werden, was bei Messsystemen häufig möglich ist.

Die Vorteile von variablen Prüfprozessen kommen insbesondere bei kleineren Toleranzen zum Tragen. Daher empfiehlt es sich, Toleranzen der Klasse IT 9 und darunter durch direkte Messungen zu prüfen und lediglich gröbere Toleranzen mit festen Lehren zu kontrollieren. Bei der Prüfung mit Lehren kann beispielsweise die vom Bediener ausgeübte Krafteinwirkung zu hoch sein.

Ziel dieses Buches ist es, einen umfassenden Überblick über attributive Prüfprozesse in der Produktion zu geben und ein einheitliches Verständnis zu schaffen, das im Buch gebündelt wird. Das Buch soll zudem Hilfestellungen für alle Personen liefern, welche attributive Prüfprozesse einsetzen oder planen, diese einzusetzen. Zu Beginn werden zunächst die Besonderheiten von attributiven Prüfprozessen beschrieben. Dazu werden sie den messenden Systemen gegenübergestellt (Abschnitt 1.1 ff.). Hierbei wird auch auf die Besonderheiten von optischen attributiven Prüfungen als Spezialfall der attributiven Prüfungen eingegangen. Zudem werden Hilfestellungen für die Beschaffung attributiver Prüfmittel vorgestellt.

In Kapitel 2 werden die statistischen Grundlagen für attributive Prüfprozesse ausführlich dargelegt. Dieses Kapitel umfasst nicht nur die grundlegende Beschreibung der attributiven Verteilungen, sondern beschäftigt sich auch intensiv mit den Vertrauens- und Zufallsstreubereichen, die für das Verständnis und die Anwendung attributiver Prüfprozesse von zentraler Bedeutung sind. Hierbei wird besonderer Wert darauf gelegt, die theoretischen Konzepte verständlich zu vermitteln und ihre Relevanz für die praktische Anwendung zu verdeutlichen. Der Fokus liegt dabei stets auf der praktischen Umsetzung der statistischen Grundlagen, sodass die Leserinnen und Leser die erlernten Prinzipien direkt in ihren Arbeitsalltag integrieren können. Praktische Beispiele und illustrative Darstellungen unterstützen das Verständnis der komplexen Materie und erleichtern die Übertragung auf reale Anwendungsszenarien.

Kapitel 3 beschreibt diskretisierte und diskrete Prüfprozesse. Hierbei werden zunächst beide Arten von attributiven Prüfprozessen definiert und es wird erläutert, wie sich diese hinsichtlich ihrer Eigenschaften und Anwendungen unterscheiden. Dabei werden die spezifischen Merkmale und Einsatzgebiete der diskretisierten und diskreten Prüfprozesse herausgearbeitet, um ein Verständnis für ihre jeweiligen Vor- und Nachteile zu schaffen. Darüber hinaus werden die Referenz- und Prüflose behandelt. Es wird erläutert, welche Bedeutung Referenz- und Prüflose in den Prüfprozessen haben und wie sie korrekt angewendet werden können.

Grundlage für das Vertrauen in die Ergebnisse von (attributiven) Prüfprozessen bildet eine erfolgreich nachgewiesene Prüfprozesseignung. Da der Eignungsnachweis von attributiven Prüfprozessen in den Methoden deutlich von Eignungsnachweisen für messende Systeme abweicht, wird in Kapitel 4 der Eignungsnachweis aufgegriffen. In Kapitel 4 werden verschiedene Methoden für diskretisierte und (rein) diskrete, attributive Prüfprozesse beschrieben. Erstmalig wird nach einer umfassenden Darstellung der verschiedenen Möglichkeiten auch eine Auswahlhilfe zur Verfügung gestellt. Insbesondere für praktische Anwendungen soll hierbei zwischen den Vor- und Nachteilen der verschiedenen Methoden differenziert werden. Über die klare Definition von Grenzen der jeweiligen Methoden soll allen anwendenden Personen ein Leitfaden zur Verfügung gestellt werden, einen Eignungsnachweis eigenständig mit den entsprechenden Methoden durchzuführen. Als Erweiterung wird erläutert, was beim Eignungsnachweis durch die Nutzung von Machine Learning- oder Deep Learning-Algorithmen in Prüfprozessen zu beachten ist und welche Besonderheiten die Nutzung als Auswertealgorithmus bietet.

In Kapitel 5 werden abschließend noch einmal in ganz allgemeiner Weise die Methoden der künstlichen Intelligenz sowie des Machine Learning vorgestellt. Neben den Auswirkungen der neuen Methoden in der Praxis ist der Aspekt der Vertrauenswürdigkeit der Ergebnisse der Algorithmen (zusätzlich zum klassischen Eignungsnachweis) ein

Kernthema. Trustworthy AI (Artificial Intelligence) und Explainable AI stellen hierbei nicht nur Buzzwords in neuerer Literatur und in Bekanntmachungen dar, sondern sind auch Methodenbaukästen, welche genutzt werden können, um die Vertrauenswürdigkeit der Methoden zu bewerten. In Kapitel 5 wird analysiert, welche Methoden aktuell existieren, inwiefern sie jetzt bereits Anwendung in der Praxis finden und welche aktuellen Forschungsergebnisse den zukünftigen Einsatz dieser Methoden im zukünftigen Unternehmensalltag beeinflussen könnten. Darüber hinaus wird eine Analogie zum klassischen Eignungsnachweis aus der Fertigungsmesstechnik gezogen, und entsprechende Grenzen der (aktuellen) Methoden werden aufgezeigt.

Einige Abbildungen in diesem Buch wurden mithilfe der Software Q-DAS solara. MP der Firma Hexagon erstellt. Wir danken dem Unternehmen für die freundliche Bereitstellung der Software.

Das Buch selbst weist verschiedene Strukturelemente auf, um das Ziel des Verständnisses und die Anwendbarkeit in der Praxis zu unterstützen.

Definitionen werden genutzt, um ein einheitliches Verständnis eines Themas oder eines Begriffs herzustellen. Im Bereich der attributiven Prüfungen kann es durchaus zu widersprüchlichen Definitionen kommen. Für das vorliegende Buch gelten die Definitionen aus diesen Kästen. Grundlage hierfür sind in der Regel Normen, Richtlinien oder sonstige Quellen aus der Literatur. In Ausnahmefällen wird eine eigenständige Definition neu erstellt.

Übersetzung für die Praxis

Da Definitionen aus Normen, Richtlinien und Literaturquellen nicht zwingend einfach und verständlich sind, wird in den Kästen mit der Überschrift „Übersetzung für die Praxis" eine Erklärung ergänzt. Diese Erklärung greift die Definition auf und führt weitere Erklärungen (z. B. Beispiele) an. Wichtig zu beachten ist, dass Definitionen aus Normen und Richtlinien im Anwendungsgebiet des jeweiligen Dokuments allgemeingültig sind. Die Übersetzung für die Praxis stellt die Verständlichkeit über die Allgemeingültigkeit. Die Übersetzung gilt somit für die überwiegende Mehrheit der Anwendungsfälle, ist aber gegebenenfalls nicht auf alle Spezialfälle anwendbar.

Praxistipp

Ein Praxistipp zielt auf die Anwendbarkeit des beschriebenen Abschnitts (z. B. einer Methode) ab. Es werden Hilfestellungen oder zu beachtende Randbedingungen ergänzt, welche so gegebenenfalls nicht in Normen oder Richtlinien stehen. Ziel ist es, Personen aus der Praxis die Anwendbarkeit sowie den Einstieg in die entsprechenden Themen zu erleichtern.

1.1 Besonderheiten von attributiven Prüfprozessen

Um die Besonderheiten von attributiven Prüfprozessen zu verstehen, müssen zunächst die Unterschiede zwischen Prüfen und Messen verstanden werden. Gemäß des Internationalen Wörterbuchs der Metrologie (VIM) definiert sich eine Messung wie im Folgenden aufgeführt.

Messung

„Prozess, bei dem einer oder mehrere Größenwerte, die vernünftigerweise einer Größe zugewiesen werden können, experimentell ermittelt werden"

(JCGM 200:2012, übersetzt aus dem Englischen)

Übersetzung für die Praxis

Eine Messung ist der Prozess, bei dem durch gezielte Experimente oder Beobachtungen der Wert einer Größe oder Eigenschaft festgestellt wird. Dabei werden Messgeräte oder Methoden verwendet, um beispielsweise Länge, Gewicht, Temperatur oder andere relevante Parameter zu bestimmen. Das heißt, mithilfe von technischen Hilfsmitteln werden konkrete Werte erfasst, um Eigenschaften von Produkten, Materialien oder Prozessen zu quantifizieren.

Der VDA-Band 5 definiert die Messung nach VIM als Messprozess, und dieser unterliegt verschiedensten Einflüssen. Diese Einflüsse stammen entweder direkt aus dem Messsystem (Messgerät, Messmethode) oder es handelt sich um Einflüsse aus der Umwelt, von Menschen oder vom Messobjekt. Das Wirken dieser Einflüsse beim Durchführen einer Messung führt dazu, dass das Messergebnis mit einer Unsicherheit, der sogenannten Messunsicherheit, behaftet ist. Die Messunsicherheit wiederum definiert sich nach VIM wie im Folgenden aufgeführt.

Messunsicherheit

„Nichtnegativer Parameter, der die Streuung der Werte kennzeichnet, die der Messgröße auf der Grundlage der benutzten Information beigeordnet ist"

(JCGM 200:2012, übersetzt aus dem Englischen)

Für die Praxis bedeutet das Folgendes:

Übersetzung für die Praxis

Die Messunsicherheit gibt einen Bereich des Messwertes an, in dem der wahre Wert der Messgröße mit einer bestimmten Wahrscheinlichkeit liegt. Wie groß dieser (Unsicherheits-)Bereich ist, hängt von den wirkenden Einflussgrößen in Kombination mit dem genutzten Messsystem ab. Große Schwankungen in der Beleuchtung können zum Beispiel einen hohen Einfluss auf die Messunsicherheit eines optischen Messsystems haben. Der Einfluss auf ein taktiles Messsystem würde vermutlich deutlich geringer ausfallen.

Basierend auf Experimenten oder Angaben aus der Literatur kann die Messunsicherheit bestimmt werden. Hierbei handelt es sich jedoch um eine Abschätzung des Unsicherheitsbereichs. Das Ergebnis hängt also davon ab, welche Einflüsse betrachtet werden und welches Modell zur mathematischen Bestimmung der Messunsicherheit genutzt wird. Für die Praxis ist es demnach wichtig, alle relevanten Einflüsse zu betrachten und eine fundierte Entscheidung zur Auswahl des mathematischen Modells zur Quantifizierung der Messunsicherheit zu treffen. Hilfestellungen können hierbei einschlägige Normen und Richtlinien (z. B. GUM, VDA 5, ISO 22514-7) bieten.

Das Ergebnis einer Messung setzt sich immer aus dem Messergebnis, der Messunsicherheit und der physikalischen Einheit der Messgröße zusammen. Es handelt sich also um eine Information, welche gewonnen wird.

Eine Prüfung wiederum ist der Abgleich mit einer Spezifikation. Als klassisches Beispiel der Produktionstechnik sei hier der Konformitätsentscheid nach DIN EN ISO 14253-1 zu nennen. Hierbei wird bewertet, ob ein Werkstück die geforderte Spezifikation erfüllt (i. O.) oder ob das Werkstück die Spezifikation nicht erfüllt (n. i. O.) und somit entweder nachgearbeitet oder verschrottet werden muss. Das Ergebnis einer Prüfung ist nach VDA 5 ein Prüfentscheid. Im Gegensatz zu einer Messung ist eine Prüfung also eine Bewertung vorliegender Informationen.

Prüfungen können folglich Messungen als Grundlage für die Bewertung der Konformität nutzen. Allerdings können diese Informationen nicht nur aus Messungen stammen, sondern auch aus anderen Quellen. Das Nutzen einer Lehre kann ebenfalls als Informationsgrundlage für eine Prüfung genutzt werden, wenn die genutzten Maßverkörperungen die merkmalsspezifischen Spezifikationsgrenzen repräsentieren.

1.2 Erfolgreiche Durchführung attributiver Prüfungen

In Dietrich und Conrad wird beschrieben, welche Voraussetzungen es für die erfolgreiche Durchführung attributiver Prüfprozessen gibt und welche Punkte beachtet werden sollten, um ein verbessertes und stabileres Ergebnis bei einer attributiven Prüfung zu erhalten (Dietrich/Conrad 2024).

Ein bedeutender Nachteil attributiver Prüfungen liegt darin, dass das Prüfergebnis in hohem Maße von der individuellen Handhabung durch den jeweiligen Prüfer beeinflusst wird. Deshalb sollten beim Einsatz von Lehren folgende Hinweise beachtet werden:

- Alle Lehren sind ohne wesentliche Kraftanwendung zu nutzen.
- Die Gutlehre muss sich ohne Zwang in das Werkstück einführen lassen.
- Die Ausschusslehre darf nur leicht anschnäbeln.
- Bei Rachenlehren kommt es aufgrund ihrer U-Form und der Keilwirkung der Werkstücke zu einer Aufbiegung. Daher wird bei Nennmaßen bis 100 mm empfohlen, das Eigengewicht der Rachenlehre als Messkraft zu verwenden.

Durch die Beachtung der folgenden Punkte ist ein nachweislich besseres und stabileres Prüfergebnis zu erwarten:

- umfassende Einweisung und Schulung der Prüfer
- ausreichende Übung durch die Prüfer mit anschließendem Erfolgsnachweis
- regelmäßige Wiederholungsschulungen mit Erfolgsnachweis
- explizite Motivation des Prüfers durch den Vorgesetzten Folgendes zu beachten:
  - Sorgfalt im Umgang mit den Prüfobjekten und Prüfmitteln
  - Sauberkeit und Ordnung am Arbeitsplatz
- Schaffung eines geeigneten Prüfumfelds:
  - ergonomisch gestalteter Arbeitsplatz, z. B. mit
    - Ablagen für Prüfmittel
    - An- und Ablieferungsbereiche im Griff- und Sichtbereich des Mitarbeiters
  - ausreichende Beleuchtung, in Farbe und Helligkeit der Prüfaufgabe angepasst
  - Schutz gegen störenden und vom Prüfgeschehen ablenkenden Lärm
  - angepasste Temperaturen, Vermeidung von Zugluft und großen Temperaturschwankungen
  - Vermeidung von starken Dauerbelastungen (wie Heben und Tragen schwerer Prüfobjekte)

Insbesondere die zuletzt genannten Punkte sind sogar gesetzlich vorgeschrieben und stellen somit grundlegende Voraussetzungen dar, die vom Arbeitgeber gewährleistet werden müssen.

Die vorangehend aufgeführten Aspekte sind teilweise indirekt in Normen verankert (wie etwa die Motivation) oder werden direkt gefordert (etwa Schulung und Lernkontrolle) und müssen dementsprechend nachgewiesen werden. Das bedeutet, dass festgelegt sein muss, welche Qualifikationen für die jeweiligen Arbeitsschritte erforderlich sind, und nachgewiesen werden muss, dass die ausführenden Personen eine umfassende Schulung erhalten haben (Stichwort: Arbeitsplatzführerschein). Der Erfolg dieser Schulungen (Wirksamkeitsprüfung) ist zu belegen und zu dokumentieren (Dietrich/Conrad 2024).

1.3 Optische attributive Prüfungen

Optische attributive Prüfungen stellen in vielen Fällen eine Besonderheit unter den attributiven Prüfprozessen dar, weil sie zum einen gewisse Randbedingungen aufweisen und besonderen Einflüssen unterliegen, und zum anderen, weil insbesondere im Bereich der Messunsicherheitsbestimmung und beim Eignungsnachweis der Fokus häufig auf taktilen Verfahren/Systemen liegt. Eine Ausnahme bildet hier der VDA-Band 5.3, welcher erstmalig explizit die Besonderheiten optischer Sensoren und Bildverarbeitungssysteme aufgreift. Optische attributive Prüfungen (sowie optische Mess- und Prüfprozesse im Allgemeinen) nutzen als Ausgangspunkt Licht sowie die davon transportierten Informationen, um zu einem Prüfentscheid zu gelangen (VDA QMC 2024).

In Anlehnung an den VDA-Band 5.3 beschreibt Bild 1.4 den Informationsfluss von der beobachteten Szene bis zur Auswertelogik, welche zu einem entsprechenden Prüfentscheid kommt.

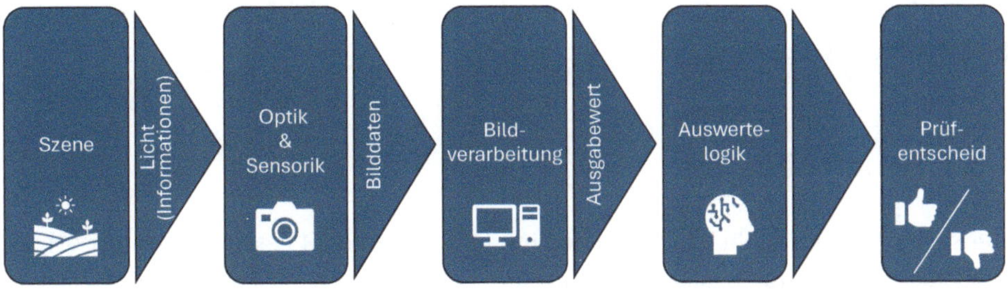

Bild 1.4 Der Informationsfluss optischer Prüfungen in Anlehnung an VDA-Band 5.3 (VDA QMC 2024)

Um eine optische Prüfung aufzunehmen, wird immer von einer sogenannten Szene ausgegangen.

Szene

Eine Szene beschreibt einen *„Ausschnitt der Realität, der von der Sensorik erfasst wird. Enthält Hintergrund und optional Vordergrund mit einem oder mehreren Objekten"* (VDA QMC 2024).

Übersetzung für die Praxis

Eine Szene beschreibt also das zu messende Objekt sowie die dazugehörige Umgebung. Bezogen auf eine Kamera in der Produktion ist das zu messende Objekt zum Beispiel eine Bauteilgruppe, welche auf Vollständigkeit geprüft werden soll, und die Umgebung ist z. B. ein Roboter, welcher die Bauteilgruppe hält, eine Produktionsanlage mit einem leuchtenden Warnlicht im Hintergrund sowie Personen, welche an der Produktionsanlage arbeiten.

Diese Szene enthält alle notwendigen Informationen für die Prüfung. Das Licht als Informationsträger wird über eine entsprechende Optik und Sensorik aufgenommen, und es werden Bilddaten erstellt. Diese Bilddaten werden über eine Bildverarbeitung nutzbar gemacht. Die Bildverarbeitung leitet einen entsprechenden Ausgabewert an die Auswertelogik weiter, sodass schlussendlich ein Prüfentscheid (z. B. Baugruppe vollständig/Baugruppe unvollständig) getroffen werden kann.

Diese Beschreibung ist zunächst allgemeingültig und für alle optischen Prüfungen (attributiv oder messend) anwendbar. Unterscheidungen gibt es insbesondere in den drei mittleren Schritten „Optik und Sensorik", „Bildverarbeitung" und „Auswertelogik". Übergeordnet kann hier zunächst von einer menschlichen Licht- und Datenverarbeitung oder von einer maschinell/systemgestützten Aufnahme und Auswertung gesprochen werden. Bei der menschlichen Licht- und Datenverarbeitung ist das klassische Beispiel eine Sichtprüfung (vgl. Abschnitt 1.3.1). Systemgestützte Auswertungen sind zum Beispiel optische Sensoren wie Kameras und Bildverarbeitungssysteme (vgl. Abschnitt 1.3.2).

1.3.1 Sichtprüfungen

Die Sichtprüfung bezieht den Menschen mit in den in Bild 1.4 beschriebenen Informationsfluss bis hin zur Entscheidungsfindung ein. Nach DIN EN 13018 wird zwischen der direkten und indirekten Sichtprüfung unterschieden. Hierbei wird die direkte Sichtprüfung wie in den folgenden Ausführungen definiert.

Direkte Sichtprüfung

„Sichtprüfung mit nicht unterbrochenem Strahlengang zwischen dem Auge des Prüfers und der Prüffläche. Diese Prüfung wird ohne oder mit Hilfsmittel(n), z. B. mit Spiegel, mit Linse, mit Endoskop oder mit faseroptischem Gerät, durchgeführt."

(DIN EN 13018:2001)

Die direkte Sichtprüfung eignet sich insbesondere für Anwendungsfälle, wo die Prüfung ohne Hilfsmittel durchgeführt werden kann. Dafür muss das Prüfobjekt direkt zugänglich und ausreichend beleuchtet sein, um die notwendigen Details erkennen zu können.

Zu den Anwendungsbeispielen zählen folgende:

- Sichtprüfung von Schweißnähten an leicht zugänglichen Stellen
- Überprüfung von Oberflächen auf Beschädigungen oder Korrosion direkt vor Ort

Der Vorteil direkter Sichtprüfungen ist, dass es sich um eine schnelle und unkomplizierte Methode handelt, welche in der Regel sehr schnell Ergebnisse liefert.

Die indirekte Sichtprüfung wird wie in den folgenden Ausführungen definiert.

Indirekte Sichtprüfung

„Sichtprüfung mit unterbrochenem Strahlengang zwischen dem Auge des Prüfers und der Prüffläche. Die indirekte Sichtprüfung umfasst die Anwendung von Foto- und Videotechnik, von automatisierten Systemen und Robotern."

(DIN EN 13018:2001)

Bezogen auf den Informationsfluss aus Bild 1.4 bedeutet dies, dass für die direkte Sichtprüfung das von der Szene ausgehende Licht direkt vom Auge des Menschen aufgenommen und verarbeitet wird. Bei der indirekten Sichtprüfung wird das von der Szene ausgehende Licht von der Optik und/oder Sensorik eines optischen Systems aufgenommen (vgl. Abschnitt 1.3.2). Über eine Abbildung auf einem Bild oder Video wird der Informationsfluss anschließend vom Auge des Menschen aufgenommen. Folglich unterscheiden sich die beiden Varianten vor allem in der Verarbeitung des von der Szene ausgehenden Lichts.

Indirekte Sichtprüfungen eignen sich insbesondere für Anwendungsfälle, wo das Prüfobjekt und/oder relevante Bereiche für die Prüfung nicht oder nur schwer einsehbar sind. Der Einsatz von Hilfsmitteln zur elektronischen Erfassung des Prüfobjekts wird daher notwendig.

Zu den Anwendungsbeispielen zählen folgende:

- Inspektion von Rohrleitungen oder Behältern mittels Videoendoskopie
- Überwachung von Anlagenbereichen durch ferngesteuerte Drohnen oder Roboter

Der Vorteil indirekter Sichtprüfungen ist, dass eine Sichtprüfung in gefährlichen oder unzugänglichen Anwendungen ermöglicht werden kann.

Allgemein gilt, dass auch für Sichtprüfungen die Kriterien zur erfolgreichen Durchführung einer attributiven Prüfung (vgl. Abschnitt 1.2) gelten. Aufgrund des im Vergleich zu (teil-)automatisiert durchgeführten Prüfungen stärkeren (subjektiven) Einflusses des Menschen auf das Ergebnis der Prüfung nehmen die Aspekte einer ausreichenden Schulung, Einweisung und Übung beim Personal einen besonderen Stellenwert ein. Die DIN EN 13018 verstärkt und ergänzt die in Abschnitt 1.2 genannten Kriterien für direkte Sichtprüfungen um folgende Aspekte:

- die optimale Ausrichtung des Lichts zur Betrachtungsrichtung
- die Vermeidung direkter Reflexion
- die Optimierung der Farbtemperatur der Lichtquelle
- eine mit dem Oberflächenreflexionsvermögen verträgliche Beleuchtungsstärke (DIN EN 13018: 2001)

Für die Messung und Bewertung der Beleuchtung sei auf die DIN 5035-6 verwiesen, welche hierfür einige Hilfestellungen liefert.

In Dietrich und Conrad werden diese Kriterien wiederum um folgende Aspekte erweitert (Dietrich/Conrad 2024):

- klarer logistischer Materialfluss mit eindeutig gekennzeichneten Ablagen der einzelnen Fehlerklassen
- Für Schulungs- und Übungszwecke sollten am Arbeitsplatz eindeutig definierte Musterteile oder Grenzmuster bereitgestellt werden. Falls dies nicht möglich ist, sind Fotos der einzelnen Fehler mit klaren Hinweisen bereitzustellen.
- Einplanen von Sichtprüf- und Erholungspausen, welche sicherstellen, dass ein „natürlicher menschlicher" Schlupf minimiert und Ermüdungserscheinungen und nachlassender Konzentration entgegengewirkt wird

Für indirekte Sichtprüfungen ergänzt die DIN EN 13018, dass die Eignung der angewendeten Systeme zur Aufnahme des Prüfobjekts nachzuweisen ist. Auf diesen Aspekt wird in Abschnitt 4.4 näher eingegangen.

1.3.2 Optische Systeme

Da industrielle Fertigungsprozesse immer mehr von einer stetig fortschreitenden Automatisierung und immer höheren Anforderungen an die Fertigungsqualität geprägt sind, werden immer häufiger optische Systeme eingesetzt, um die Qualität zu überwachen. Die hergestellten Produkte müssen zuverlässig, objektiv, möglichst vollautomatisch und in Bezug auf definierte Produkt- und Qualitätsvorgaben überwacht werden. Hierbei spielt die industrielle Bildverarbeitung mit ihren Methoden und Verfahren zur Fertigungsautomatisierung, zur *automatischen Sichtprüfung* und zur berührungslosen Messtechnik eine entscheidende Rolle (VDI/VDE/VDMA 2632, Blatt 1, 2023). Je nach Anwendungsfall können Sie folglich manuelle Sichtprüfungen ergänzen oder auch ersetzen. Übergreifend bieten optische Systeme jedoch noch ein deutlich breiteres Anwendungsfeld.

Der VDA-Band 5.3 liefert die im Folgenden aufgeführte Definition für ein optisches Messsystem.

Optisches Messsystem

„Ein optisches Messsystem wird durch ein optisches Messgerät (Optik + Sensor und Bildverarbeitung), eine Messmethode und ein zugehöriges Normal definiert. Dabei ist das optische Messgerät eine Vorrichtung zur Messung und Auswertung der Intensität, spektralen Verteilung, Polarisation oder anderer Charakteristiken von Licht. Zur Vorrichtung können folgende Komponenten gehören: Sensor, Lichtquelle, Optik, Halterungen zum Aufbau."

(VDA QMC 2024)

Der optische Messprozess wiederum besteht folglich aus einem optischen Messsystem, dem Menschen, dem Messobjekt und der Mitwelt (VDA QMC 2024). Über den Abgleich mit einer Spezifikation können die Ergebnisse des optischen Messprozesses für eine Prüfung genutzt werden. Ein attributiver optischer Prüfprozess vergleicht entsprechende Attribute mit einer Sollvergabe und ermittelt hieraus ein Prüfergebnis (z. B. i. O. oder n. i. O.).

Durch eine möglichst vollständige Automatisierung des in Bild 1.4 dargestellten Informationsflusses sind einige Einflüsse auf die optischen Systeme bei einem Einsatz in der Produktion zu beachten. Im Gegensatz zu den meisten taktilen Systemen besitzt das Licht in optischen Systemen als grundlegender Informationsträger eine gesonderte Rolle. Entsprechende Lichteinstellungen sind möglichst bewusst auszulegen und/oder zu prüfen. Darüber hinaus sollten die entsprechende Optik und Sensorik auf die Lichtverhältnisse ausgelegt sein. In vielen Systemen kommen inzwischen Machine Vision und künstliche Intelligenz über Machine Learning- oder Deep Learning-Algorithmen zum Einsatz. Hierbei sind entsprechende Anlernprozesse sowie Validierungsprozesse gesondert zu betrachten und weichen gegebenenfalls von üblichen Prozessen der Prüfprozessplanung taktiler Systemen ab. Dies umfasst sowohl die Software selbst als auch die genutzten Datensätze (inklusive Referenzprüflosen, Fehlerbildern etc.). Eine detaillierte Analyse inklusive Eignungsnachweis erfolgt in den folgenden Kapiteln des Buches.

1.3.3 Gegenüberstellung von Sichtprüfung und optischen Systemen

Ob für eine optische attributive Prüfung eine Sichtprüfung oder eine automatisierte Prüfung mittels optischer Systeme durchgeführt werden sollte, hängt vom Anwendungsfall ab. Im Folgenden wird analysiert, welche Vor- und Nachteile Sichtprüfungen gegenüber optischen Systemen (im Regelfall) haben.

Vorteile von (insbesondere direkten) Sichtprüfungen gegenüber automatisierten Prüfungen mit optischen Systemen:

1. Flexibilität und Anpassungsfähigkeit
   - **Menschliche Intuition:** Prüfer können komplexe oder unvorhergesehene Fehler erkennen, die außerhalb vordefinierter Prüfparameter liegen.
   - **Anpassung an Variationen:** Menschen können sich schnell an Änderungen im Prüfobjekt oder im Prozess anpassen, ohne dass eine Umprogrammierung notwendig ist.
2. Kosten
   - **Geringere Anfangsinvestitionen:** Die Durchführung von Sichtprüfungen erfordert keine teure Ausrüstung oder komplexen Systeme.

- **Wirtschaftlichkeit bei kleinen Serien:** Für Unternehmen mit geringem Produktionsvolumen sind Sichtprüfungen oft kosteneffizienter.

3. Qualitative Beurteilung
   - **Erkennung subtiler Mängel:** Menschen können bestimmte Fehler oder Unregelmäßigkeiten wahrnehmen, die für Maschinen schwer zu erkennen sind, z. B. Farbschattierungen oder Texturveränderungen.
   - **Ganzheitliche Betrachtung:** Prüfer können das Gesamterscheinungsbild und die Funktion eines Produkts bewerten.
4. Einfachheit und Schnelligkeit der Implementierung
   - **Sofortiger Einsatz:** Sichtprüfungen können ohne umfangreiche Einrichtung oder Programmierung gestartet werden.
   - **Training vor Ort:** Mitarbeiter können direkt am Arbeitsplatz geschult werden.
5. Reduzierung technischer Abhängigkeiten
   - **Weniger anfällig für technische Probleme:** keine Abhängigkeit von Software-Updates oder elektronischen Ausfällen

Nachteile von (insbesondere direkten) Sichtprüfungen gegenüber automatisierten Prüfungen mit optischen Systemen:

1. Subjektivität und Inkonsistenz
   - **Menschliche Fehler:** Ergebnisse können je nach Prüfer variieren. Faktoren wie Müdigkeit, Stress oder Ablenkung beeinflussen die Genauigkeit.
   - **Schwierigkeiten bei der Standardisierung:** Einheitliche Qualitätsstandards umzusetzen ist herausfordernd.
2. Begrenzte Geschwindigkeit und Effizienz
   - **Langsamer Prüfdurchsatz:** Menschen können nicht mit der Geschwindigkeit automatisierter Systeme konkurrieren, was bei hohen Produktionsvolumen nachteilig ist.
   - **Erhöhte Personalkosten:** Es kann mehr Personal erforderlich sein, um die notwendigen Prüfungen durchzuführen.
3. Physische Einschränkungen
   - **Ergonomie und Sicherheit:** Prüfer können gefährlichen oder ungünstigen Arbeitsbedingungen ausgesetzt sein, insbesondere bei indirekten Sichtprüfungen in engen oder gefährlichen Umgebungen.
   - **Eingeschränkte Erfassungsmöglichkeiten:** Bestimmte Bereiche oder Defekte können schwer zugänglich oder erkennbar sein.
4. Dokumentation und Rückverfolgbarkeit
   - **Mangelnde Datenerfassung:** Manuelle Prüfungen bieten weniger Möglichkeiten zur automatischen Dokumentation und Analyse der Ergebnisse.

- **Schwierigkeiten bei der Qualitätskontrolle:** Ohne digitale Aufzeichnungen ist die Nachverfolgung von Fehlern und Trends komplizierter.

5. Ermüdung und Aufmerksamkeitsverlust
   - **Konzentrationsschwankungen:** Längere Prüfzeiten können zu verringerter Aufmerksamkeit und damit zu übersehenen Fehlern führen.

1.4 Beschaffung von attributiven Prüfmitteln

Für viele Prüfmittel gibt es Dokumente, die die grundlegenden metrologischen Eigenschaften beschreiben, sowohl qualitativ als auch quantitativ. Dazu gehört zum Beispiel die VDI/VDE/DGQ-Richtlinie 2618, die in zahlreichen Blättern Prüfanweisungen und Anforderungen an verschiedene Handprüfmittel und Referenzmaterialien (z. B. Parallelendmaße, Prüfstifte, Einstellringe etc.) beschreibt und sich dabei auf die aktuellen Normen aus DIN und ISO bezieht.

Diese Dokumente ermöglichen es einerseits, eine gewisse Grundqualität der Prüfmittel zu definieren und zu fordern. Andererseits ist die Einordnung der Mittel in verschiedene Geräteklassen und ein direkter Vergleich der Herstellerqualität möglich. Im Rahmen der Prüfmittelüberwachung wird üblicherweise sichergestellt, dass diese Anforderungen auch weiterhin im täglichen Gebrauch eingehalten werden.

Ein erfolgreicher Abnahmetest sichert allerdings nicht die Einhaltung der angegebenen Fehlergrenzen (MPE) oder Unsicherheiten im praktischen Einsatz ab. Da sich die realen Prüfobjekte von den Kalibrier-Prüfkörpern unterscheiden, die Prüfungen oft unter abweichenden Bedingungen und vor allem nicht im klimatisierten Prüfraum stattfinden, kann die reale Situation zu stark abweichenden Unsicherheiten führen. Deshalb ist nach der direkten Abnahme der Prüfmittel anhand der Bestätigung ihrer metrologischen Merkmale ein Eignungsnachweis erforderlich, der zeigt, dass das gewählte Prüfmittel unter realen Prüfbedingungen, am realen Prüfobjekt und an einem Merkmal mit gegebener Toleranz noch zu ausreichend kleinen Unsicherheiten führt. Ersteres entspricht einer Verifizierung der Prüfmittel, beantwortet also die Frage, ob das Prüfmittel den eigenen Anforderungen entspricht. Der zweite Schritt ist die Validierung des Prüfprozesses, also die Bestätigung, dass ein für diese Anwendung geeignetes Prüfmittel ausgewählt wurde und zur Prüfaufgabe passend eingesetzt wird.

Ein analoges Beispiel aus dem Alltag ist die regelmäßige Überprüfung von Feuerlöschern. Feuerlöscher werden nach bestimmten Normen geprüft und zugelassen, was sicherstellt, dass sie grundsätzlich den Sicherheitsanforderungen entsprechen und daher eingesetzt werden dürfen. Unabhängig davon muss im praktischen Eignungstest festgestellt werden, ob der Feuerlöscher für den vorgesehenen Verwendungszweck geeignet ist, d. h., ob zum Beispiel ein Wasser-, Schaum- oder CO_2-Löscher benötigt wird, abhängig von den spezifischen Brandgefahren vor Ort. Sollte sich der

Anwendungsfall ändern, etwa durch neue Materialien oder veränderte Bedingungen im Betrieb, muss dieser Eignungsnachweis erneut durchgeführt werden.

Deshalb sollte der Prozess der Prüfmittelbeschaffung folgender Prozedur folgen:

1. Definition und Beschreibung der Prüfaufgabe inklusive der erwarteten Umwelt- und Einsatzbedingungen. Dazu gehören folgende Aspekte:
   a. Beschreibung der zu prüfenden Produkte, Einsatzorte (Umgebung), Prüf- und Taktzeiten, Prüfumfänge etc.
   b. abzusichernde Funktionen oder Merkmale am Bauteil
   c. Zielsetzung der Prüfung (SPC-Überwachung, Konformitätsprüfung, 100-%-Prüfung usw.)
2. Abgleich mit vorhandenen Prüfmitteln und daraus folgende Bedarfsermittlung
3. Erstellung eines Lastenhefts mit allen erwarteten Leistungsdaten und Eigenschaften
4. Durchführung einer Machbarkeitsstudie, gegebenenfalls mit vorläufigem Eignungsnachweis
5. Angebotseinholung und Lieferantenbewertung, gegebenenfalls mit Konstruktions- und Softwarebewertungen; Bestellung auslösen
6. Planung und Durchführung der Vorabnahme (Teilespektrum und Teilebereitstellung)
7. Planung, Durchführung und Dokumentation von Eingangsprüfung, Erstkalibrierung und Endabnahme
8. Aufnahme in die Prüfmittelüberwachung, Kennzeichnung und Erstellung einer Kalibrieranweisung
9. Definition und Durchführung von Maßnahmen zur Überwachung der fortlaufenden Eignung des Prüfprozesses
10. Schulung und Einweisung der Bediener, gegebenenfalls mit Erfolgskontrolle und Wiederholungsschulung

Der Ablauf wird in Bild 1.5, in Anlehnung an diverse Praxisbeispiele (Q-DAS GmbH/Effenberger 2021, Q-DAS GmbH/Ofen 2017), exemplarisch als Flussdiagramm dargestellt.

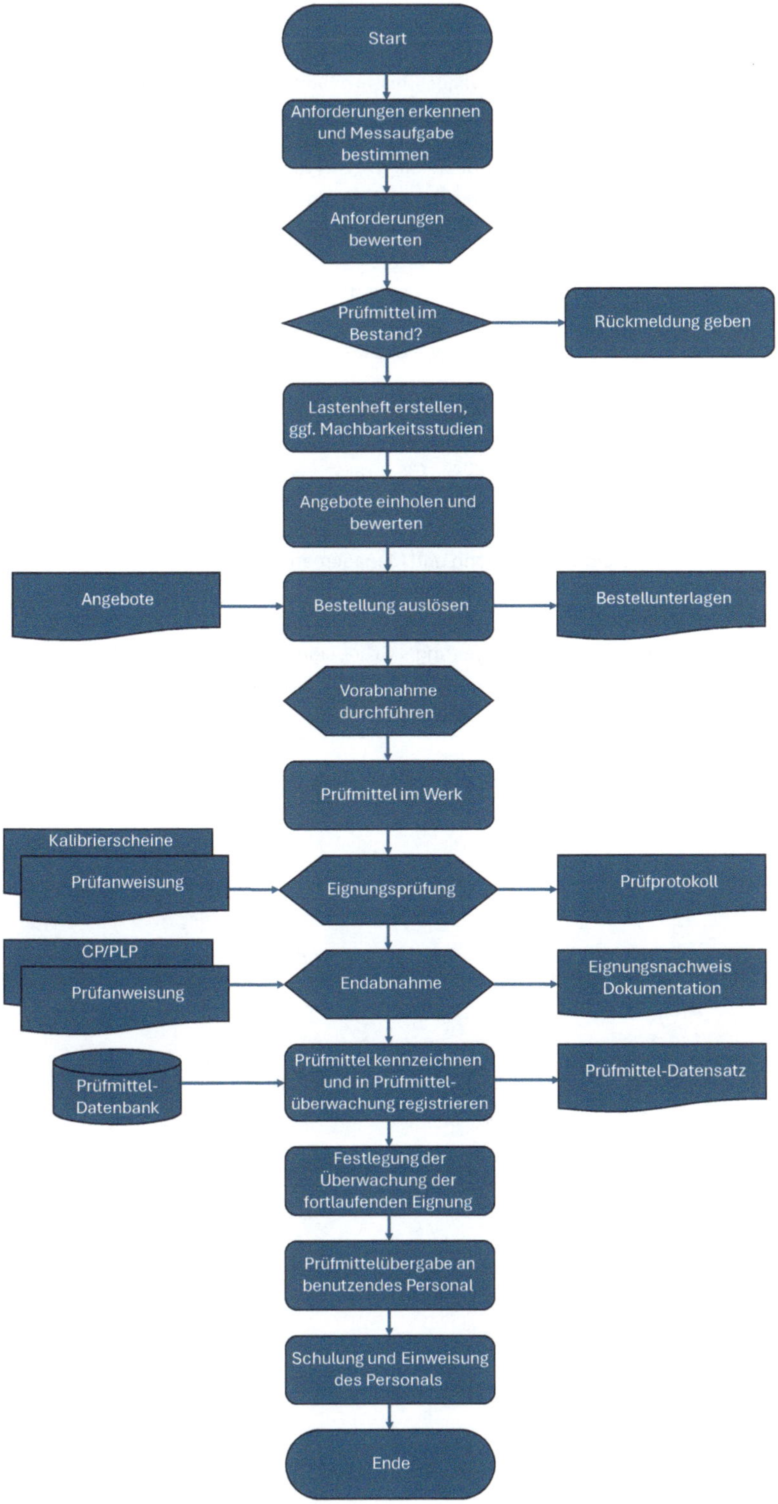

Bild 1.5 Prozess zur Beschaffung von Prüfmitteln nach Conrad (Conrad 2023)

Literatur

Conrad, S.: Bedeutung von Mess- und Prüfmitteln. In: *Schmitt, R./Dietrich, E. (Hrsg.):* Handbuch Messtechnik in der industriellen Produktion. Valide Messergebnisse planen, erhalten, auswerten und verteilen. Carl Hanser Verlag, München 2023, S. 105 – 114

Dietrich, E./Conrad, S.: Eignungsnachweis von Mess- und Prüfprozessen. Fähigkeit, Eignung und Messunsicherheit im aktuellen Normenumfeld. 6. Auflage. Carl Hanser Verlag, München 2024

DIN EN 13018:2001: Zerstörungsfreie Prüfung – Sichtprüfung – Allgemeine Grundlagen

ISO/TR 14997-2:2022: Optics and photonics – Test methods for surface imperfections of optical elements – Part 2: Machine vision.

JCGM 100:2008: Evaluation of measurement data – Guide to the expression of uncertainty in measurement

JCGM 200:2012: International Vocabulary of Metrology – Basic and general concepts and associated terms

Pfeifer, T./Schmitt, R.: Fertigungsmesstechnik, 3. Auflage. De Gruyter Oldenbourg, München 2010

Q-DAS GmbH/Effenberger, G.: 005-FMT Prüfmittelbeauftragter und Prüfmittelmanagement (Seminarunterlagen) Modul FMT 3.1 Rev 11. Chemnitz 2021

Q-DAS GmbH/Ofen, R.: 031-FMT Spezialfälle bei der Beurteilung von Mess- und Prüfprozessen (Seminarunterlagen). Weinheim 2017

VDA QMC: Mess- und Prüfprozesse. Eignung, Planung und Management. VDA-Band 5.3., überarbeitete Auflage. Verband der Automobilindustrie e. V., Berlin 2021

VDA QMC: VDA-Band 5.3: Eignung von optischen Sensoren und Bildverarbeitungssystemen. 2024

VDI/VDE/VDMA 2632: Blatt 1. Industrielle Bildverarbeitung – Grundlagen und Begriffe. 2023

Wolfschläger, D.: Metrologically interpretable feature extraction using generative AI for industrial machine vision. Doctoral Dissertation. RWTH Aachen 2024

2 Statistische Grundlagen

Zusammenfassung

Dieses Kapitel liefert einen Überblick über die wesentlichen statistischen Vorgehensweisen bei der Auswertung attributiver Daten. Vorab wird eine Klärung herbeigeführt, in welcher Beziehung die Begriffe „Prüfen" und „Messen" stehen und warum in den Definitionsnormen im Wesentlichen von Messen gesprochen wird. Danach werden die Begriffe „attributiv" und „diskret" gegenübergestellt und die Zählweisen erläutert, die zu „Fehlerhaften Einheiten" und „Fehler pro Einheit" führen. In diesem Zusammenhang wird auch die Mehrdeutigkeit des Begriffes „Einheit" im Vergleich zu den Definitionen in ISO 3534-2 herausgearbeitet.

Je nach Zählweise sind verschiedene diskrete Wahrscheinlichkeitsverteilungen anzuwenden. Anhand anschaulicher Beispiele werden folgende Verteilungen erläutert:

- hypergeometrische Verteilung
- Binomialverteilung
- Poissonverteilung

Bei der Interpretation statistischer Ergebnisse entstehen grundsätzlich zwei Unsicherheiten: Ermittelt man Kennwerte aus Stichproben, ist immer zu hinterfragen, wie vertrauenswürdig die Ergebnisse sind. Aussagen darüber treffen Vertrauensbereiche, die die Tatsache berücksichtigen, dass nur ein kleiner Teil der Grundgesamtheit zur Schätzung der Ergebnisse verwendet wurde. Zieht man Stichproben aus den als bekannt angenommenen Prozessen mit ihren beschriebenen Parametern, so stellt sich immer die Frage, inwieweit der Zufall das Stichprobenergebnis beeinflussen kann. Aussagen darüber treffen die Zufallsstreubereiche.

Sowohl Vertrauensbereiche als auch Zufallsstreubereiche werden immer mit einem vorzugebenden Vertrauensniveau berechnet, typischerweise 95 %, 99 % oder 99,9 %, bzw. mit der komplementären Irrtumswahrscheinlichkeit von 5 %, 1 % oder 0,1 %. Grundlagen dazu sind in den entsprechenden Kapiteln zu finden.

Abschließend wird beschrieben, welche Näherungen üblich sind, vor allem, wann welche diskrete Verteilung durch die wesentlich leichter handhabbare stetige Normalverteilung genähert werden kann.

2.1 Vorbemerkung

In der Literatur gibt es unzählige Darstellungen und Beschreibungen von attributiven Daten und deren statistischer Aufbereitung. Die Begrifflichkeiten sind dabei oft bunt gemischt, und es scheint, als reiche es, wenn man weiß, was gemeint ist. Vielfach werden Begriffe wie attributive, qualitative und diskrete Merkmale synonym genutzt. Für ein besseres Verständnis sollten die Begriffe jedoch sauber getrennt und in ihren unterschiedlichen Bedeutungen eindeutig unterschieden werden. Das ist auf Basis des Internationalen Wörterbuchs der Metrologie (VIM) (Brinkmann 2012, ISO/IEC Guide 99:2007, JCGM 200:2012) und der Begriffsnormen DIN ISO 3534-1 und DIN ISO 3534-2 möglich (DIN ISO 3534-1:2009-10, DIN ISO 3534-2:2013-12). Allerdings finden sich dort bei Weitem nicht so viele Erläuterungen, wie oftmals erwartet werden. Insbesondere die umgangssprachlich beliebten „attributiven Merkmale", die so gerne mit „attributiven Verteilungen" ausgewertet werden, sind nicht zu finden. Warum ist das so?

Das Internationale Wörterbuch der Metrologie legt den Fokus logischerweise auf das Messen (Brinkmann 2012, ISO/IEC Guide 99:2007, JCGM 200:2012). Die in der AIAG MSA zu findende Definition, die ursprünglich schon in der 3. Auflage 2002 zu finden war, wurde von den Normungsgremien nicht übernommen. Dort war und ist die im folgenden Kasten aufgeführte Definition zu lesen.

AIAG MSA 4. Auflage (AIAG 2010)

Chapter III - Section C

Attribute Measurement Systems Study

„Attribute measurement systems are the class of measurement systems where the measurement value is one of a finite number of categories. This is contrasted to the variables measurement system which can result in a continuum of values. The most common of these is a go/no-go gage which has only two possible results. Other attribute systems, for example visual standards, may result in five to seven classifications, such as very good, good, fair, poor, very poor."

Kapitel III - Abschnitt C

Untersuchung von attributiven Messsystemen

Als attributive Messsysteme bezeichnet man eine Gruppe von Messsystemen, deren Messwert eine begrenzte Anzahl von Kategorien besitzt. Im Gegensatz dazu kann ein Messsystem zur Messung kontinuierlicher Merkmale fortwährend Messwerte liefern. Das gebräuchlichste attributive Messsystem ist eine Gut-/Schlecht-Lehre, welche nur zwei mögliche Ergebnisse liefert. Andere attributive Messsysteme, wie Referenzmuster für die Aussehensbewertung, können beispielsweise in fünf bis sieben unterscheidbare Kategorien aufgeteilt werden.

(Freie Übersetzung aus dem Englischen)

Dem konnte sich das Internationale Wörterbuch der Metrologie (Brinkmann 2012, ISO/IEC Guide 99:2007, JCGM 200:2012) nicht anschließen, denn dort ist das Messen über den Begriff Messung wie im folgenden Kasten aufgeführt definiert.

Internationales Wörterbuch der Metrologie/International vocabulary of metrology - Basic and general concepts and associated terms

„2.1 Messung

Prozess, bei dem einer oder mehrere Größenwerte, die vernünftigerweise einer Größe zugewiesen werden können, experimentell ermittelt werden.

ANMERKUNG 1 Der Begriff „Messung" ist nicht auf Nominalmerkmale anwendbar.

ANMERKUNG 2 Messung bedeutet Vergleich von Größen oder Zählen von Objekten.

ANMERKUNG 3 Eine Messung setzt eine Beschreibung der Größe zusammen mit dem beabsichtigten Zweck eines Messergebnisses voraus sowie ein Messverfahren und ein kalibriertes Messsystem, das gemäß einem vorgegebenen Messverfahren arbeitet, einschließlich der Messbedingungen."

„2.1 measurement

process of experimentally obtaining one or more quantity values that can reasonably be attributed to a quantity

NOTE 1 Measurement does not apply to nominal properties.

NOTE 2 Measurement implies comparison of quantities or counting of entities.

NOTE 3 Measurement presupposes a description of the quantity commensurate with the intended use of a measurement result, a measurement procedure, and a calibrated measuring system operating according to the specified measurement procedure, including the measurement conditions." (Brinkmann 2012, ISO/IEC Guide 99:2007, JCGM 200:2012)

Mit dem Messen ist damit immer auch die Zuweisung eines Messwertes (Größenwertes) verbunden, und es kann kein „attributives Messen" geben, weil dort kein Messwert ermittelt wird. Das wird in Anmerkung 1 nochmals explizit erwähnt. Da die Metrologie die „Wissenschaft vom Messen und ihre Anwendung" ist, sind attributive Prüfungen im Internationalen Wörterbuch für Metrologie logischerweise kein Thema. Allerdings findet man Definitionen in DIN ISO 3534-2:2013-12, „Statistik – Begriffe und Formelzeichen – Teil 2: Angewandte Statistik (ISO 3534-2:2006)", interessante Definitionen, speziell die sogenannte „Attributprüfung" (DIN ISO 3534-2:2013-12).

DIN ISO 3534-2:2013-12

„4.1.3 Attributprüfung

Prüfung (4.1.2) durch Beobachten des Vorhandenseins oder des Fehlens eines oder mehrerer Merkmale (1.1.1) in jeder Einheit (1.2.11), die zu der betrachteten Gruppe gehört, und Zählen der Einheiten, die das Merkmal aufweisen oder nicht aufweisen, oder wie viele derartige Ereignisse in der Einheit, in der Gruppe oder im Raum der Möglichkeiten (1.2.31) auftreten.

ANMERKUNG Falls bei der Prüfung einfach notiert wird, ob die Einheit nichtkonform ist oder nicht, wird die Prüfung als Prüfung auf nichtkonforme Einheiten (1.2.12) bezeichnet. Falls bei der Prüfung für jede Auswahleinheit (1.2.14) die Anzahl der Nichtkonformitäten (3.1.11) notiert wird, wird die Prüfung als Prüfung auf die Anzahl von Nichtkonformitäten bezeichnet."

„4.1.3 inspection by attributes

inspection (4.1.2) by noting the presence, or absence, of one or more particular characteristic(s) (0) in each of the items (1.2.10) in the group under consideration, and counting how many items do, or do not, possess the characteristic(s), or how many such events occur in the item, group or opportunity space (1.2.30)

NOTE When inspection is performed by simply noting whether the item is nonconforming or not, the inspection is termed inspection for nonconforming items (1.2.11). When inspection is performed by noting the number of nonconformities (3.1.11) on each unit (1.2.13), the inspection is termed inspection for number of nonconformities." (DIN ISO 3534-2:2013-12)

In vielen Normtexten sind Verweise auf andere Definitionen der gleichen Norm direkt hinter den Begriffen in Klammern angegeben. Üblicherweise werden diese bei Zitaten entfernt. Um Ihnen einen direkten Zugang zu den Definitionsnormen zu ermöglichen, haben wir die Verweise beibehalten.

Die Attributprüfung erfolgt also durch die Beobachtung, ob ein Merkmal oder eine Eigenschaft vorhanden ist oder fehlt. Natürlich können auch mehrere Merkmale parallel oder gleichzeitig beobachtet werden. Dabei wird eine Einheit oder eine Auswahleinheit bewertet, die aus einer oder mehreren Einheiten bestehen kann.

„1.2.11 Einheit

das, was einzeln beschrieben und betrachtet werden kann

BEISPIEL Eine diskrete physische Einheit; eine definierte Menge von Massengut; eine Dienstleistung (1.2.33), eine Tätigkeit, eine Person, ein System oder eine Kombination daraus.

ANMERKUNG 1 Siehe auch Auswahleinheit (1.2.14).

ANMERKUNG 2 Objekt ist kein angemessener Begriff."

„1.2.11 item, entity

anything that can be described and considered separately

EXAMPLE A discrete physical item; a defined amount of bulk material; a service (1.2.32), activity, person, system or some combination thereof.

NOTE 1 See also sampling unit (1.2.13).

NOTE 2 Object is a deprecated term." (DIN ISO 3534-2:2013-12)

*„**1.2.14 Auswahleinheit***

einer der einzelnen Teile, in die eine Grundgesamtheit (1.2.1) gegliedert ist

ANMERKUNG 1 Eine Auswahleinheit kann eine oder mehrere Einheiten (1.2.11) enthalten, z. B. eine Schachtel mit Streichhölzern, jedoch wird nur ein Ermittlungsergebnis (3.4.1) für die Auswahleinheit erhalten.

ANMERKUNG 2 Eine Auswahleinheit kann aus diskreten Einheiten oder aus einer definierten Menge von Massengut bestehen.

ANMERKUNG 3 Für die ‚Auswahleinheit' <Massengut> siehe 5.1.4."

*„**1.2.14 sampling unit, unit***

one of the individual parts into which a population (0) is divided

NOTE 1 A sampling unit can contain one or more items (1.2.10), for example a box of matches, but one test result (3.4.1) will be obtained for it.

NOTE 2 A sampling unit can consist of discrete items or a defined amount of bulk material.

NOTE 3 For 'sampling unit' <bulk material>, see 5.1.4." (DIN ISO 3534-2:2013-12)

Ein wesentliches Problem der deutschen Übersetzung ist die Mehrdeutigkeit des Wortes „Einheit", insbesondere in der verkürzten, eher umgangssprachlichen Nutzung. Die Begrifflichkeit ist möglicherweise im Englischen griffiger, wo von „item" und „sampling unit" gesprochen wird. Alternative Übersetzungen könnten sein:

- Item = Artikel oder Produkt
- Sampling Unit = Stichproben(einheit)

Die Stichprobe enthält mindestens einen Artikel oder ein Produkt, es können aber auch mehrere sein.

Ist ein Item auf eine einzelne Eigenschaft geprüft, dann ist das Ergebnis eine Erkenntnis, die sich noch nicht statistisch bewerten lässt. Es braucht dazu noch einen Zählvorgang und einen Bezug. Erst durch Zählen wird diese Information mithilfe statistischer Methoden zugänglich.

Wenn der Pkw am heutigen frostigen Wintermorgen nicht starten wollte, dann ist das meistens Ursache für großen Ärger, aber keine Statistik. Erst eine Zählung, wie oft der Pkw (Einheit/Item) in der Woche oder im Monat nicht startet, erlaubt die Aufstellung einer Statistik.

Steht ein großer Fuhrpark (Auswahleinheit/Sampling Unit) mit 50 Pkw (Einheiten/Items) zur Verfügung, kann hingegen sogar gezählt werden, wie viele Fahrzeuge (Einheiten/Items) am heutigen frostigen Wintermorgen nicht vom Hof fahren, weil sie sich nicht starten ließen. Daraus kann eine tägliche Statistik erstellt werden.

Man kann eine Einheit/ein Item jedoch nicht nur auf eine einzelne Eigenschaft prüfen. Es könnte sein, dass eine Eigenschaft an einer Einheit/einem Item mehrfach auftritt.

Bei einer Fahrzeugkontrolle wird der Reifendruck geprüft. Ein typischer Pkw hat vier Räder, wobei ein eventuell vorhandenes Reserverad nicht berücksichtigt wird. Die Anzahl fehlerhafter Reifendrücke liegt als zwischen 0 und 4 pro Pkw (Einheit/Item).

Es sind demnach folgende Arten des Zählens zu unterscheiden.

- Hat jedes Item eine einzelne eindeutige Eigenschaft, z. B. i. O./n. i. O., so ist die Zählung defekter Einheiten/Items einer Stichprobe (Auswahleinheit/Sampling Unit) möglich. In diesem Fall ist die maximale Anzahl möglicher Fehler identisch mit der Anzahl der Einheiten in der Stichprobe. Man spricht umgangssprachlich von der Zählung „fehlerhafter Einheiten/Items“.
- Besteht die Möglichkeit, dass ein Fehler an einer Einheit mehrfach auftritt, dann können die Fehler pro Einheit gezählt werden. In diesem Fall kann eine Einheit mehrere Fehler aufweisen. Man spricht von der Zählung der „Fehler pro Einheit/Item“.
- Die letztere Variante lässt sich im Zusammenhang mit der Auswahleinheit/Sampling Unit, die mehrere Einheiten/Items enthält, erweitern. Zählt man Fehler pro Auswahleinheit/Sampling Unit, so kann die Anzahl der Fehler größer sein als die Anzahl der Einheiten/Items in der Auswahleinheit/Sampling Unit. Nun wird auch deutlich, warum der Begriff „Sampling **Unit**“ wichtig ist. Die statistischen Aussagen sind immer exakt auf diese Unit bezogen, können dann aber auch auf eine Stichprobe aus mehreren Units übertragen werden. Man spricht auch hier umgangssprachlich von der Zählung der „Fehler pro Einheit“, meint mit Einheit nun aber nicht das Item, sondern die Sampling Unit. Man zählt also „Fehler pro (Auswahl-)Einheit/Sampling Unit“.

Bei der Zählung „fehlerhafter Einheiten/Items“ pro „Auswahleinheit/Sampling Unit“ wird hier außer Acht gelassen, dass eine Sampling Unit auch nur ein Item enthalten kann. In diesem Fall wäre eine Statistik nicht sehr aussagekräftig.

Das Prüfobjekt sei eine Platine mit mehreren gelöteten Bauteilen. Die Lötqualität soll geprüft werden. Die Prüfung kann erfolgen, indem eine Stichprobe von fünf Platinen auf Funktion geprüft wird. Es werden dabei zwischen null und fünf fehlerhafte Platinen gefunden. Gezählt werden „fehlerhafte Einheiten“.

Bei der Prüfung können fehlerhafte Lötstellen gezählt werden:

- Dazu wird jeweils eine Platine entnommen, und es werden die fehlerhaften Lötstellen auf dieser einen Platine gezählt, also die „Fehler pro Einheit (Item)". Die statistischen Ergebnisse beziehen sich dann auf eine Einheit (Item).
- Alternativ wird ein Werkstückträger entnommen, der sechs Platinen (Items) enthält. Um den Lötprozess über den gesamten Werkstückträger zu beurteilen, werden fehlerhafte Lötstellen auf allen sechs Platinen, der Auswahleinheit (Sampling Unit), gezählt. Umgangssprachlich zählt man auch hier „Fehler pro Einheit" im Sinne von „Fehler pro Auswahleinheit (Sampling Unit)."

  Die statistischen Ergebnisse beziehen sich dann auf eine Auswahleinheit (Sampling Unit) mit sechs Einheiten (Items). Es kann somit sein, dass wesentlich mehr Fehler gezählt werden als die Auswahleinheit (Sampling Unit) Einheiten (Items) hat. Erhält der Kunde monatlich 1200 Platinen, dann sind das 200 Sampling Units, die in der Statistik zu berücksichtigen sind.

Diese Unterscheidung der Zählweise ist wichtig, weil daraus die anzuwendende Statistik abgeleitet werden kann. Die Zählung der

- fehlerhaften Einheiten ist mit einer Binomialverteilung zu bewerten (siehe Abschnitt 2.2.2 und Abschnitt 2.3.3), und der
- Fehler pro Einheit ist mit einer Poissonverteilung zu bewerten (siehe Abschnitt 2.2.3 und Abschnitt 2.3.4).

Die nachfolgenden Abschnitte sind teilweise an das Buch *Statistische Verfahren zur Maschinen- und Prozessqualifikation* von Edgar Dietrich und Stephan Conrad (8. Auflage, Carl Hanser Verlag 2021, ISBN 978-3-446-46447-6) angelehnt.

2.2 Attributive Verteilungen

Im Unterschied zur Beschreibung quantitativer Merkmale, bei der eine Vielzahl unterschiedlicher Verteilungsmodelle zum Zuge kommen können, ist die Auswahl für die Beschreibung qualitativer Daten stark reduziert. Während bei quantitativen Merkmalen das Verteilungsmodell sehr stark von der Merkmalsentstehung, der Fertigungstechnik und der Messtechnik abhängt, sind für qualitative Merkmale eher die Art der Zählung und die relative Häufigkeit der Zählwerte entscheidend.

Die diskreten Wahrscheinlichkeitsverteilungen geben den Zusammenhang zwischen der Ereignisanzahl für ein diskretes Merkmal (z. B. Anzahl Fehler oder Anzahl fehlerhafter Einheiten) und der zugehörigen Wahrscheinlichkeit für deren Auftreten an. Die diskreten Verteilungsmodelle geben also an, mit welcher Wahrscheinlichkeit eine gewisse Anzahl von Fehlern/fehlerhaften Einheiten in einer Stichprobe gefunden wird.

Das ist ein signifikanter Unterschied zu stetigen Verteilungsmodellen, die angeben, mit welcher Wahrscheinlichkeit ein bestimmter Messwert (eine bestimmte stetige Merkmalsausprägung) in der Grundgesamtheit (Population) zu finden ist. Somit entsteht eine (im Allgemeinen) integrierbare Wahrscheinlichkeitsdichtefunktion (Probability Density Function, PDF).

Damit unterscheiden sich trotz scheinbarer Ähnlichkeit auch die Häufigkeitsdarstellungen, was oftmals zu Verwechslungen führt.

Bei stetigen Merkmalsausprägungen werden die in den Stichproben gefundenen Häufigkeiten der gefundenen Messwerte aufgetragen und zur Bestimmung eines Verteilungsmodells in Klassen zusammengefasst, deren Anzahl und Klassenbreite im Rahmen des statistisch Sinnvollen frei wählbar sind. Diese Klassen grenzen direkt aneinander und zeigen an, wie viele Messwerte in einer Klasse gefunden wurden. Dadurch entsteht ein sogenanntes Histogramm. Die Messwerte einer Klasse sind also nicht per se identisch.

Bei diskreten Zählwerten liegen die Zählwerte schon gruppiert vor und werden pro Gruppe mit ihren Häufigkeiten in sogenannten Balkendiagrammen oder Stabdiagrammen dargestellt. Diese Gruppen stellen im Zusammenhang mit diskreten Verteilungsmodellen die Anzahl der gefundenen Fehler dar, können für andere Zwecke aber auch anderen Kategorien folgen (z. B. Häufigkeit der Fehlerarten). Da diese Kategorien diskret sind, werden die Balken üblicherweise auch freistehend und nicht aneinandergrenzend aufgetragen.

Auf den ersten Blick scheinen Histogramme und Balkendiagramme sehr ähnlich, sind aber prinzipiell unterschiedliche Darstellungsformen und sollten nicht verwechselt werden (Bild 2.1). Im Allgemeinen unterscheiden sie sich grafisch auffällig dadurch, dass das Balkendiagramm diskrete „freistehende“ Balken anzeigt, während das Histogramm eine kontinuierliche Aneinanderreihung von Klassen zeigt. Im Histogramm können Klassenbreiten sogar variieren, wenn keine konstante Klassenbreite gewählt wird, während im Balkendiagramm die Balkenbreite ohne Bedeutung ist. Nicht zuletzt ist die Klassenbreite im Histogramm eine statistische Information, da die Höhe der Klassen eine Aussage über die Häufigkeitsdichte der Klasse liefert, während die Balkenbreite im Balkendiagramm eher optischen Anforderungen in Bezug auf Lesbarkeit genügend muss.

Im besonderen Fall großer Stichproben und hoher Fehleranteile können diskrete Verteilungen durch eine Normalverteilung genähert werden, was das manuelle oder halbautomatische Rechnen deutlich erleichtert und die Anwendung weiterer Methoden aus der stetigen Statistik ermöglicht. Dann entsteht auch ein fließender Übergang zwischen Balkendiagramm und Histogramm.

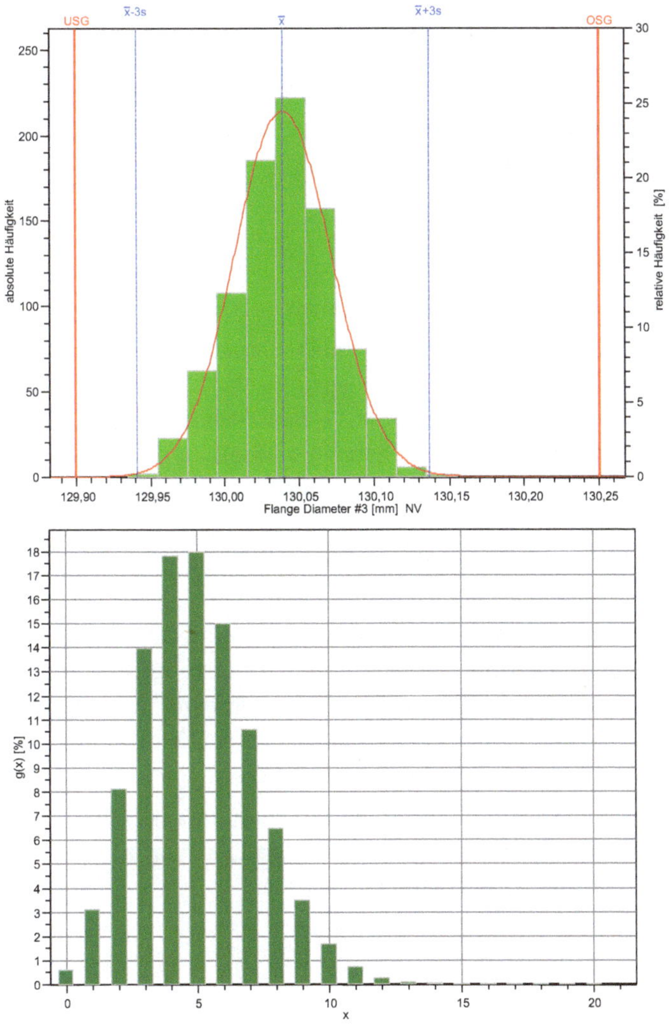

Bild 2.1 Vergleich von Histogrammen und Balkendiagrammen

Die nachfolgenden Abschnitte zeigen die Formeln und Randbedingungen diskreter Wahrscheinlichkeitsverteilungen. Ergänzende Fallbeispiele verdeutlichen den Sachverhalt. Die Ergebnisse werden dabei sowohl numerisch als auch grafisch in Form eines Balkendiagramms dargestellt.

2.2.1 Hypergeometrische Verteilung

Die hypergeometrische Verteilung wird oft scherzhaft die „Mutter aller diskreten Verteilungen" genannt. Sie beschreibt die Wahrscheinlichkeit eines Ereignisses unter der Voraussetzung, dass alle entscheidenden Parameter wie

- der Umfang der Grundgesamtheit,
- der Umfang der Stichprobe, und
- die Anzahl der Merkmalsträger in der Grundgesamtheit

bekannt sind. In der Praxis sind die „Merkmalsträger" die fehlerhaften Teile bzw. Fehler pro Einheit. Das hat zur Folge, dass die hypergeometrische Verteilung in der Qualitätssicherung kaum Anwendung findet, denn dieses Wissen über die Merkmalsträger in der Grundgesamtheit ist ja meist nicht vorhanden und soll durch die Analyse der Daten ermittelt werden. Dennoch ist die hypergeometrische Verteilung ein ideales Werkzeug, um Grundkonzepte der diskreten Statistik zu erörtern.

Mit der hypergeometrischen Verteilung kann das allgemeine Problem „Anzahl fehlerhafter Einheiten in einer Stichprobe" behandelt werden. Dabei ist zu beachten, dass ein entnommenes Teil nach der Entnahme und Beurteilung nicht wieder zurückgelegt wird. Dadurch verändert sich bei jeder Ziehung sowohl die Grundgesamtheit als auch meist die relative Fehlerzahl in der Grundgesamtheit. Diese Veränderung der Grundgesamtheit durch die Entnahme der Stichprobe ist bei der Berechnung der Wahrscheinlichkeit des nächstfolgenden Ergebnisses zu berücksichtigen.

Die Wahrscheinlichkeit, aus einem Los (Grundgesamtheit) vom Umfang N mit d fehlerhaften Einheiten bei einer Stichprobe vom Umfang n „genau x fehlerhafte Einheiten" zu erhalten, kann mit folgender Formel berechnet werden:

$$g(x) = \frac{\binom{d}{x}\binom{N-d}{n-x}}{\binom{N}{n}} \tag{2.1}$$

N = Größe der Grundgesamtheit

n = Stichprobenumfang

d = Merkmalsträger der Grundgesamtheit

x = Merkmalsträger der Stichprobe

Für alle x-Werte ($x = 0, 1, 2 \ldots$) ergibt sich die Wahrscheinlichkeit, „genau x fehlerhafte Einheiten" zu finden, aus der Verteilungsfunktion in Abhängigkeit von den Parametern d, N und n. Bild 2.2 zeigt Veränderungen der Verteilungsform bei einer unterschiedlichen Anzahl von Merkmalsträgern (Fehlern) in der Grundgesamtheit.

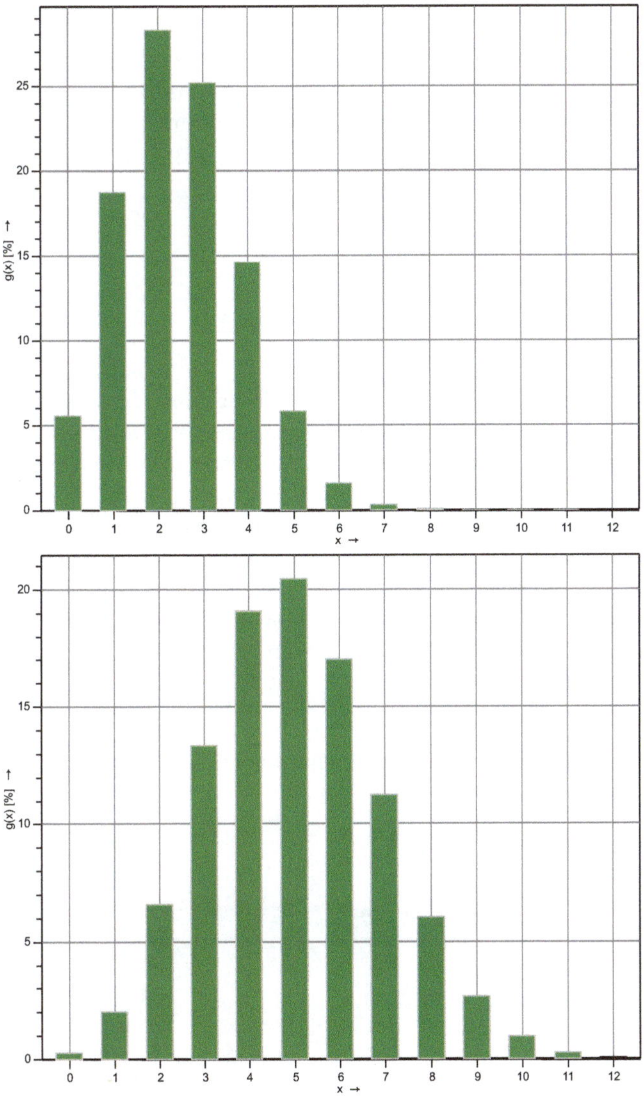

Bild 2.2 Hypergeometrische Verteilung mit N = 1000 und n = 250 sowie einer unterschiedlichen Anzahl von Fehlern in der Grundgesamtheit: oben d = 10, unten d = 20

Vielfach wird nicht die Frage gestellt, wie groß die Wahrscheinlichkeit ist, genau eine Anzahl Fehler zu finden, sondern in einer Stichprobe „bis zu x fehlerhafte Einheiten" zu finden. Um diese Frage nach einer Summenwahrscheinlichkeit $G(x)$ zu beantworten, werden die Einzelwahrscheinlichkeiten $g(i)$ summiert. Die Summenwahrscheinlichkeit $G(x)$ ist also die Summe der Einzelwahrscheinlichkeiten $g(i)$, in diesem Fall von $i = 0$ bis zur interessierenden maximalen Fehlerzahl x.

$$G(x) = \sum_{i=0}^{x} g(i) \qquad (2.2)$$

Übersetzung für die Praxis

An dieser Stelle scheint es angebracht, kurz einen Exkurs in Richtung Semantik zu gehen, denn die Übersetzung sprachlicher Mengen in mathematische Ausdrücke ist oft nicht so einfach wie gedacht, insbesondere weil das Verständnis oft von der lokalen Umgangssprache beeinflusst wird. So kann die Zeitangabe „bis 13:15 Uhr" bedeuten, dass das Treffen um 13 Uhr endet und man „bis 13:15 Uhr" vermutlich zu Hause ist, während der Friseur, der einen Termin anbietet, wenn man „bis 13:15 Uhr" erscheint, dem Kunden die Chance gibt, vom Anrufzeitpunkt bis 13:15 Uhr einen Haarschnitt zu bekommen. Im ersten Fall ist man also „13:15 Uhr und später" zu Hause, während man im zweiten Fall um „13:15 Uhr und früher" den Haarschnitt bekommt.

Typische Fragestellungen in der Wahrscheinlichkeitsrechnung lassen sich mit den in Tabelle 2.1 dargestellten Formeln abbilden.

Tabelle 2.1 Typische Fragestellungen

Frage	Berechnung	Anmerkung
Wie groß ist die Wahrscheinlichkeit, ...		
... genau *x* ...	$g(x)$	
	$G(0)$	für $x = 0$
	$G(x) - G(x-1)$	für $x \geq 1$
... bis zu *x* ... ... höchstens *x* ...	$G(x)$	
... mindestens *x* ...	1	für $x = 0$
	$1 - G(x-1)$	für $x \geq 1$
... mehr als *x* ...	$1 - G(x)$	
... weniger als *x* ...	$G(x-1)$	für $x \geq 1$
... fehlerhafte Einheiten zu finden?		

Bild 2.3 erläutert die Fragestellungen grafisch für $x = 3$ fehlerhafte Einheiten.

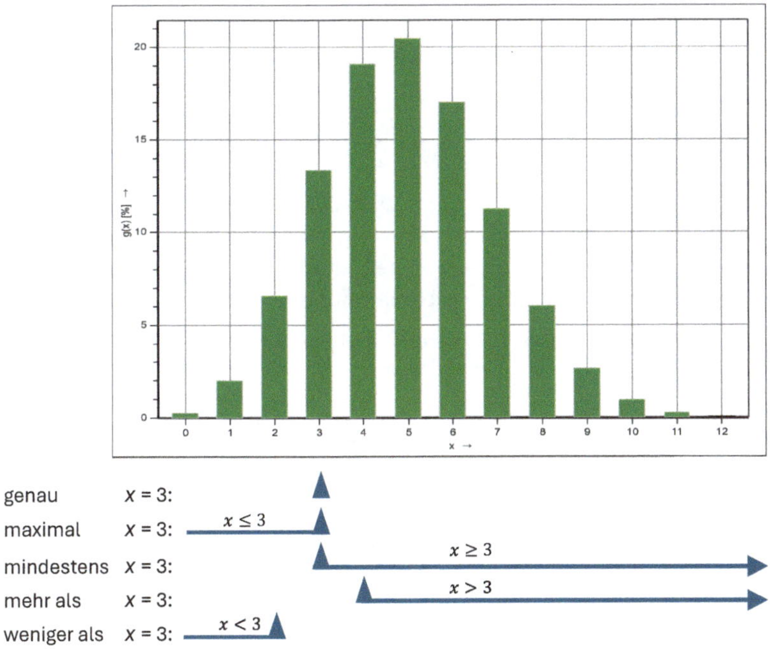

Bild 2.3 Typische Fragestellungen zur Wahrscheinlichkeitsrechnung

Die hypergeometrische Verteilung mit Einzel-, Summen- und Gegenwahrscheinlichkeiten lässt sich wunderbar am Beispiel des bekannten Lotto-Spiels 6 aus 49 erläutern:

Wahrscheinlichkeit für 6 Richtige

Stellen Sie sich vor, Sie wollen am Samstagvormittag noch schnell einen Lottoschein für die Ziehung „6 aus 49" ausfüllen. Die Wahrscheinlichkeit, die sechs Zahlen anzukreuzen, die am Abend gezogen werden, ist allgemein bekannt. Für „6 Richtige" gilt:

- Größe der Grundgesamtheit $N = 49$
- Stichprobenumfang $n = 6$
- Merkmalsträger (Zahlen mit Kreuz) der Grundgesamtheit $d = 6$
- Merkmalsträger der Stichprobe $x = 6$

Damit lässt sich Folgendes errechnen:

$$g(x) = \frac{\binom{d}{x}\binom{N-d}{n-x}}{\binom{N}{n}} \rightarrow g(6) = \frac{\binom{6}{6}\binom{49-6}{6-6}}{\binom{49}{6}} = \frac{\binom{6}{6}\binom{43}{0}}{\binom{49}{6}}$$

$$= \frac{1 \cdot 1}{\frac{49!}{6! \cdot (49-6)!}} = \frac{6! \cdot 43!}{49!} = \frac{6 \cdot 5 \cdot 4 \cdot 3 \cdot 2 \cdot 1}{49 \cdot 48 \cdot 47 \cdot 46 \cdot 45 \cdot 44} = \frac{1}{13\,983\,817}$$

Um es anschaulicher zu gestalten, kann man sich diese Formel auch „zu Fuß" erklären: Bei der ersten Ziehung sind noch alle sechs Zahlen mit Kreuz in der Trommel. Um „6 Richtige" zu haben, muss dann bei der ersten Ziehung eine Zahl mit Kreuz gezogen werden. Die Wahrscheinlichkeit dafür ist $P_1 = 6/49$.

Danach sind nur noch 48 Kugeln in der Trommel, fünf davon mit Kreuz. Um „6 Richtige" zu haben, muss auch bei der zweiten Ziehung eine Zahl mit Kreuz gezogen werden. Die Wahrscheinlichkeit dafür ist $P_2 = 5/48$.

Nun sind nur noch 47 Kugeln in der Trommel, vier davon mit Kreuz. Um „6 Richtige" zu haben, muss auch bei der dritten Ziehung eine Zahl mit Kreuz gezogen werden. Die Wahrscheinlichkeit dafür ist $P_3 = 4/47$.

Das setzt sich fort bis zur sechsten Ziehung, in der nur noch 44 Kugeln in der Trommel sind, eine davon mit Kreuz. Um „6 Richtige" zu haben, muss auch bei der sechsten Ziehung die letzte Zahl mit Kreuz gezogen werden. Die Wahrscheinlichkeit dafür ist $P_6 = 1/44$.

Die Einzelwahrscheinlichkeit *P(6 Richtige)* ergibt sich aus dem Produkt der sechs Wahrscheinlichkeiten:

$$\begin{aligned} P(6\,\text{Richtige}) &= g(6) = P_1 \cdot P_2 \cdot P_3 \cdot P_4 \cdot P_5 \cdot P_6 \\ &= \frac{6}{49} \cdot \frac{5}{48} \cdot \frac{4}{47} \cdot \frac{3}{46} \cdot \frac{2}{45} \cdot \frac{1}{44} = \frac{6 \cdot 5 \cdot 4 \cdot 3 \cdot 2 \cdot 1}{49 \cdot 48 \cdot 47 \cdot 46 \cdot 45 \cdot 44} \\ &= \frac{1}{13\,983\,817} \cong 7{,}15 \cdot 10^{-8} = 7{,}15 \cdot 10^{-6}\,\% \end{aligned}$$

Die **Einzelwahrscheinlichkeit**, „6 Richtige" zu haben, liegt also bei 1 : 14 Millionen, $7{,}15 \cdot 10^{-6}$ % oder 71,5 ppb (parts per Billion).

Wie groß ist hingegen die Wahrscheinlichkeit, nichts zu gewinnen (Bild 2.4)? Das Ergebnis ist eine **Summenwahrscheinlichkeit** aus

$$P(\text{nichts gewinnen}) = P(0\,\text{Richtige}) + P(1\,\text{Richtige}) + P(2\,\text{Richtige})$$

oder formal

$$G(2) = g(0) + g(1) + g(2) = \sum_{i=1}^{2} g(i)$$

Für die Einzelwahrscheinlichkeiten erhält man folgende Ergebnisse:

$$P(0\ \text{Richtige}) = g(0) = 43{,}5965\ \%$$

$$P(1\ \text{Richtige}) = g(1) = 41{,}3019\ \%$$

$$P(2\ \text{Richtige}) = g(2) = 13{,}2378\ \%$$

In der Summe ist die Wahrscheinlichkeit, „nichts zu gewinnen", somit

$$P(\text{nichts gewinnen}) = G(2) = 98{,}1382\ \%$$

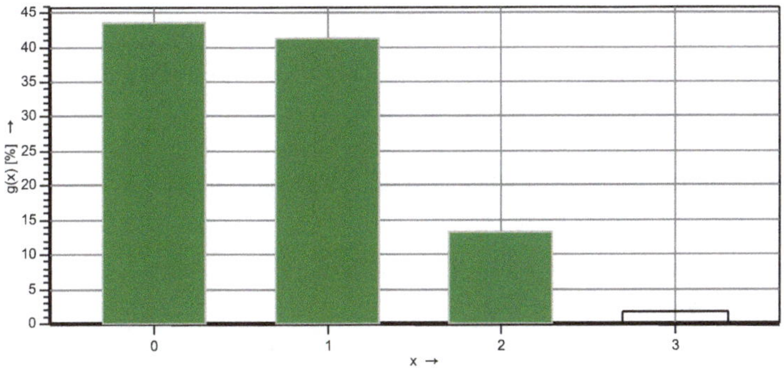

Bild 2.4 6 aus 49 und die Wahrscheinlichkeiten, nichts zu gewinnen

Kommt man nun zu dem Schluss, dass eigentlich nur vier und mehr Richtige zu einem nennenswerten Gewinn führen, kann man die Summenwahrscheinlichkeit ausrechnen, nicht mehr als „3 Richtige" zu haben (Bild 2.5).

Diese liegt bei

$$P(\text{kein nennenswerter Gewinn}) = P(0\ \text{Richtige}) + P(1\ \text{Richtige}) \\ + P(2\ \text{Richtige}) + P(3\ \text{Richtige}) = 99{,}9013\ \%$$

oder formal bei

$$G(3) = g(0) + g(1) + g(2) + g(3) = \sum_{i=1}^{3} g(i) = 99{,}9013\ \%$$

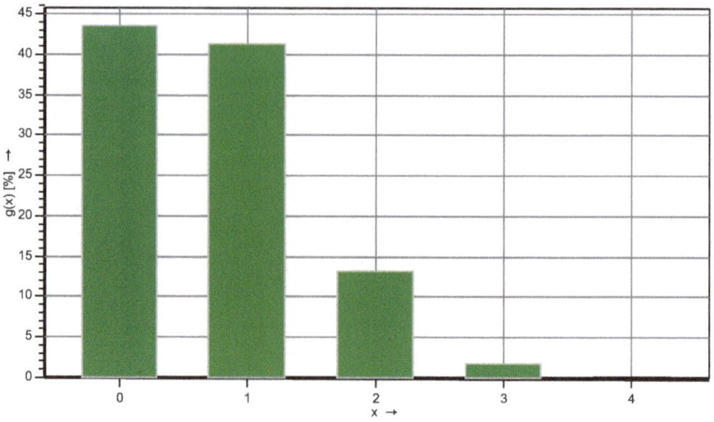

Bild 2.5 6 aus 49 und die Wahrscheinlichkeiten, keinen nennenswerten Gewinn zu machen

Somit liegt die Gegenwahrscheinlichkeit, einen „nennenswerten Gewinn" zu machen (Bild 2.6), nur noch bei

$$P(\text{nennenswerter Gewinn}) = P(4\ \text{Richtige}) + P(5\ \text{Richtige}) + P(6\ \text{Richtige}) = 0{,}0987\ \%$$

oder formal bei

$$1 - G(3) = 1 - g(0) + g(1) + g(2) + g(3) = 1 - \sum_{i=1}^{3} g(i) = 0{,}0987\ \%$$

Bevor nun jemand zu dem Schluss kommt, Lottospielen würde sich nicht lohnen, sollte die mahnenden Worte der Tochter beim Abendessen beherzigen, die dazu meinte, wer nicht spiele, würde mit 100%iger Sicherheit nichts gewinnen, wodurch die Wahrscheinlichkeit auf einen nennenswerten Gewinn um 100 % sinken würde, was am Ende definitiv noch weniger sei.

Bild 2.7 zeigt die hypergeometrische Normalverteilung für „6 aus 49" nochmals in ihrer gesamten Schönheit.

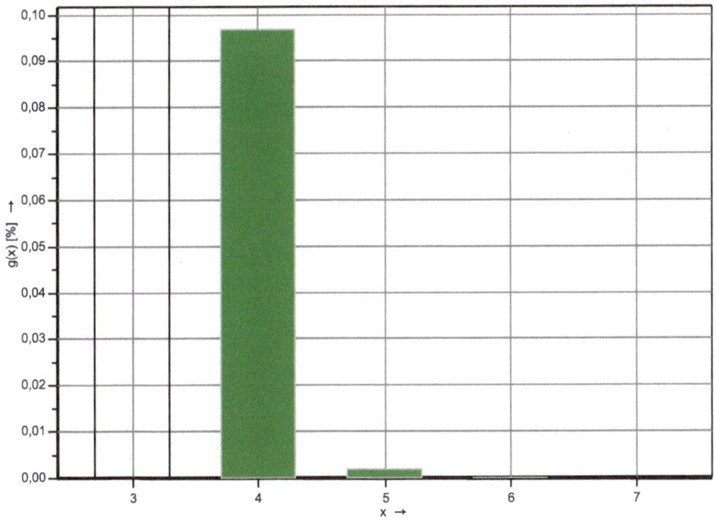

Bild 2.6 6 aus 49 und die Wahrscheinlichkeiten, einen nennenswerten Gewinn zu machen (Anmerkung: Der Balken bei „6 Richtige" existiert, ist aber so klein, dass er nicht mehr darstellbar ist.)

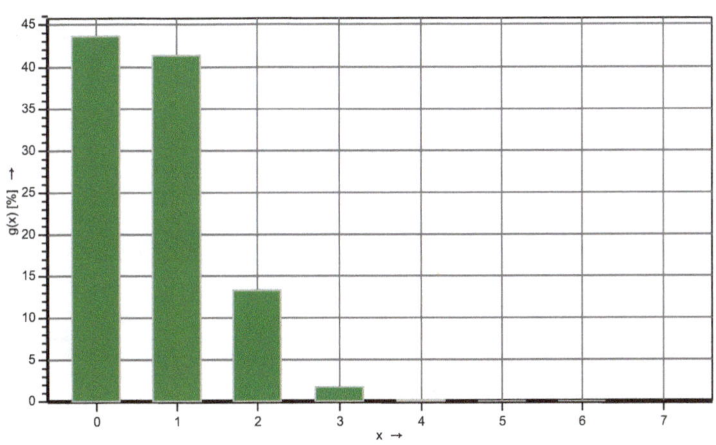

Bild 2.7 6 aus 49 und die Wahrscheinlichkeiten für null bis sechs „Richtige" (Anmerkung: Die Wahrscheinlichkeiten für vier bis sechs „Richtige" sind bedauerlicherweise zu klein, um noch als Balken in dieser Abbildung sichtbar zu sein.)

Übung 1

Einem Los vom Umfang $N = 1000$ wird eine Stichprobe mit $n = 200$ entnommen. Die Anzahl fehlerhafter Einheiten beträgt $d = 100$. Wie groß ist die Wahrscheinlichkeit, in der Stichprobe mindestens $x = 15$ und maximal $x = 20$ fehlerhafte Einheiten zu finden (Bild 2.8)?

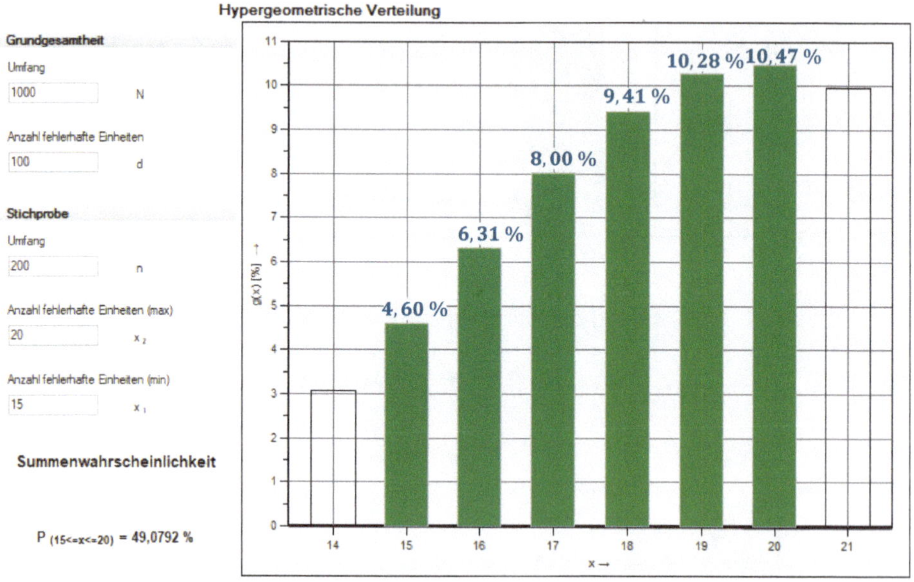

Bild 2.8 Wahrscheinlichkeiten für mindestens $x = 15$ und maximal $x = 20$ fehlerhafte Einheiten

$$G(20) - G(14) = \sum_{i=15}^{20} g(i) = 4{,}60\ \% + 6{,}31\ \% + 8{,}00\ \% + 9{,}41\ \%$$
$$+ 10{,}28\ \% + 10{,}47\ \% = 49{,}07\ \%$$

Übung 2

Einem Los vom Umfang $N = 500$ wird eine Stichprobe mit $n = 100$ entnommen. Die Anzahl fehlerhafter Einheiten beträgt $d = 10$. Wie groß ist die Wahrscheinlichkeit, in der Stichprobe bis zu acht Merkmalsträger zu finden (Bild 2.9)?

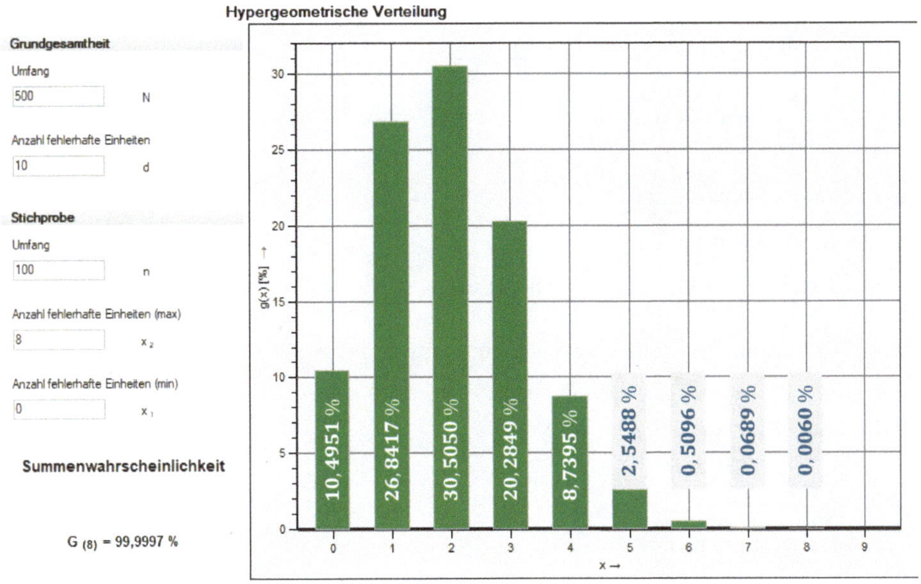

Bild 2.9 Wahrscheinlichkeiten für mindestens $x = 0$ und maximal $x = 8$ fehlerhafte Einheiten

$$G(8) = \sum_{i=0}^{8} g(i) = 99{,}9997\,\%$$

2.2.2 Binomialverteilung

Die Binomialverteilung wird, wie die hypergeometrische Verteilung, immer dann verwendet, wenn die Versuchsdaten „fehlerhafte Einheiten“ beschreiben. Sie beschreibt die Situation, in der entnommene Teile wieder zurückgelegt werden bzw. die Entnahme der Teile die Grundgesamtheit faktisch nicht verändert. Das ist der Fall, wenn die Grundgesamtheit im Vergleich zur gezogenen Stichprobe sehr groß ist oder die Stichprobenentnahme aus einem kontinuierlichen Fertigungsprozess erfolgt, dessen Grundgesamtheit als unendlich groß betrachtet werden kann.

Als Faustregel gilt, dass der Einfluss der Stichprobenentnahme auf die Grundgesamtheit vernachlässigbar ist, wenn

$$n < \frac{N}{10} \tag{2.3}$$

Die Einzelwahrscheinlichkeit, x fehlerhafte Einheiten in einer Stichprobe des Umfangs n zu finden, ist bei der Binomialverteilung gegeben durch

$$g(x) = \binom{n}{x} \cdot p^x (1-p)^{(n-x)} \tag{2.4}$$

N = Größe der Grundgesamtheit

n = Stichprobenumfang

p = Wahrscheinlichkeit für „Einheit ist fehlerhaft"

Die Summenwahrscheinlichkeit (Verteilungsfunktion) ergibt sich aus

$$G(x;\, n, p) = \sum_{i=0}^{x} g(i; n, p) \tag{2.5}$$

mit $i = 0, 1, 2, \ldots, x$

N = Größe der Grundgesamtheit

n = Stichprobenumfang

p = Wahrscheinlichkeit für „Einheit ist fehlerhaft"

Ebenso gilt

$$G(x;\, n, p) = 1 - G(n - x - 1; n, 1 - p) \tag{2.6}$$

Der Fehleranteil in der Grundgesamtheit ist zwar auch hier meist unbekannt, allerdings wird in der praktischen Anwendung oft ein maximal erlaubter Fehleranteil genutzt („Wie viele fehlerhafte Teile würde man erwarten, wenn der Fehleranteil in der Grundgesamtheit 5 % beträgt?"), oder man kennt einen typischen Fehleranteil aus einem ausreichend großen Vorlauf oder historischen Daten.

Schätz man den Fehleranteil der Grundgesamtheit aus einer größeren Menge von Stichproben, so gilt

$$p \leftarrow \hat{p} = \frac{x_1 + x_2 + x_3 + \ldots + x_k}{n_1 + n_2 + n_3 + \ldots + n_k} = \frac{\sum_{i=1}^{k} x_i}{\sum_{i=1}^{k} n_i} \tag{2.7}$$

x_i = Anzahl fehlerhafter Einheiten in der i-ten Stichprobe

n_i = Stichprobenumfang der i-ten Stichprobe

k = Anzahl der Stichproben

Damit ist $\hat{p}$ der Schätzer für den Parameter p der Grundgesamtheit. Bild 2.10 zeigt die Binomialverteilung in Abhängigkeit vom Stichprobenumfang.

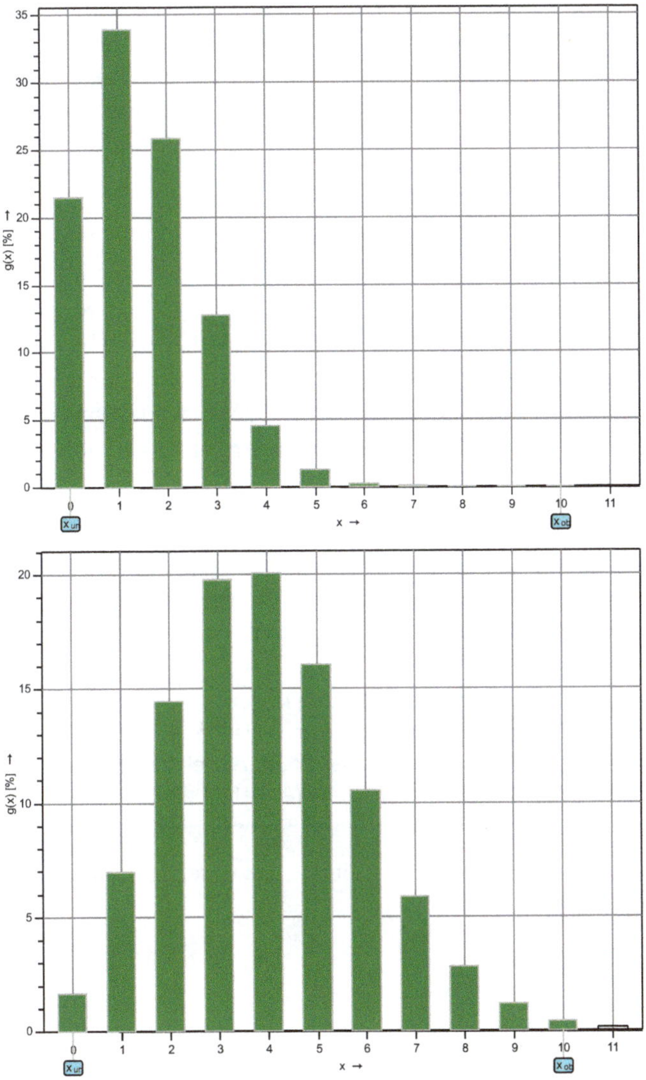

Bild 2.10 Binomialverteilung mit p = 5 % und unterschiedlichen Stichprobenumfängen: oben n = 30, unten n = 80

Ergebnisse zu typischen Fragestellungen lassen sich analog zu Tabelle 2.1 berechnen.

2.2.3 Poissonverteilung

Die Poissonverteilung kommt im Allgemeinen dann zur Anwendung, wenn statt fehlerhafter Einheiten die Fehler pro Einheit gezählt werden, z. B. Oberflächendefekte auf einer Windschutzscheibe oder Isolationsfehler pro Kabelrolle. Dabei ist die Bezugseinheit eindeutig zu definieren, denn die Fehlerzahl wird durchweg auf diese definierte Einheit bezogen. Die Bezugseinheit kann ein Bauteil oder auch eine Menge von Teilen sein:

- Kratzer pro Seitentür rechts
- Astlöcher je Brett mit Länge 2 m
- Isolationsfehler je 50 m Draht
- fehlerhafte Gewinde je zehn Verpackungseinheiten Schrauben à 100 Stück

Daraus ergibt sich die Besonderheit der Poissonverteilung, dass mehr Fehler als Bezugseinheiten gezählt werden können. Im Gegensatz dazu können bei der Binomialverteilung, wo fehlerhafte Einheiten gezählt werden, nie mehr Fehler als Einheiten gezählt werden.

Wird bei der Fertigung von Platinen, die in Fahrzeugschlüsseln vergossen werden, täglich eine Stichprobe von dreißig Platinen auf Funktion getestet, können nie mehr Fehler entstehen, als Platinen getestet wurden (maximal dreißig fehlerhafte Einheiten, wenn alle Platinen defekt sind).

Werden hingegen an jeder Platine mehrere Fehlermöglichkeiten getestet und gezählt, z. B. Lötfehler und kalte Lötstellen, so können pro Platine mehrere Fehler gezählt werden. Somit können mehr Fehler als getestete Bezugseinheiten gezählt werden, was nicht per se heißt, dass alle Bezugseinheiten defekt sind.

Die Einzelwahrscheinlichkeit, x Fehler in einer definierten Bezugseinheit zu finden, ist bei der Poissonverteilung gegeben durch

$$g(x) = \frac{\mu^x}{x!} e^{-\mu} \tag{2.8}$$

μ = mittlerer Fehleranteil pro Bezugseinheit

Die Summenwahrscheinlichkeit (Verteilungsfunktion) ergibt sich wie üblich durch

$$G(x) = \sum_{i=0}^{x} g(i) \tag{2.9}$$

Analog zur Binomialverteilung kann der mittlere Fehleranteil als Vorgabe postuliert oder in einem Vorlauf ermittelt werden. Bei einem Vorlauf von k Stichproben mit jeweils n Bezugseinheiten gilt

$$\mu \leftarrow \hat{\mu} = \frac{x_1 + x_2 + x_3 + \ldots + x_k}{n_1 + n_2 + n_3 + \ldots + n_k} = \frac{\sum_{i=1}^{k} x_i}{\sum_{i=1}^{k} n_i} \quad (2.10)$$

x_i = Anzahl der Fehler pro Einheiten in der i-ten Stichprobe

n_i = Stichprobenumfang (Anzahl der Bezugseinheiten) der i-ten Stichprobe

k = Anzahl der Stichproben

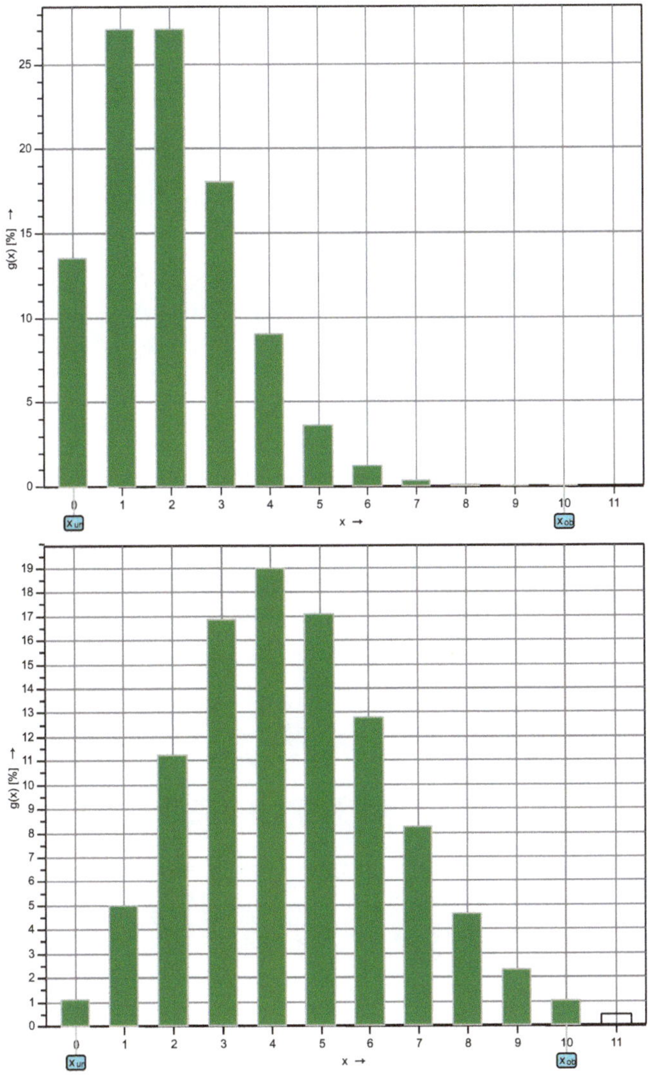

Bild 2.11
Poissonverteilung mit unterschiedlichem μ:
oben μ = 2,0,
unten μ = 4,5

Die Verteilungsform wird durch den Parameter μ bestimmt, der die mittlere Fehlerzahl pro Bezugseinheit beschreibt. Bild 2.11 zeigt zwei unterschiedliche Verteilungsformen.

Übersetzung für die Praxis

Bei der Angabe des mittleren Fehlers μ ist zu beachten, dass diese Angabe zur jeweiligen Bezugseinheit passen muss. Wird im konkreten Anwendungsfall eine mittlere Fehlerzahl auf Basis einer beliebigen Einheit angegeben, dann muss diese auf die festgelegte Bezugseinheit umgerechnet werden. Lautet die Angabe z. B. „eine Drahtlänge von 100 m weist durchschnittlich 0,8 Isolationsfehler auf", so muss diese Angabe auf die reale Länge einer Bezugseinheit (z. B. 250 m) umgerechnet werden.

$$\mu = \frac{250\text{ m}}{100\text{ m}} \cdot 0{,}8 = 2$$

Ergebnisse zu typischen Fragestellungen lassen sich analog zu Tabelle 2.1 berechnen.

2.3 Vertrauensbereiche und Zufallsstreubereiche

2.3.1 Definition des Vertrauensbereichs

Schließt man in statistischen Analysen von einer oder mehreren zusammengehörigen Stichproben auf Parameter der Grundgesamtheit, so spricht man von einer Schätzung der Parameter. Vielfach wird diese Art der Schätzung als indirekter Schluss bezeichnet. Damit stellt sich immer die Frage nach der mit der Schätzung verbundenen Unsicherheit bei der Angabe der Parameter.

Übersetzung für die Praxis

Der Begriff „Schätzung" darf nicht missverstanden werden. Natürlich nutzen wir mathematische Berechnungen, die ihrer Natur nach exakt sind, also keine Schätzung darstellen im Sinne von: „Schätze mal, wen ich heute beim Einkaufen getroffen habe ..."

Allerdings ist jede Stichprobe eine Zufallsauswahl aus einer Grundgesamtheit. Der aus einer Stichprobe mit exakten Formeln errechnete Mittelwert wird höchstwahrscheinlich nicht der Mittelwert der Grundgesamtheit sein, sondern nur einen Schätzer für den Mittelwert der Grundgesamtheit liefern. Je mehr Stichproben wir für die Berechnung nutzen oder je größer die Stichprobe wird, desto näher wird der Schätzer dem tatsächlichen Mittelwert der Grundgesamtheit kommen. Folglich wird die mit der Schätzung verbundene Unsicherheit kleiner.

Auch wenn man umgangssprachlich gerne den Begriff „Sicherheit" nutzt, wird in der Statistik dazu immer die Unsicherheit der Schätzung bewertet, indem man den Vertrauensbereich berechnet, d. h. den Bereich, in dem der wahre Mittelwert mit einer gegebenen Wahrscheinlichkeit, dem sogenannten Vertrauensniveau, liegt.

Im Falle diskreter Verteilungen ist der geschätzte Parameter der Grundgesamtheit im Wesentlichen der mittlere Fehleranteil p für die Binomialverteilung oder die mittlere Fehlerzahl μ im Falle der Poissonverteilung. Das Ergebnis ist dann der Punktschätzer, der sich rechnerisch aus der Formel ergibt, sowie ein Bereich um diesen Punktschätzer, in dem der wahre Wert des Parameters der Grundgesamtheit mit einem Vertrauensniveau von $1 - \alpha$ (α = Irrtumswahrscheinlichkeit) anzutreffen ist.

Dieser Bereich wird Vertrauensbereich genannt und wird immer gemeinsam mit dem zugehörigen Vertrauensniveau angegeben. Der wahre Wert des Parameters wird also zum gegebenen Vertrauensniveau $1 - \alpha$ innerhalb der Vertrauensgrenzen vermutet, kann aber mit der angegebenen Irrtumswahrscheinlichkeit α auch außerhalb des Vertrauensbereichs liegen.

Je nach Problemstellung kann man mit einseitigen oder zweiseitigen Vertrauensbereichen arbeiten.

In einem Beobachtungszeitraum von einem Jahr (365 Tage, kein Schaltjahr) wurden am Feuermelder im Schlafzimmer fünf Fehlalarme beobachtet. Man kann nun folgende Frage stellen:

Wie viele Fehlalarme gibt es im Mittel? (Punktschätzer)

$$p = \frac{5}{365} = 1{,}37\,\%$$

Da die Unsicherheit der Studie „nur" über 365 Tage lief, kann man schließen, dass ...

... die wahre Fehlalarmrate mit 90 % Vertrauen zwischen 0,5413 % und 2,8586 % liegt (zweiseitig, Bild 2.12).

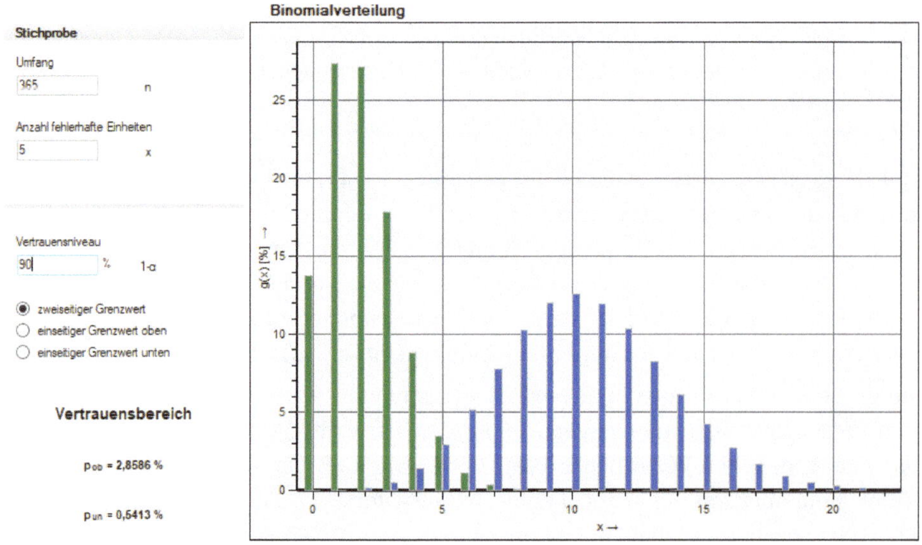

Bild 2.12 Zweiseitiger Vertrauensbereich nach 365 Tagen

Da die Unsicherheit der Studie „nur" über 365 Tage lief, kann man schließen, dass ...

... die Fehlalarmrate mit 90 % Vertrauen nicht größer als 2,5261 % ist (einseitig oben, Bild 2.13).

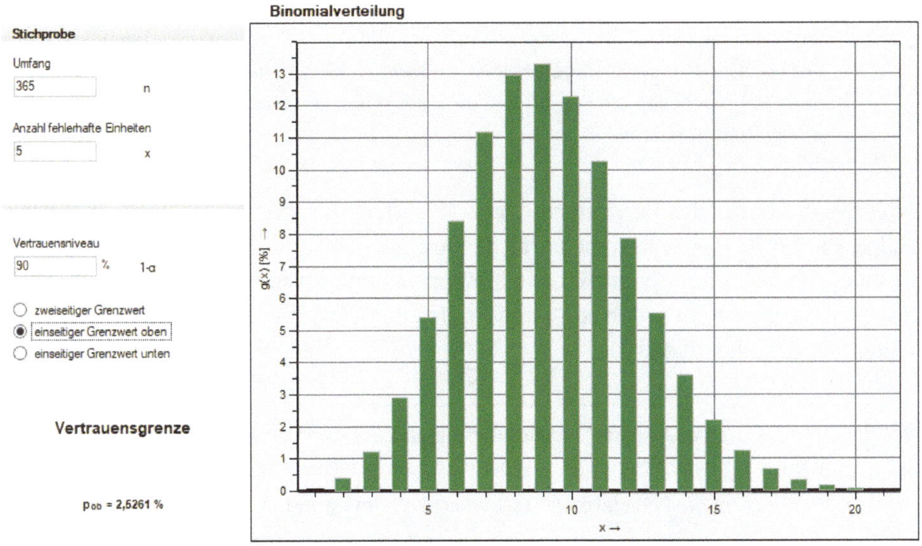

Bild 2.13 Einseitiger Vertrauensbereich oben nach 365 Tagen

Da die Unsicherheit der Studie „nur" über 365 Tage lief, kann man schließen, dass …

… die Fehlalarmrate mit 90 % Vertrauen nicht kleiner als 0,6679 % ist (einseitig unten, Bild 2.14).

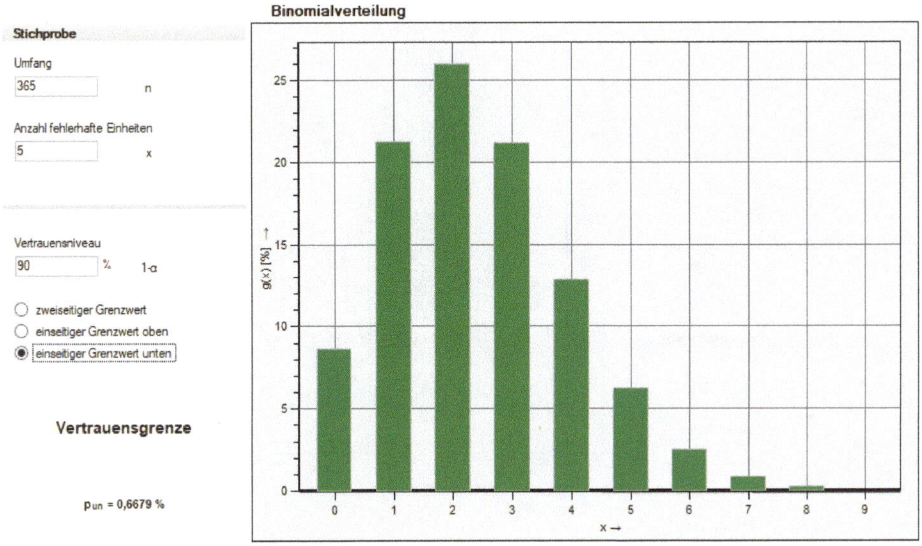

Bild 2.14 Einseitiger Vertrauensbereich unten nach 365 Tagen

Der scheinbare Widerspruch, dass bei gleichem Vertrauen die zweiseitigen Grenzen nicht den einseitigen entsprechen, lässt sich durch die Irrtumswahrscheinlichkeit erklären. Im zweiseitigen Fall ist sie jeweils 5 % für mehr oder weniger Fehlalarme. Im einseitigen Fall ist sie 10 % für mehr (einseitig oben) oder weniger (einseitig unten) Fehlalarme.

Typische Werte für das Vertrauensniveau $(1 - \alpha)$ sind in der Praxis 95 %, 99 % oder 99,9 %. Die Größe des Vertrauensbereichs wird darüber hinaus auch durch die Stichprobengröße bestimmt. Je größer die Stichprobe, auf deren Grundlage der Vertrauensbereich berechnet wird, desto kleiner wird der Vertrauensbereich bei gleichbleibendem Vertrauensniveau.

Der gleiche Feuermelder wurde über einen Zeitraum von zehn Jahren (3652 Tage inklusiver zweier Schalttage) beobachtet. Es wurden fünfzig Fehlalarme registriert.

Wie hoch ist die Fehlalarmwahrscheinlichkeit am heutigen Tag? (Punktschätzer)

$$p = \frac{50}{3652} = 1{,}37\ \%$$

Da die Unsicherheit der Studie über 3652 Tage lief, kann man schließen, dass ...

... die wahre Fehlalarmrate mit 90 % Vertrauen zwischen 1,0684 % und 1,7298 % liegt (zweiseitig, Bild 2.15).

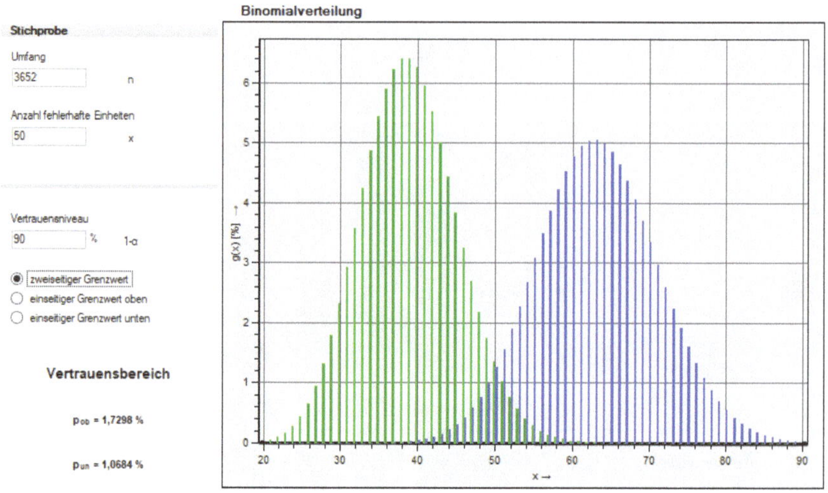

Bild 2.15 Zweiseitiger Vertrauensbereich nach 3652 Tagen (zehn Jahre inklusive zwei Schaltjahre)

Da die Unsicherheit der Studie über 3652 Tage lief, kann man schließen, dass ...

... die Fehlalarmrate mit 90 % Vertrauen nicht größer als 1,6499 % ist (einseitig oben, Bild 2.16).

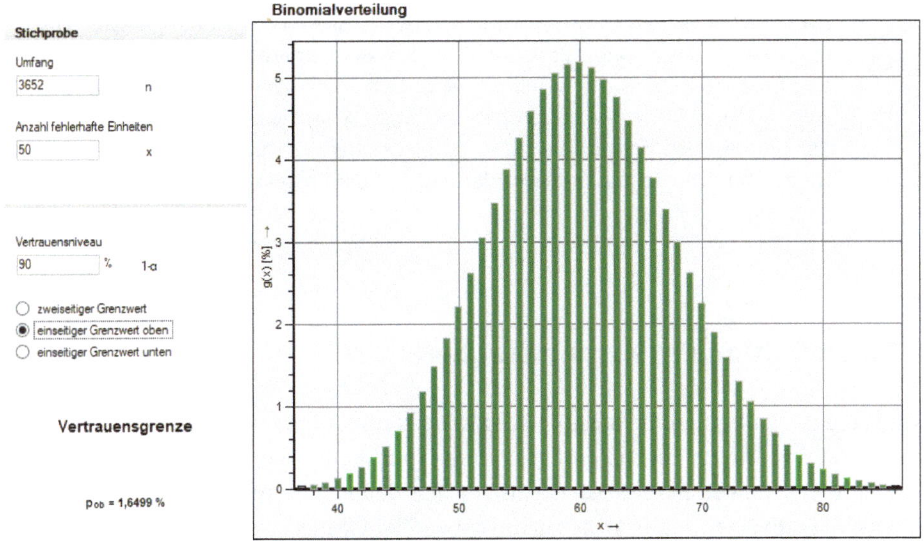

Bild 2.16 Einseitiger Vertrauensbereich oben nach 3652 Tagen (zehn Jahre inklusive zwei Schaltjahre)

Da die Unsicherheit der Studie über 3652 Tage lief, kann man schließen, dass ...

... die Fehlalarmrate mit 90 % Vertrauen nicht kleiner als 1,1288 % ist (einseitig unten, Bild 2.17).

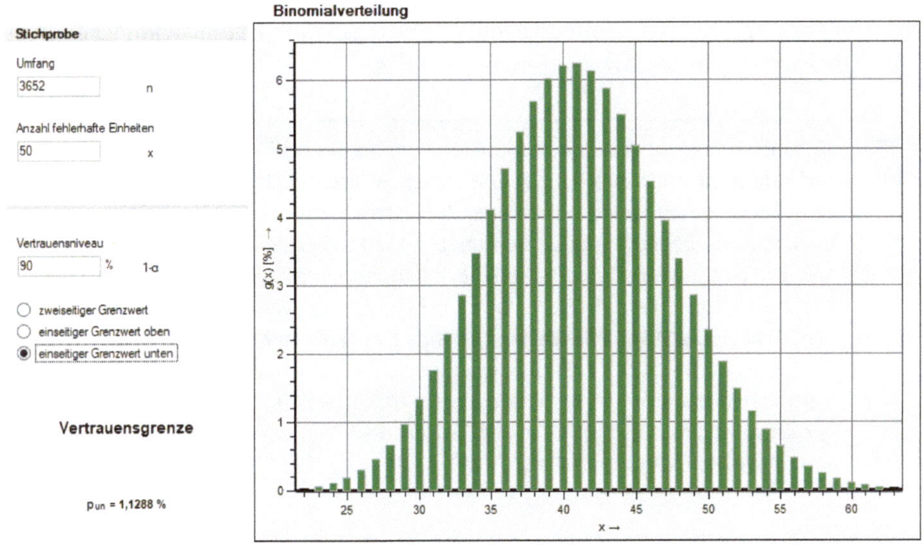

Bild 2.17 Einseitiger Vertrauensbereich unten nach 3652 Tagen (zehn Jahre inklusive zwei Schaltjahre)

Ein typischer Anwendungsbereich von Vertrauensbereichen ist die Freigabe von Prozessen und Produkten. Es reicht nicht, dass der mittlere Fehleranteil kleiner als eine Vorgabe ist. Er soll z. B. mit „95 %iger Sicherheit" kleiner sein als der Grenzwert. Dann muss der Vertrauensbereich mit 95 % Vertrauensniveau und einseitiger Grenze oben bestimmt werden. Ist diese obere Grenze des einseitigen Vertrauensbereichs kleiner als die Forderung, darf der Prozess oder das Produkt freigegeben werden.

2.3.2 Definition des Zufallsstreubereichs

Schließt man von einem bekannten oder als bekannt angenommenen Parameter einer Verteilung auf die möglichen Ergebnisse einer Stichprobe, so stellt sich die Frage, welche möglichen Ergebnisse diese Stichprobe liefern könnte. Vielfach wird dieser Schluss als „direkter Schluss" bezeichnet. Das Ziel ist meist, anhand der bekannten oder als bekannt angenommenen Parameter der Grundgesamtheit eine Aussage über die zu erwartenden Fehleranteile in einer Stichprobe zu machen. Auch hier entsteht eine Unsicherheit durch die Zufälligkeit der Stichprobe. Diese Unsicherheit wird dann als Bereich dargestellt, in dem der gefundene Fehleranteil in der Stichprobe mit einem Vertrauensniveau von $1 - \alpha$ (α = Irrtumswahrscheinlichkeit) anzutreffen ist.

Dieser Bereich wird Zufallsstreubereich genannt und wird immer gemeinsam mit dem zugehörigen Vertrauensniveau angegeben. Der zufällig ermittelte Fehleranteil der Stichprobe wird also zum gegebenen Vertrauensniveau $1 - \alpha$ innerhalb der Zufallsstreugrenzen erwartet, kann aber mit der angegebenen Irrtumswahrscheinlichkeit α auch außerhalb des Zufallsstreubereichs liegen.

Im Unterschied zu stetigen Merkmalen können bei diskreten Merkmalen meist nicht die exakten Werte für z. B. 5 % Irrtumswahrscheinlichkeit angegeben werden. Bei diskreten Werten könnte der Zufallsstreubereich zu einem Vertrauensniveau von 5 % bedeuten, dass man bei p = 1 % Fehleranteil und einer Stichprobe von n = 100 bis zu drei fehlerhafte Teile finden kann. Die exakte Wahrscheinlichkeit für „bis zu drei fehlerhafte Teile" ist $1 - G(3) = 1{,}8374\,\%$, was natürlich deutlich unter 5 % liegt. Die Wahrscheinlichkeit, „bis zu zwei fehlerhafte Teile" zu finden, liegt allerdings bei $1 - G(2) = 7{,}9373\,\%$, was deutlich höher ist als 5 %. Man gibt für ein Vertrauensniveau von 95 % somit die erste Möglichkeit an, bei der das Vertrauen größer oder gleich 95 % ($P(1 - \alpha) \geq 95\,\%$) bzw. die Irrtumswahrscheinlichkeit α kleiner oder gleich 5 % ($\alpha \leq 5\,\%$) ist.

Je nach Problemstellung kann man mit einseitigen oder zweiseitigen Zufallsstreubereichen arbeiten.

Der in Abschnitt 2.3.1 erforschte Feuermelder liefert Fehlalarme mit der als bekannt angenommenen Fehlalarmwahrscheinlichkeit von

$$p = 1{,}37\ \%$$

Man kann nun aus dieser angenommenen Fehlalarmwahrscheinlichkeit mit einem Vertrauensniveau von 90 % ableiten, dass im kommenden Jahr mit 365 Tagen ...

... zwischen zwei und neun Fehlalarme zu erwarten sind (zweiseitig, Bild 2.18).

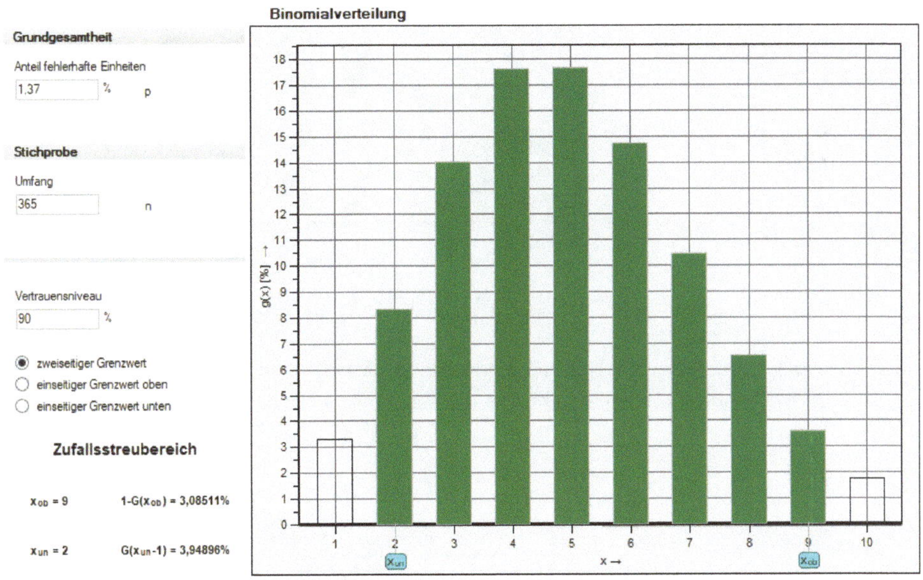

Bild 2.18 Zweiseitiger Zufallsstreubereich für 365 Tage

Man kann nun aus dieser angenommenen Fehlalarmwahrscheinlichkeit mit einem Vertrauensniveau von 90 % ableiten, dass im kommenden Jahr mit 365 Tagen ...

... höchstens acht Fehlalarme zu erwarten sind (einseitig oben, Bild 2.19).

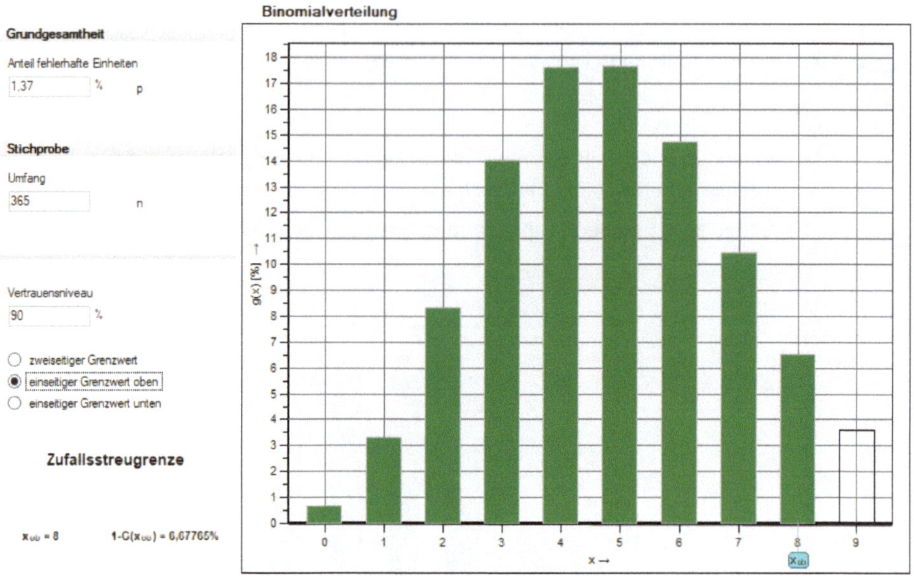

Bild 2.19 Einseitiger Zufallsstreubereich oben für 365 Tage

Man kann nun aus dieser angenommenen Fehlalarmwahrscheinlichkeit mit einem Vertrauensniveau von 90 % ableiten, dass im kommenden Jahr mit 365 Tagen …

… mit mindestens zwei Fehlalarmen zu rechnen ist (einseitig unten, Bild 2.20).

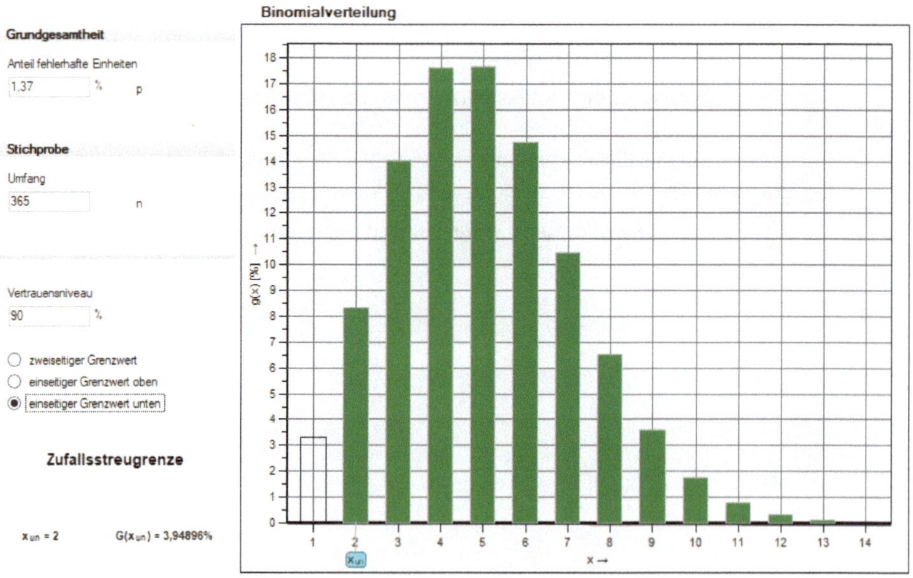

Bild 2.20 Einseitiger Zufallsstreubereich unten für 365 Tage

Der scheinbare Widerspruch, dass bei gleichem Vertrauen die zweiseitigen Grenzen nicht den einseitigen entsprechen, lässt sich durch die Irrtumswahrscheinlichkeit erklären. Im zweiseitigen Fall ist sie jeweils 5 % für mehr oder weniger Fehlalarme. Im einseitigen Fall ist sie 10 % für mehr (einseitig oben) oder weniger (einseitig unten) Fehlalarme.

Typische Werte für das Vertrauensniveau (1 – α) sind 95 %, 99 % oder 99,9 %. Die Größe des Zufallsstreubereichs wird darüber hinaus auch durch die Stichprobengröße bestimmt. Je größer die Stichprobe, auf deren Grundlage der Zufallsstreubereich berechnet wird, desto größer wird der Zufallsstreubereich bei gleichbleibendem Vertrauensniveau.

Vom bekannten Feuermelder mit der als bekannt angenommenen Fehlalarmwahrscheinlichkeit von

$$p = 1{,}37\ \%$$

kann man nun aus dieser angenommenen Fehlalarmwahrscheinlichkeit mit einem Vertrauensniveau von 90 % ableiten, dass über die gesamte Lebenszeit des Feuermelders von zehn Jahren mit 3652 Tagen inklusive zweier Schalttage ...

... zwischen 39 und 62 Fehlalarme zu erwarten sind (zweiseitig, Bild 2.21).

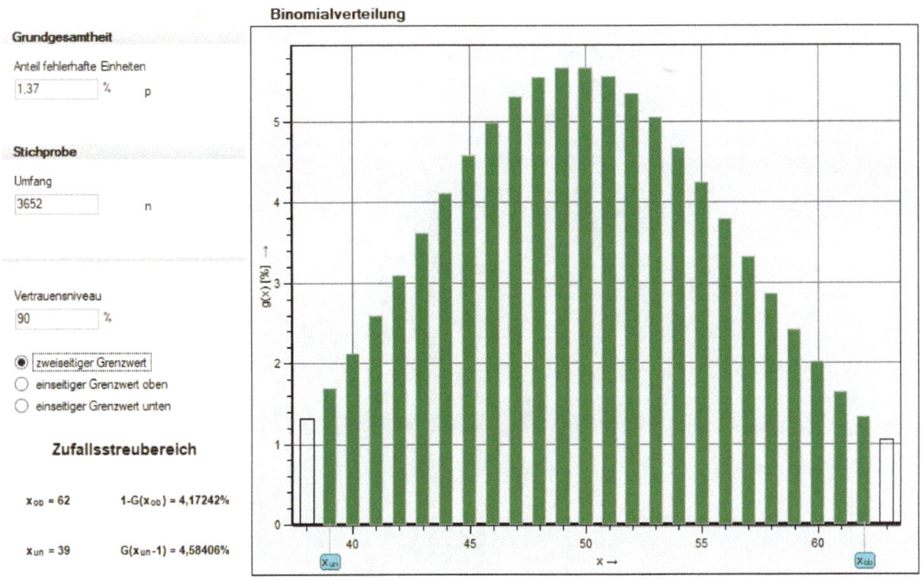

Bild 2.21 Zweiseitiger Zufallsstreubereich für 3652 Tage (zehn Jahre inklusive zwei Schaltjahre)

Man kann ableiten, dass

... höchstens 59 Fehlalarme zu erwarten sind (einseitig oben, Bild 2.22).

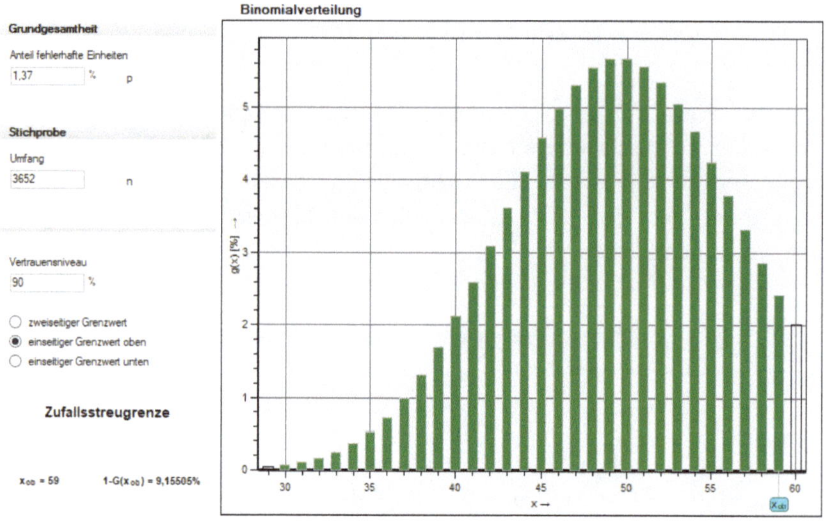

Bild 2.22 Einseitiger Zufallsstreubereich oben für 3652 Tage (zehn Jahre inklusive zwei Schaltjahre)

Man kann ableiten, dass

... mit mindestens 41 Fehlalarmen zu rechnen ist (einseitig unten, Bild 2.23).

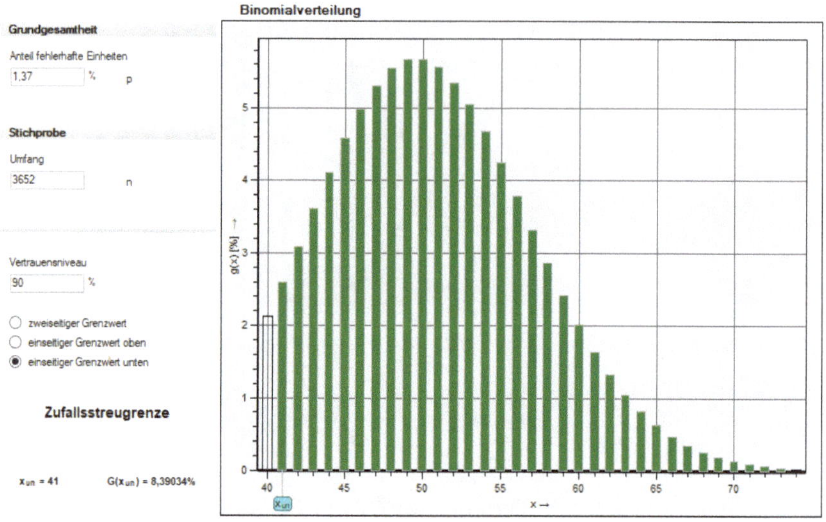

Bild 2.23 Einseitiger Zufallsstreubereich unten für 3652 Tage (zehn Jahre inklusive zwei Schaltjahre)

Ein typischer Anwendungsbereich für den Zufallsstreubereich ist die Anwendung einer attributiven Regelkarte.

2.3.3 Vertrauens- und Zufallsstreubereiche der Binomialverteilung

Wie in den vorangegangenen Abschnitten dargestellt, kann man mithilfe der

- Vertrauensbereiche (siehe Abschnitt 2.3.1)

und der

- Zufallsstreubereiche (siehe Abschnitt 2.3.2)

Aussagen über die Qualität eines statistischen Ergebnisses liefern. Die Breite der Bereiche hängt ab von der Größe der zugrunde liegenden Datenbasis und der gewählten Vertrauensniveaus $P(1-\alpha)$ bzw. den damit korrespondierenden Irrtumswahrscheinlichkeiten α. Typische Zahlenwerte sind $\alpha = 0{,}1\,\%$, $1\,\%$ und $5\,\%$ sowie entsprechend $P = 99{,}9\,\%$, $99\,\%$ und $95\,\%$.

Dabei wird zwischen den Bereichen

- einseitig oben,
- einseitig unten und
- zweiseitig

unterschieden.

Die Formeln zur Bestimmung dieser Bereiche sind in Tabelle 2.2 zusammengestellt. Bild 2.24 zeigt die Wahrscheinlichkeitsfunktion für $p = 0{,}08$ und $n = 100$ mit den Zufallsstreubereichen für ein Vertrauensniveau von $P(1-\alpha)$ 0 95 % bzw. 99 % entsprechend $\alpha = 5\,\%$ bzw. $1\,\%$.

Tabelle 2.2 Formeln für Zufallsstreu- und Vertrauensbereiche bei Binomialverteilung

	Zufallsstreubereich $x_{un} \leq x \leq x_{ob}$	Vertrauensbereich $p_{un} \leq p \leq p_{ob}$	
einseitig oben	$G(x; n, p) \geq 1-\alpha$	$G(x; n, p_{ob}) = \alpha$ $0 \leq p \leq 1-\sqrt[n]{\alpha}$	für $x < n$ für $x = 0$
einseitig unten	$G(x-1; n, p) \leq \alpha$	$G(x-1; n, p_{un}) = 1-\alpha$ $\sqrt[n]{\alpha} \leq p \leq 1$	für $x \geq 1$ für $x = n$

Tabelle 2.2 Formeln für Zufallsstreu- und Vertrauensbereiche bei Binomialverteilung *(Fortsetzung)*

	Zufallsstreubereich $x_{un} \leq x \leq x_{ob}$	Vertrauensbereich $p_{un} \leq p \leq p_{ob}$	
zweiseitig	$G(x-1; n, p) \leq \frac{\alpha}{2}$	$G(x-1; n, p_{un}) = 1 - \alpha/2$	für $x \geq 1$
	$G(x; n, p) \geq 1 - \frac{\alpha}{2}$	$G(x; n, p_{ob}) = \alpha/2$	für $x < n$
		$0 \leq p \leq 1 - \sqrt[n]{\alpha/2}$ $\sqrt[n]{\alpha/2} \leq p \leq 1$	für $x < 0$ für $x = n$

x = Anzahl fehlerhafter Einheiten
n = Stichprobenumfang
p = Anteil fehlerhafter Einheiten
α = Irrtumswahrscheinlichkeit
$G(x)$ = Verteilungsfunktion

Die zweiseitigen Zufallsstreubereiche für P = 95 % und P = 99 % ergeben sich wie in Bild 2.24 dargestellt.

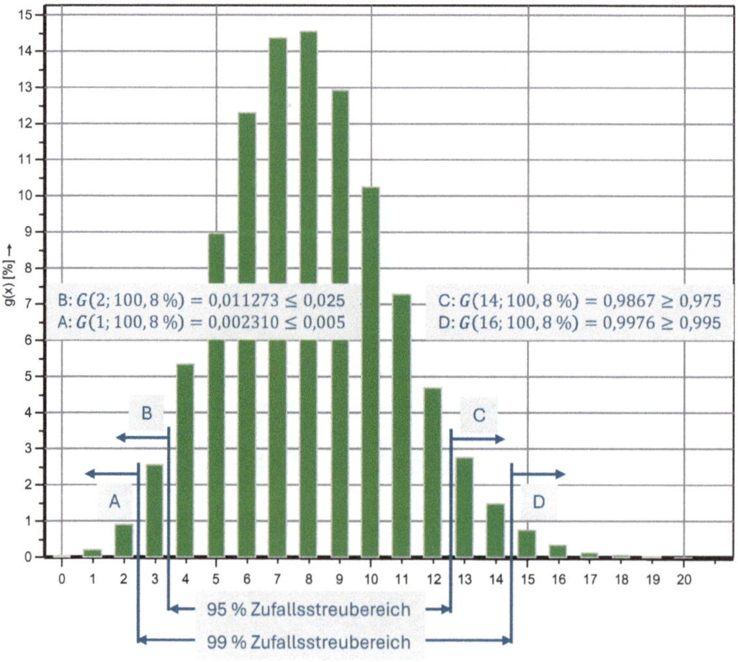

Bild 2.24 Wahrscheinlichkeitsverteilung mit Zufallsstreubereich für p = 0,08 und n = 100

Die **Zufallsstreubereiche** werden mit **nominal** mit $P = 1 - \alpha$ angegeben. Für den zweiseitigen Bereich wird auf jeder Seite der Verteilung der größtmögliche Anteil abgeschnitten, der die Bedingung „$\leq \frac{\alpha}{2}$ bzw. $\geq 1 - \frac{\alpha}{2}$" erfüllt (Bild 2.25).

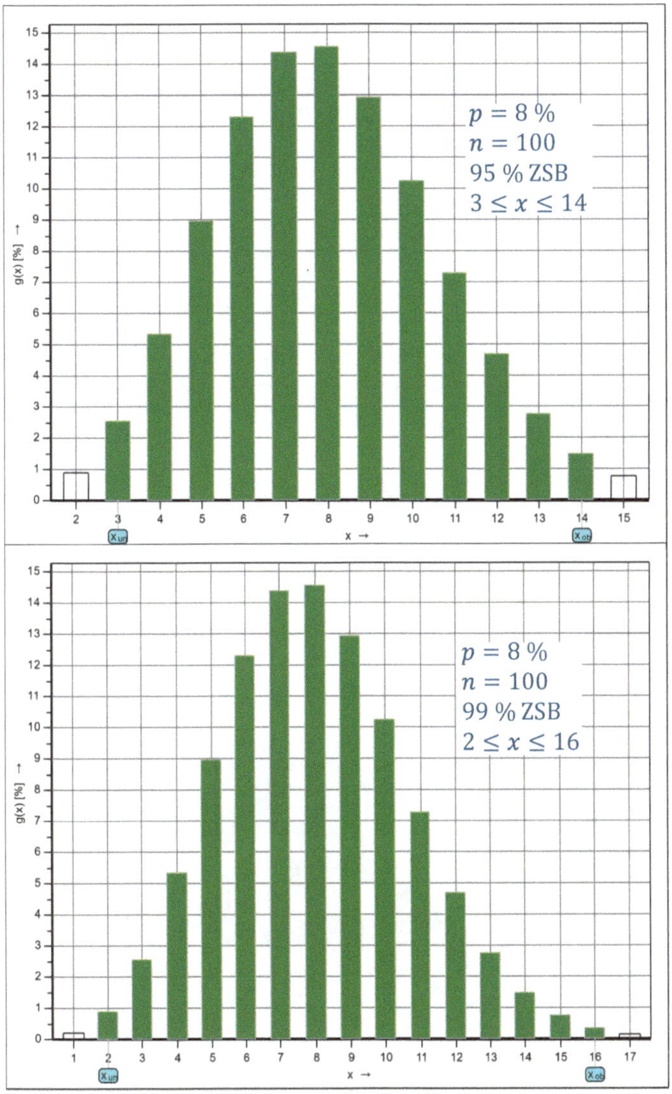

Bild 2.25 Zweiseitig begrenzter 95-%-Zufallsstreubereich (oben) und zweiseitig begrenzter 99-%-Zufallsstreubereich (unten) der Binomialverteilung mit den Parametern p = 8 % und n = 100

Analog dazu können die einseitigen Zufallsstreubereiche ermittelt werden. Bild 2.26 zeigt für P = 95 % die beiden Zufallsstreubereiche „einseitig unten“ und „einseitig oben“.

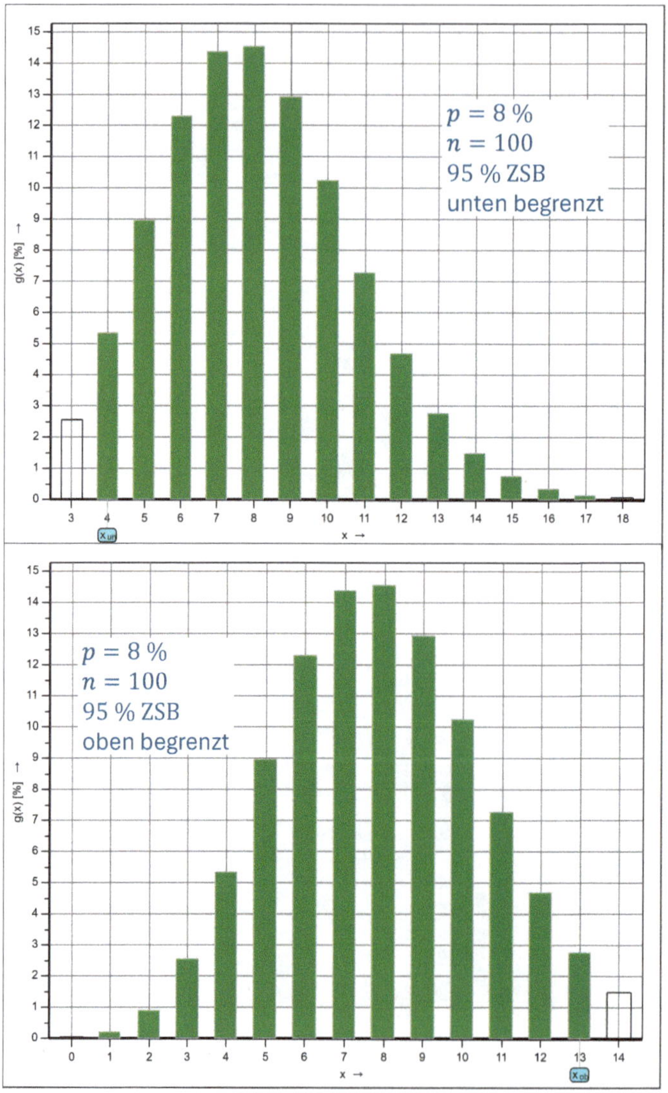

Bild 2.26 Einseitig nach unten begrenzter 95-%-Zufallsstreubereich (oben) und einseitig nach oben begrenzter 95-%-Zufallsstreubereich (unten) der Binomialverteilung mit den Parametern p = 8 % und n = 100

Fallbeispiel: Einzelwahrscheinlichkeit

Von der Fertigung eines Massenartikels ist bekannt, dass die Grundgesamtheit einen Fehleranteil von p = 0,5 % enthält. Wie groß ist die Wahrscheinlichkeit, in einer Stichprobe des Umfangs n = 500 genau drei fehlerhafte Einheiten zu finden (Bild 2.27)?

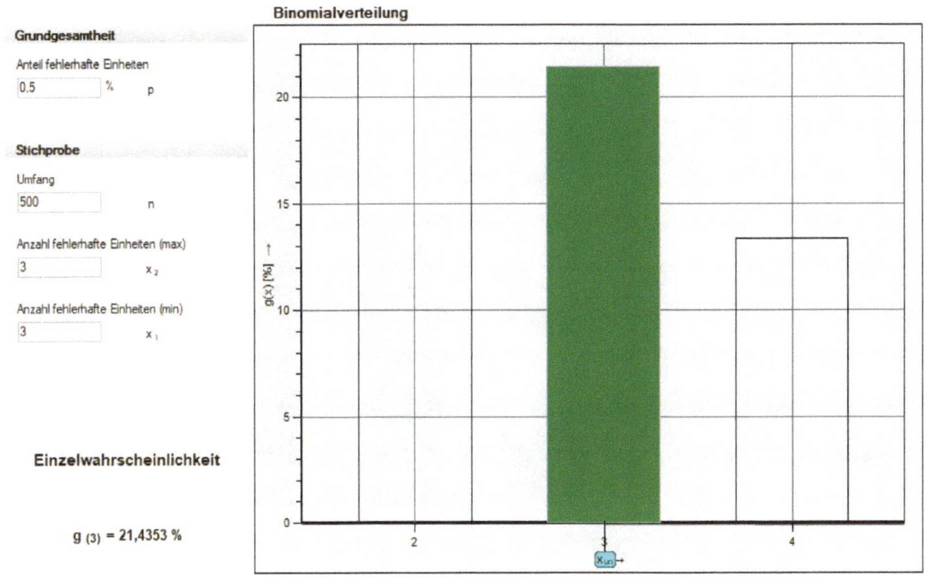

Bild 2.27 Einzelwahrscheinlichkeit für x = 3 bei p = 0,5 und n = 500

$$g(3) = 21{,}435\ \%$$

Fallbeispiel: Summenwahrscheinlichkeit

Von der Fertigung eines Massenartikels ist bekannt, dass die Grundgesamtheit einen Fehleranteil von p = 1,5 % enthält. Wie groß ist die Wahrscheinlichkeit, in einer Stichprobe des Umfangs n = 200 höchstens zwei fehlerhafte Einheiten zu finden (Bild 2.28)?

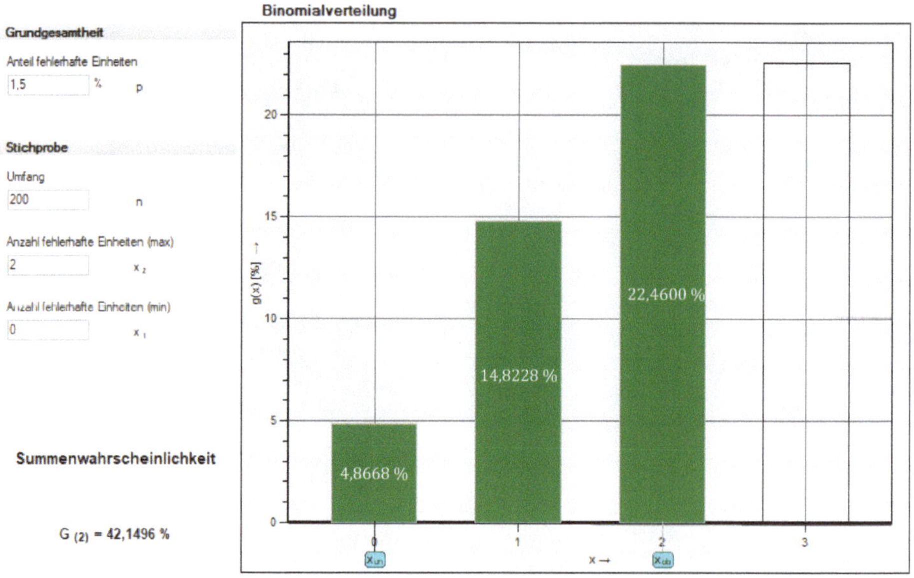

Bild 2.28 Summenwahrscheinlichkeit für $x \leq 2$ bei p = 1,5 und n = 200

$$G(2) = \sum_{i=0}^{2} g(i) = 4{,}86682 + 14{,}8228 + 22{,}4600 = 42{,}14962\ \%$$

Fallbeispiel: Einseitiger Vertrauensbereich unten

In einer Stichprobe des Umfangs $n = 315$ werden $x = 10$ fehlerhafte Teile gefunden. Mit welchem Anteil fehlerhafter Einheiten basierend auf einem Vertrauensniveau von 95 % → $\alpha = 0{,}05$ ist in der Grundgesamtheit mindestens zu rechnen (Bild 2.29)?

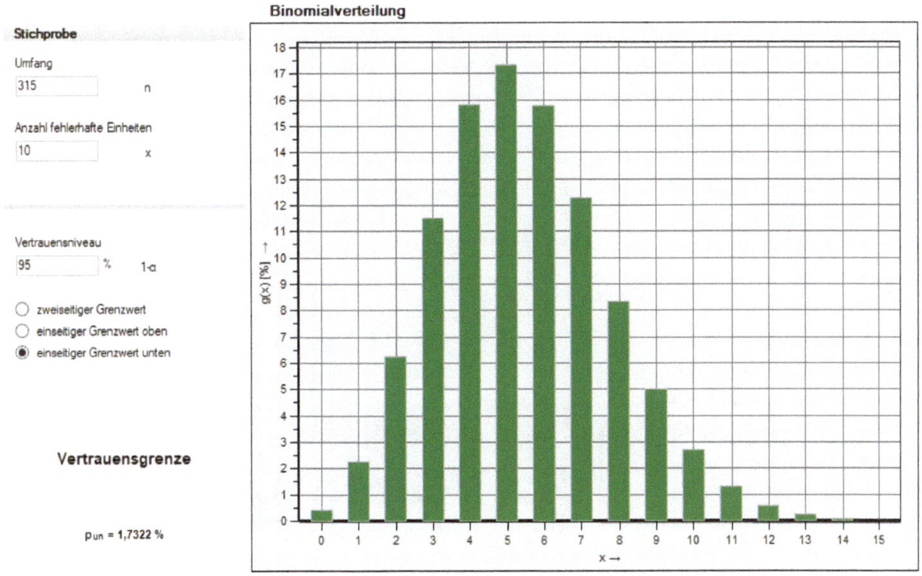

Bild 2.29 95-%-Vertrauensbereich unten bei $x = 10$ und $n = 315$

$$p_{un} = 1{,}7322\ \%$$

Fallbeispiel: Zweiseitiger Vertrauensbereich

Für die gleiche Aufgabenstellung wie im vorangegangenen Kasten ist im Folgenden der zweiseitige Vertrauensbereich für das Vertrauensniveau von 95 % angegeben (Bild 2.30).

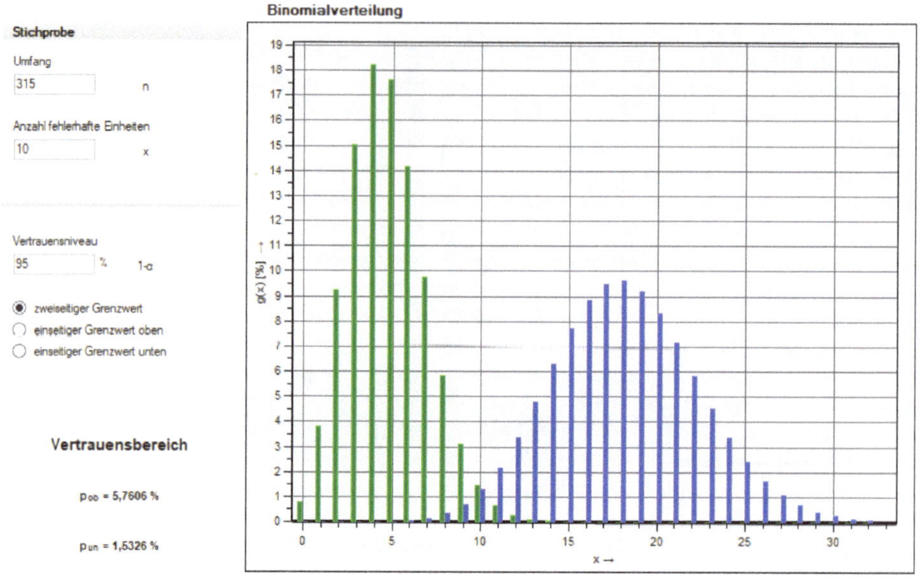

Bild 2.30 95-%-Vertrauensbereich zweiseitig bei $x = 10$ und $n = 315$

$$p_{un} = 1{,}5326\ \% \quad p_{ob} = 5{,}7606\ \%$$

Fallbeispiel: Zweiseitiger Zufallsstreubereich

Aus einer binomialverteilten Grundgesamtheit mit p = 0,05 (5 %) wird eine Stichprobe des Umfangs n = 200 entnommen. Die Irrtumswahrscheinlichkeit soll α = 0,05 (5 %) betragen. Gesucht ist der zweiseitige Zufallsstreubereich (Bild 2.31).

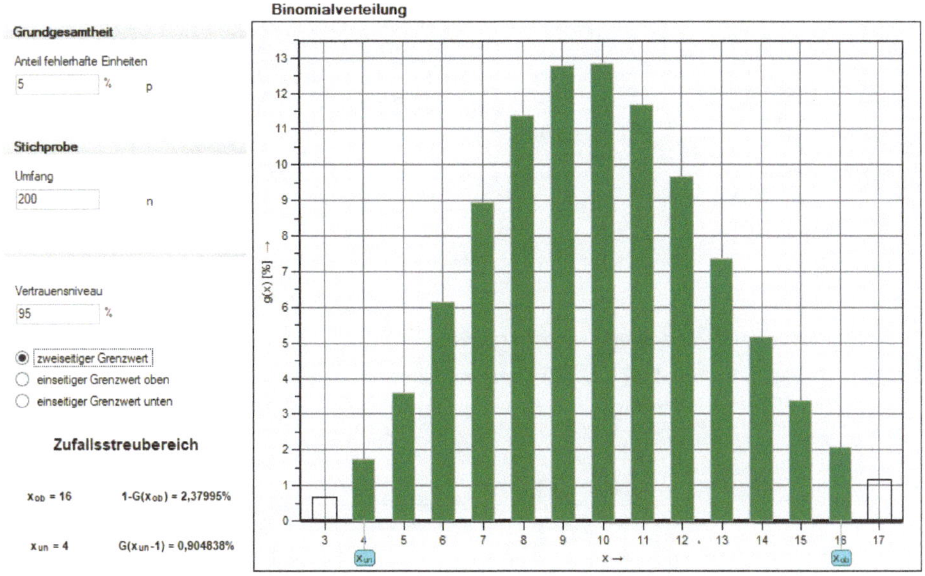

Bild 2.31 95-%-Zufallsstreubereich zweiseitig bei p = 5 % und n = 200

$$G(x_{un} - 1) = 0{,}904838\,\% \quad 1 - G(x_{ob}) = 2{,}37995\,\%$$

2.3.4 Vertrauens- und Zufallsstreubereiche der Poissonverteilung

Analog zur Binomialverteilung können auch für die Poissonverteilung Zufallsstreu- und Vertrauensbereiche angegeben werden. Diese sind in Tabelle 2.3 zusammengefasst.

Tabelle 2.3 Formeln für Zufallsstreu- und Vertrauensbereiche bei Poissonverteilung

	Zufallsstreubereich $x_{un} \leq x \leq x_{ob}$	Vertrauensbereich $\mu_{un} \leq \mu \leq \mu_{ob}$	
einseitig oben	$G(x;\mu) \geq 1-\alpha$	$G(x;\mu_{ob}) = \alpha$	
einseitig unten	$G(x-1;\mu) \leq \alpha$	$G(x-1;\mu_{un}) = 1-\alpha$	für $x \geq 1$
zweiseitig	$G(x-1;\mu) \leq \frac{\alpha}{2}$ $G(x;\mu) \geq 1-\frac{\alpha}{2}$	$G(x-1;\mu_{un}) = 1-\frac{\alpha}{2}$ $G(x;\mu_{ob}) = \frac{\alpha}{2}$	für $x \geq 1$

x = Anzahl der Fehler pro Einheit
n = Stichprobenumfang
α = Irrtumswahrscheinlichkeit
$G(x)$ = Verteilungsfunktion

Fallbeispiel: Einzelwahrscheinlichkeit

Gegeben ist eine Poissonverteilung mit einem Mittelwert von $\mu = 25$. Wie groß ist die Wahrscheinlichkeit, in einer Stichprobe genau $x = 33$ Fehler zu finden (Bild 2.32)?

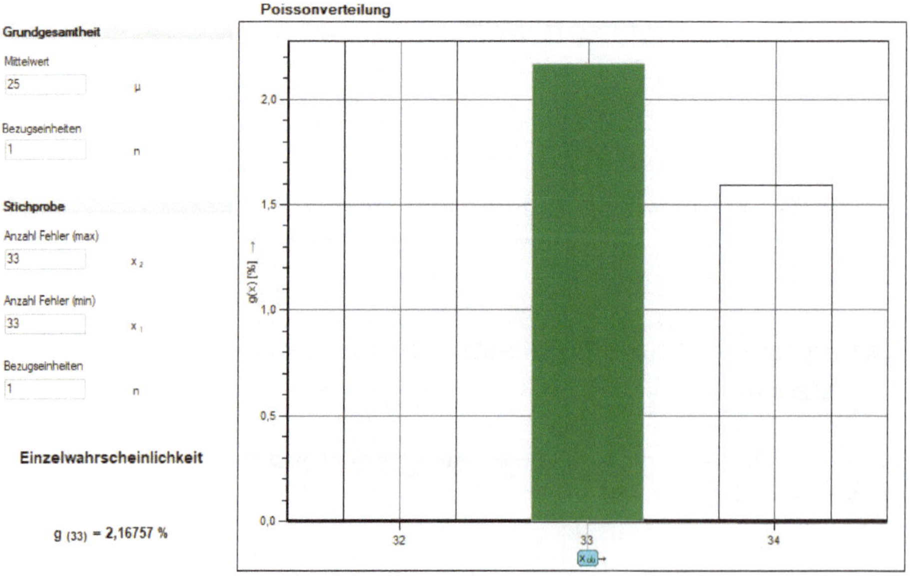

Bild 2.32 Einzelwahrscheinlichkeit für $x = 33$ bei $\mu = 25$

$$g(x) = 2{,}16757\,\%$$

Fallbeispiel: Summenwahrscheinlichkeit

Gegeben ist eine Poissonverteilung mit einem Mittelwert von $\mu = 12$. Wie groß ist die Wahrscheinlichkeit, in einer Stichprobe zwischen $x = 5$ Fehler und $x = 18$ Fehler zu finden (Bild 2.33)?

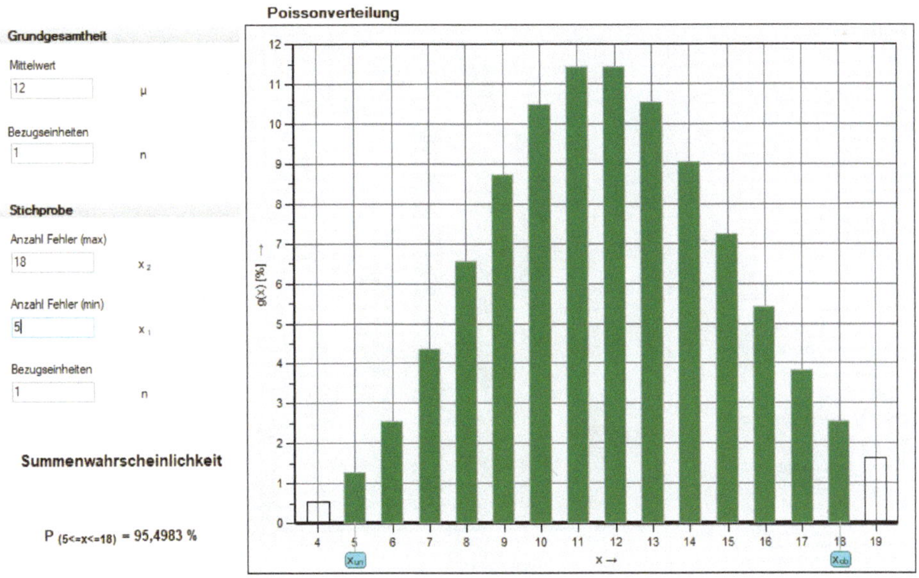

Bild 2.33 Summenwahrscheinlichkeit für $5 \leq x \leq 18$ bei $\mu = 12$

$$G(18) - G(4) = 96{,}2584\,\% - 0{,}76004\,\% = 95{,}4983\,\%$$

Fallbeispiel: Einseitiger Vertrauensbereich unten

Beim Zwirnen von Zwirn auf einer Zwirnmaschine treten in acht Stunden sechs Zwirnrisse auf. Mit wie vielen Zwirnrissen hat man bei $1 - \alpha = 0{,}95$ mindestens zu rechnen (Bild 2.34)?

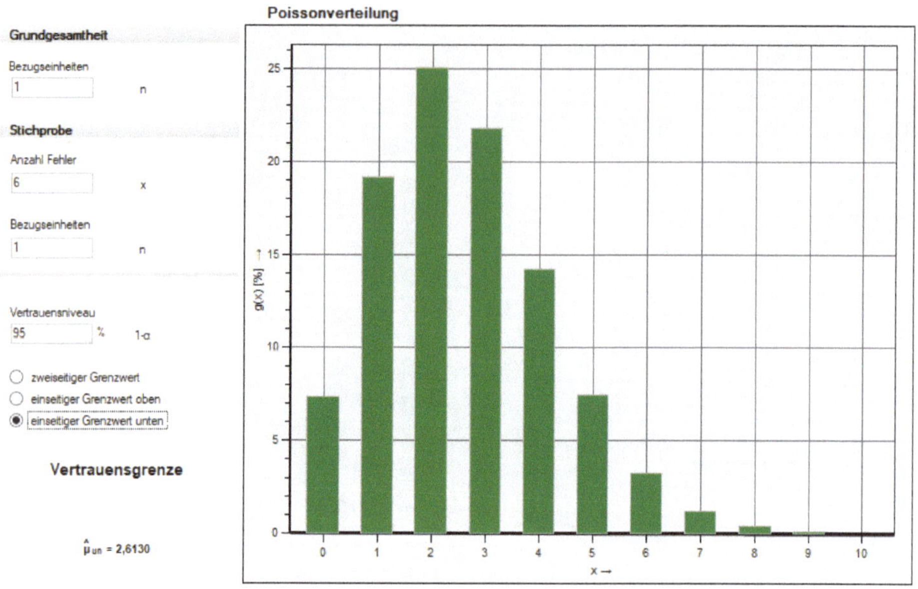

Bild 2.34 95-%-Vertrauensbereich einseitig unten für $x = 6$

$$\hat{\mu}_{un} = 2{,}6130$$

Fallbeispiel: Zweiseitiger Vertrauensbereich

Für die gleiche Aufgabenstellung wie im vorangegangenen Kasten ist im Folgenden der zweiseitige Vertrauensbereich für das Vertrauensniveau von 95 % angegeben (Bild 2.35).

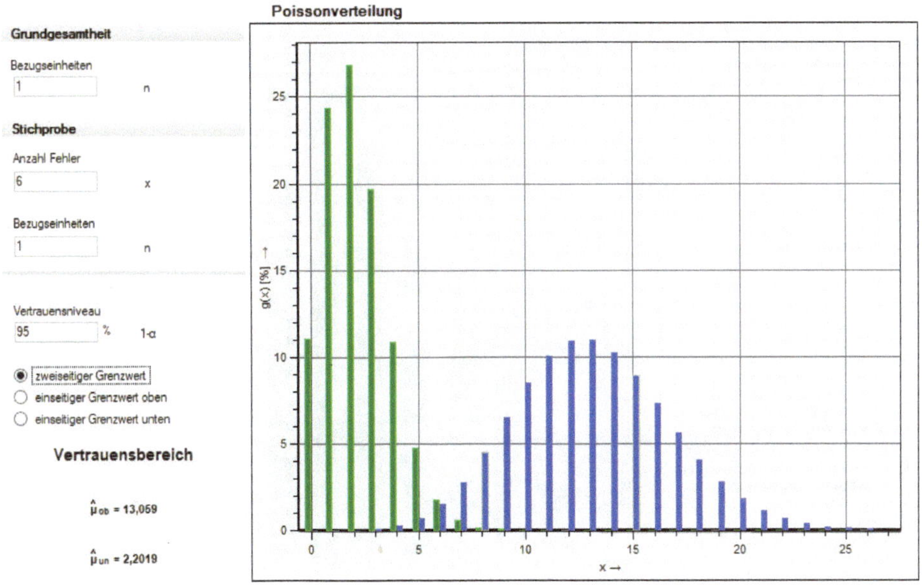

Bild 2.35 95-%-Vertrauensbereich zweiseitig für $x = 6$

$$\hat{\mu}_{un} = 2{,}2019 \quad \hat{\mu}_{ob} = 13{,}059$$

Fallbeispiel: Zweiseitiger Zufallsstreubereich

Aus einer poissonverteilten Grundgesamtheit mit μ = 6.8 % wurde eine Stichprobe entnommen. Mit wie vielen Fehlern muss in der Stichprobe mindestens bzw. maximal gerechnet werden? Die Irrtumswahrscheinlichkeit soll α = 0,05 (5 %) betragen (Bild 2.36).

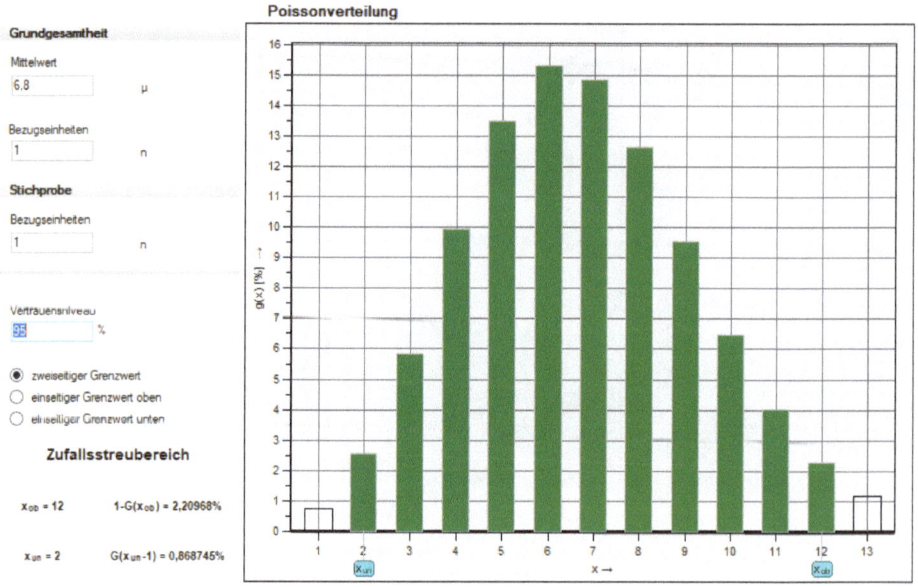

Bild 2.36 95-%-Zufallsstreubereich zweiseitig für μ = 6,8

$$G(x_{un} - 1) = 0{,}868745\ \% \quad 1 - G(x_{ob}) = 2{,}20968\ \%$$

2.4 Anwendungsempfehlungen

In der Praxis ist bei hypergeometrischen Verteilungen die Forderung „$n < N/10$" häufig erfüllt. Damit kann die hypergeometrische Verteilung durch die Binomialverteilung ersetzt werden.

Unter der Bedingung $n \cdot p\,(1 - p) \geq 9$ kann die Binomialverteilung durch die Normalverteilung angenähert werden. Dann ist

- der Mittelwert $\mu = p \cdot n$ und
- die Standardabweichung $\sigma = \sqrt{n \cdot p \cdot (1 - p)}$.

Unter der Bedingung $n \to \infty$ und $p \to 0$ kann die Binomialverteilung durch die Poissonverteilung mit dem Mittelwert $\mu \approx n \cdot p$ ersetzt werden.

Für $\mu \geq 9$ kann wiederum die Poissonverteilung durch die Normalverteilung angenähert werden. Dann ist

- der Mittelwert μ und
- die Standardabweichung $\sigma = \sqrt{\mu}$.

Die Übergänge sind in Bild 2.37 dargestellt.

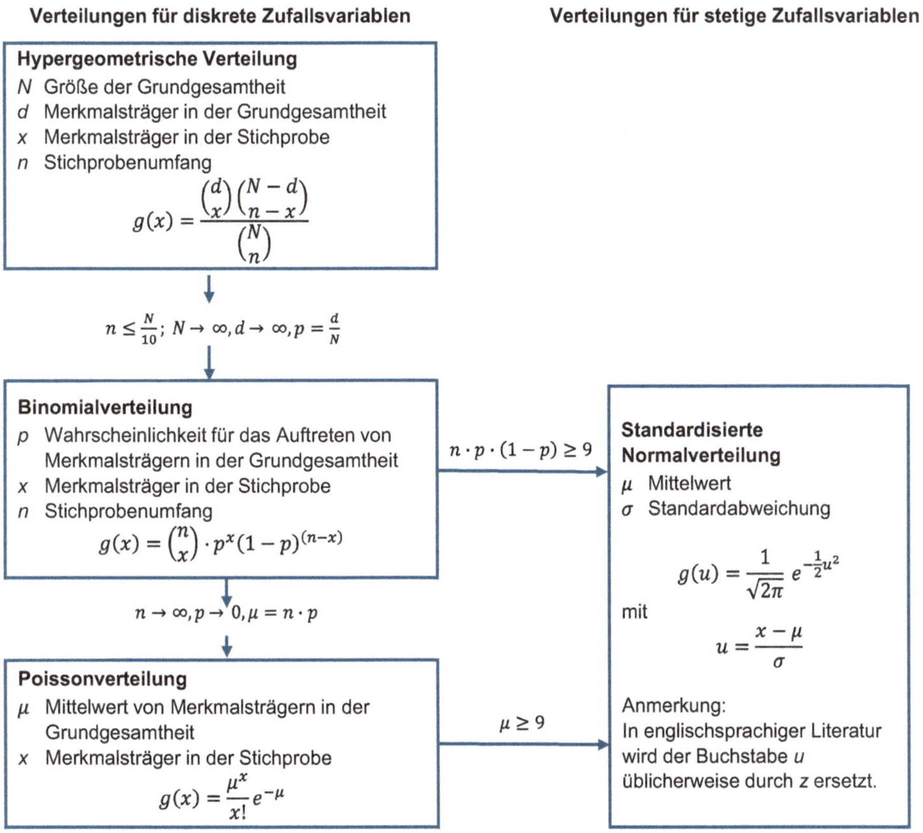

Bild 2.37 Zusammenhänge und Näherungen bei der Anwendung diskreter Verteilungen

Literatur

AIAG – Automotive Industry Action Group: MSA Measurement Systems Analysis. 4th Edition. Michigan, USA, 2010

Brinkmann, B.: Internationales Wörterbuch der Metrologie: Grundlegende und allgemeine Begriffe und zugeordnete Benennungen (VIM); ISO/IEC-Leitfaden 99:2007 Vocabulaire international de métrologie (dt.-engl. Fassung). 4., überarbeitete Auflage. Beuth, Berlin/Wien/Zürich 2012

Dietrich, E./Conrad, S.: Statistische Verfahren zur Maschinen- und Prozessqualifikation. 8., aktualisierte Edition. Carl Hanser Verlag GmbH & Co. KG, München 2021

DIN ISO 3534-1:2009-10: Statistik – Begriffe und Formelzeichen – Teil 1: Wahrscheinlichkeit und allgemeine statistische Begriffe (ISO 3534-1:2006); Text Deutsch und Englisch. Beuth Verlag 2009. *https://doi.org/10.31030/1515528*

DIN ISO 3534-2:2013-12: Statistik – Begriffe und Formelzeichen – Teil 2: Angewandte Statistik (ISO 3534-2:2006); Text Deutsch und Englisch. Beuth Verlag 2013. *https://doi.org/10.31030/2061895*

ISO/IEC Guide 99:2007: International vocabulary of metrology—Basic and general concepts and associated terms (VIM). International Organization for Standardization (ISO) 2007

JCGM 200:2012: International vocabulary of metrology – Basic and general concepts and associated terms (VIM). Sèvres, France 2012

3 Diskrete und diskretisierte Prüfprozesse

Zusammenfassung

Dieses Kapitel fasst die Skalen für Prüfprozesse im Rahmen attributiver Prüfungen übersichtlich zusammen und erläutert den Zusammenhang und den Unterschied von „diskreten" und „diskretisierten" Merkmalen. Diese Unterscheidung ist wichtig, weil sie die Auswahl der Methoden zum Eignungsnachweis beeinflussen. Darüber hinaus kann bei diskretisierten Merkmalen tatsächlich eine erweiterte Messunsicherheit U und auch ein Eignungsindex Q_{MP} ermittelt werden, was bei rein diskreten Merkmalen nicht möglich ist. Nicht zuletzt hat diese Unterscheidung wesentlichen Einfluss auf die Zusammenstellung des Referenzloses und des Prüfloses, die in Kapitel 4 beschrieben werden.

3.1 Einführung und Übersicht zu Skalen

Attributive Prüfungen sind Prüfungen, bei denen an Prüfobjekten keine Messwerte ermittelt, sondern attributive Zuweisungen erstellt werden. So kann einem Qualitätsmerkmal entweder eine attributive Beschreibung zugeordnet werden (z. B. „Der Matrix-Code ist nicht lesbar") oder auch eine Kategorie (z. B. „Note 1", „Rating A+++"). Diese zugewiesenen Kategorien können in nominale Skalen (z. B. Rot, Blau, Grün) oder ordinale Skalen (A-Ware, B-Ware, Ausschuss) unterteilt werden. Gibt es nur zwei mögliche Kategorien, so nennt man die Kategorien binär. Auch wenn binären Kategorien oft eine Art Ordnung zugewiesen wird („i. O. ist besser als n. i. O."), werden binäre Merkmale wie nominale Merkmale behandelt.

Tabelle 3.1 zeigt Beispiele für attributive Prüfungen.

Tabelle 3.1 Beispiele für attributive Prüfungen

		Anwendungsfall: Zuordnung zur Warenkategorie	Anwendungsfall: Gefahrenhinweis	Anwendungsfall: Freigabe	Weitere Beispiele
Attributive Beschreibung eines Prüfmerkmals		Das Etikett ist rot.	Das Etikett ist rot.	Das Etikett ist rot.	
Kategorie eines Prüfmerkmals	**nominal**	**Sortierung im Warenlager des Baumarkts:** ▪ grün (Garten) ▪ gelb (KFZ) ▪ **rot (Möbel)** ▪ blau (Metall) ▪ weiß (Bad)			**Postleitzahl-Bereiche:** 0, 1, 2, 3, 4, 5, 6, 7, 8, 9 **Wirbeltiere:** ▪ Fische ▪ Amphibien ▪ Reptilien ▪ Säugetiere ▪ Vögel
	ordinal		**Gefahrenstufe:** ▪ **rot (Gefahr)** ▪ gelb (Warnung) ▪ weiß (unbedenklich)		**Geschmack des Weins:** ▪ süß ▪ lieblich ▪ halbtrocken ▪ trocken **Finanz-Rating:** ▪ A+++ ▪ A++ ▪ A+ ▪ A ▪ B ▪ C
	binär			**Status:** ▪ grün (freigegeben) ▪ **rot (gesperrt)**	**Defekte Teile:** ▪ i. O. ▪ n. i. O. **Schalterzustand:** ▪ an ▪ aus **Speicherbit:** ▪ 0 ▪ 1

Nominale Skalen

Nominale Skalen beschreiben Eigenschaften, die keine natürliche Rangfolge haben (Bild 3.1). Es kann also nur festgestellt werden, ob eine statistische Einheit eine Eigenschaft besitzt oder nicht. Diese Skala hat den geringsten Informationsgehalt.

Bewertung: Die Blume ist blau.

Information:

Die Blume ist blau.

Die Blume ist nicht rot. (Genauer: Die Blume ist keiner anderen Farbe als Blau zuzuordnen.)

Mögliche statistische Informationen:

Modalwert: Die häufigste Farbe von Blumen ist Weiß.

Häufigkeitswert: 30 % der Blumen haben die Farbe Rot.

Summenhäufigkeit (Komplementär): 99 % der Blumen sind nicht schwarz.

Ordinale Skalen

Ordinale Skalen beschreiben Eigenschaften, die in eine natürliche Reihenfolge gebracht werden können (Bild 3.1). Es kann also nicht nur festgestellt werden, ob eine statistische Einheit eine Eigenschaft besitzt oder nicht, sondern sie kann damit auch in Relation zu einer anderen statistischen Einheit gestellt werden (z. B. „A ist besser als B“).

Bewertung: „Mathe“-Abiturnote 3 bei einer Skala von 1 bis 6

Information:

Meine Note ist 3.

Der Tischnachbar mit Note 2 ist besser.

Der Mitschüler aus der 2. Reihe ganz links ist der Beste.

Ich habe mindestens Note 4 erreicht (und somit die Prüfung bestanden).

Mögliche statistische Informationen:

Modalwert: Die häufigste Note in der Klasse ist die Note 3.

Häufigkeit: 60 % der Schüler haben die Note 3.

Summenhäufigkeit: 3 % der Schüler haben Note 5 oder 6 und somit nicht bestanden.

Obwohl die Kategorien ordinaler Skalen oft mit Zahlen benannt werden, kann man mit diesen ordinalen Einstufungen nicht rechnen. Die Einstufungen in Zahlen erzeugen keine Skalen, die mathematische Operationen (+, –, ·, ÷) zulassen, denn es wird nicht vorausgesetzt, dass die Ränge gleiche Abstände haben, wodurch ein diskretes Merkmal entstehen würde.

Das Problem der nicht gleichen Ränge bei ordinalen Merkmalen ist sehr gut am alltäglichen Leid der Schüler und Studenten zu erkennen, und zwar an der üblichen Notenvergabe 1 bis 6 in den Institutionen. Vielfach wird erwartet, dass bei einer Klausur mindestens 50 % der Fragen beantwortet werden. Damit hat man die Note 4 erreicht. Man kann daraus aber nicht ableiten, dass ein Schüler mit Note 2 doppelt so viele Fragen beantwortet hat wie ein Schüler mit Note 4. Für die Note 1 werden dagegen mindestens 95 % richtige Antworten erwartet, woraus man auch nicht ableiten kann, dass ein Schüler mit Note 4 mindestens 80 % der Fragen richtig beantwortet hat.

Ein weiteres sehr schönes und aufgrund seiner Unappetitlichkeit sehr einprägsames Beispiel ist eine Geschmacksskala: Ein hochgelobtes Mineralwasser schmeckt nicht dreimal so gut wie Abwasser, auch wenn es in der Ordinalskala „Abwasser < Regenwasser < Mineralwasser" den dritten Rang besetzt.

Für statistische Analysen in der Qualitätssicherung werden ordinale Skalen oft in binäre Skalen transformiert, indem ein Teil der Kategorien als „i. O." und der Rest als „n. i. O." zusammengefasst werden. Dies gilt auch bei Schulnoten, wo die Kategorien Note 1 bis Note 4 als „bestanden" zu betrachten sind, während die Kategorien Note 5 und Note 6 als „nicht bestanden" eingestuft werden.

Binäre Skalen

Im einfachsten Fall sind die Bewertungen bei attributiven Prüfungen binär (z. B. „hat die Eigenschaft/hat die Eigenschaft nicht", „i. O./n. i. O.", siehe Bild 3.1). Im engeren Sinne handelt es sich bei binären Daten um nominale Daten, die jedoch auf lediglich zwei Ausprägungen beschränkt sind. Binäre Informationen stellen eine deutliche Vereinfachung dar, die häufig jedoch der tatsächlichen Perspektive auf die Realität entspricht.

Binäre Skalen lassen sich beispielsweise – analog zu den Bits in der Informatik – als 1 und 0 darstellen oder als „An/Aus", „Ja/Nein" oder „ok/nok".

Diskrete Skalen

Werden mithilfe solcher Skalen statistische Analysen erstellt, ist es üblich, die Anzahl der Einheiten zu zählen, die ein definiertes Attribut besitzen (z. B. „O-Ring fehlt"). Sollte dieses Attribut oder die Eigenschaft am Prüfobjekt mehrfach auftreten können, so kann auch die Häufigkeit des Auftretens dieses Merkmals am Prüfobjekt gezählt werden (z. B. „3 Kanäle am Katalysator sind verschlossen"). Ähnlich ist die Situation, wenn das Prüfobjekt aus mehreren Einheiten besteht, von denen diejenigen mit einer speziellen Eigenschaft gezählt werden (z. B. „5 Schrauben einer Verpackungseinheit von 1000 Stück haben kein Gewinde").

Durch diese Zählungen entstehen Merkmale mit diskreten Skalen, die einer statistischen Analyse wieder zugänglich sind (z. B. „im Mittel haben 0,2 Schrauben je Verpackungseinheit kein Gewinde", siehe Bild 3.1).

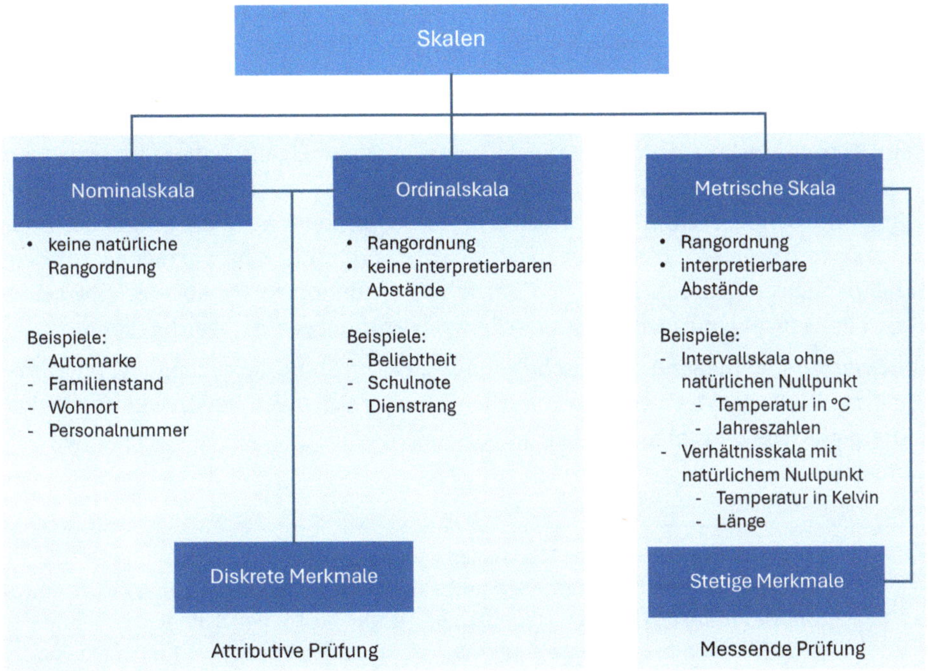

Bild 3.1 Skalen

3.2 Unterschiede zwischen diskretisierten und rein diskreten Prüfprozessen

In der betrieblichen Praxis werden oftmals Merkmale attributiv bewertet, die ihrer Natur nach auch gemessen werden könnten. So können Bohrungen an einer Aufnahme mithilfe eines Grenzlehrdorns abgesteckt oder Spalte mithilfe einer Lehre geprüft werden. Dem gegenüber stehen Merkmale, die sich einer messenden Prüfung entziehen und nur attributiv bewertet werden können. Beispiele dafür sind oftmals im Bereich der subjektiven Prüfung zu finden, wie z. B. die Anmutung einer Oberfläche („Die Maserung des Holzes ist schön.“) oder akustische Eindrücke („Das Geräusch der schließenden Tür ist angenehm.“).

Merkmale, die ihrer Natur nach auch gemessen werden könnten, werden durch die Art des Prüfens diskretisiert, wenn statt eines Messwertes attributive Eigenschaften ermittelt werden. Diese Merkmale nennt man diskretisierte Merkmale.

Wird anstelle der Ermittlung eines Maßes („Der Spalt hat eine Breite von 0,352 mm.“) direkt eine Bewertung durchgeführt („Die Gutlehre passt in den Spalt, also ist er größer als USG = 0,3 mm. Die Schlechtlehre passt nicht, also ist er kleiner als USG = 0,4 mm. Demnach liegt die Spaltbreite innerhalb der Toleranz. Das Teil ist i. O.“), so liegt eine attributive Prüfung eines diskreten Merkmals vor.

Rein diskrete Merkmale hingegen zeigen keine messbare Eigenschaft. Es besteht zwar vielfach die Möglichkeit, auch hier mehrere Kategorien zu bilden (z. B. „Der Kaffee schmeckt fruchtig, nussig, bitter, sauer, verbrannt, ...“) oder auch die Stärke der Ausprägung zu bewerten („Die Maserung des Furniers ist optisch hervorragend, für den Seitenbereich nutzbar, in Form und Farbe nicht zumutbar, ...“), aber es gibt keine sinnvolle Maßzahl, die anstelle der attributiven Prüfung genutzt werden könnte.

Die Grenzen sind fließend. Geräusche können zwar im Sinne der erzeugten Frequenz- und Amplitudenspektren gemessen werden, oft lässt sich der subjektive Eindruck des Lüftergeräuschs im realen Fahrbetrieb aber nicht eindeutig aus den Maßzahlen bestimmen.

Werden bei rein diskreten Merkmalen mehrere Kategorien unterschieden, die eine natürliche Rangfolge ergeben und z. B. die Stärke der Ausprägung bewerten („Die Maserung des Furniers ist optisch hervorragend, für den Seitenbereich nutzbar, in Form und Farbe nicht zumutbar, ...“), dann liegen ordinale Merkmale vor. Existiert keine Rangfolge, so sind es nominale Merkmale. Bei einigen Kategorien wie „Der Kaffee schmeckt fruchtig, nussig, bitter, sauer, verbrannt, ...“ muss genauer hinterfragt werden, ob damit nur eine Zuordnung der nominalen Geschmacksrichtung stattfindet oder ob mit diesen Kategorien eine ordinale Schmackhaftigkeit bewertet wird.

Für die Auswertung der Zählwerte in Bezug auf die Prüfergebnisse ist dieser Unterschied weitgehend irrelevant, weil aus der Prüfung immer diskrete Merkmalswerte ermittelt werden, die dann mithilfe statistischer Methoden analysiert werden können. Dem ist nicht so im Falle des Eignungsnachweises, wie in Kapitel 4 beschrieben.

3.2.1 Diskrete Merkmale

Als diskrete Merkmale werden, vereinfacht gesagt, solche Merkmale bezeichnet, die nicht gemessen, sondern nur attributiv bewertet werden. Im Rahmen eines Eignungsnachweises für attributive Prüfprozesse wird ein Prüflos, dessen Eigenschaften bekannt sind und für das zu jedem Teil Referenzentscheidungen vorliegen, in den zu bewertenden Prüfprozess eingeschleust. Die Ergebnisse des attributiven Prüfprozesses werden dann mit den bekannten Eigenschaften des Prüfloses verglichen, um Aussagen über die Eignung des attributiven Prüfprozesses zu treffen.

Für die Teile des Prüfloses liegen allerdings auch nur attributive Referenzbewertungen vor. Wird ein Teil also als gut bewertet, so ist „i. O." die einzige Information. Sieht der Referenzprüfer das Teil im Sinne einer oberen Grenze gerade noch als maximal zulässig an, so könnte ein anderer Prüfer es im Sinne einer unteren Grenze als gerade noch zulässig einstufen. In beiden Fällen würde man eine i. O.-Entscheidung erhalten und von einer Gleichheit ausgehen, obwohl die tatsächlichen Einschätzungen der Prüfer sehr unterschiedlich sind.

Dementsprechend schwer fällt die Auswahl der Teile für das Prüflos. Es ist zu empfehlen, die Referenzentscheidung zu den Teilen im Prüflos nicht einem einzelnen Referenzprüfer zu überlassen, sondern durch ein Referenzteam fällen zu lassen. Grundlage der Einstufung sollte ein vorab erstelltes Referenzlos sein, das exemplarische Teile mit Referenzentscheidungen enthält, die den Prüfern zur Verdeutlichung, Schulung oder „Kalibrierung" vorgelegt werden.

3.2.2 Diskretisierte Merkmale

Diskretisierte Merkmale sind eine Untergruppe diskreter Merkmale, deren Referenzbewertung auf einem messbaren Referenzwert basiert. Es sind, vereinfacht gesagt, Merkmale, die zwar gemessen werden können, jedoch aus technischen, zeitlichen oder pekuniären Gründen tatsächlich nur attributiv geprüft werden (Bild 3.2).

Obwohl mit der attributiven Prüfung ein massiver Informationsverlust verbunden ist, sind diskretisierte Merkmale in vielen Bereichen zu finden. Teils sind die Begründungen „oldschool", weil den Messungen sowieso nicht vertraut wird und man sich nicht in der Lage sieht, aus Messwerten Mehrwert zu generieren. Diese Sichtweise ist eng verbunden mit den Begriffen „Messschieber" und „Schieblehre". Der heute zu erwerbende Messschieber hat noch immer eine Feststellschraube, die ihn zu einer „Schieblehre" macht, also zu einer einstellbaren Lehre. Dennoch werden wohl die wenigsten Messschieber heutzutage mit dieser Zielsetzung gekauft. Vielfach wird den Lehren aber auch eine größere Genauigkeit nachgesagt, da sie nicht veränderbar sind. Mit einer kurzen Einweisung kann der Prüfer somit schnell und kostengünstig prüfen. Dieser Ansatz gilt natürlich nicht für kleine Toleranzen und hohe geforderte

Genauigkeiten, wo Prüfkraft und Verschleiß signifikante Auswirkungen auf die Ergebnisse haben können.

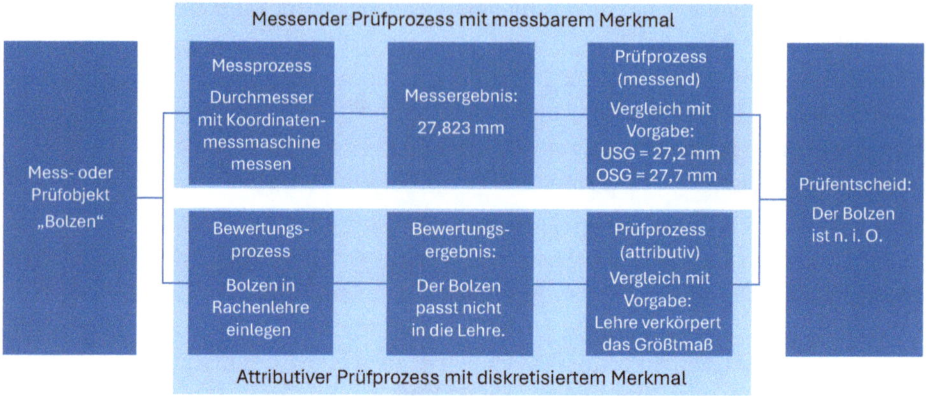

Bild 3.2 Messende und diskretisierte Prüfprozesse

Dennoch gibt es Situationen, wo die attributive Prüfung diskretisierter Merkmale sinnvoll erscheint. Dazu gehören z. B. folgende:

- schnelle Identprüfungen klar abgestufter Teile, z. B. in der Instandhaltung bei der Auswahl der Kupferrohre, deren Durchmesser von 12/15/18/22/28 mm klar gestuft sind
- schnelle Vor-Ort-Prüfungen, wenn die Rückmeldung aus dem Messraum mit Verzögerung kommt, um sich gegen größere und plötzlich auftretende Prozessveränderungen abzusichern
- einfache Prüfung des Hüllprinzips, auch wenn beispielsweise mehrere Eigenschaften eines Features gemessen werden (z. B. Geradheit, maximaler Durchmesser, Nuttiefe an einer Welle)
- Verbaubarkeitsprüfungen, in denen viele unterschiedliche Features mit mehreren Merkmalen in einem Durchgang geprüft werden (z. B. Abstecklehre für ein Gehäuse mit komplexen Geometrien und diversen Durchlässen)

Ist in diesem Fall ein attributiver Eignungsnachweis gefordert, können die Teile des Prüfloses vermessen und anhand der Messwerte gezielt für den Eignungsnachweis ausgesucht werden. Damit lassen sich einerseits gezielt grenzlagige Teile identifizieren, andererseits aber auch extrem grenzlagige Teile vermeiden, deren Einstufung als i. O./n. i. O. aufgrund der Messunsicherheit des Referenzmessgerätes nicht eindeutig ist. Nicht zuletzt kann mit den bekannten Messwerten auch eine attributive Messunsicherheit U_{ATTR} und damit ein Eignungsindex Q_{MP} der Lehre ermittelt werden. Leider ist das dann aber meist nur eine Beschreibung des Status quo und kann bei der Handhabung der Lehre nicht weiter berücksichtigt werden. Für diskretisierte Merkmale lassen sich deshalb Prüflose mit höherer Aussagekraft erstellen, wodurch der Umfang des Prüfloses und auch die notwendigen attributiven Prüfungen im Eignungsnachweis verringert werden können.

Weitere Informationen zu Prüflosen und Referenzlosen sind in Kapitel 4 zu finden.

Dennoch muss an dieser Stelle erwähnt werden, dass eine messende Prüfung zu bevorzugen ist, wenn der Nachweis einer Fertigungs- oder Messprozesseignung erforderlich ist. Eine messende Prüfung ermöglicht die proaktive Regelung eines Fertigungsprozesses, bevor nicht konforme Produkte (Nacharbeit oder Ausschuss) entstehen. Das attributive Prüfen ist im Sinne einer Null-Fehler-Strategie der kontinuierlichen Verbesserung nicht geeignet, da nur die Anzahl der entstandenen Fehler beurteilt werden kann. Eine Bewertung der Prozessqualität ist nicht möglich, wenn keine Fehler gefunden werden. „Null gefundene Fehler" ist nicht identisch mit „Null entstandene Fehler". Soll also eine Fertigungsprozessfähigkeit $C_p/C_{pk} \geq 1{,}33$ oder gar mehr nachgewiesen werden, so ist eine messende Prüfung und damit verbunden ein Stabilitätsnachweis auf Basis stetiger Regelkarten unumgänglich.

4 Eignung von attributiven Prüfprozessen

Zusammenfassung

Dieses Kapitel führt zu Beginn nochmals die Besonderheiten der attributiven Prüfung im Unterschied zur messenden Prüfung auf, mit den Auswirkungen auf die Anwendung im SPC-Umfeld und den Eignungsnachweis selbst. Grundlage für einen erfolgreichen Eignungsnachweis ist eine sinnvolle Zusammenstellung des Referenzloses und des Prüfloses:

- Das Referenzlos ist im attributiven Umfeld das Pendant zu der für die Kalibrierung genutzten „Referenz", in den Normen oftmals „Referenzmaterial", umgangssprachlich auch „Normal" genannt. Es besteht aus einer größeren Zahl eindeutig bekannter und bewerteter Referenzteile, die den prüfenden Personen zur Schulung und „Rekalibrierung" zur Verfügung stehen.
- Das Prüflos hingegen besteht aus jenen Teilen, die die Prüfenden für den Eignungsnachweis bewerten müssen. Die Teile dürfen für die prüfenden Personen weder identifizierbar sein noch dürfen die den Teilen zugeordneten Referenzbeurteilungen oder -messungen bekannt sein.

Im Anschluss werden die Methoden und Verfahren des attributiven Eignungsnachweises erläutert und nach Anwendungsbereichen untergliedert:

- Signalerkennung (Signal Detection)
- analytische Methode (Trennschärfe)
- Short Method
- Effektivität
- Miss Rate
- False Alarm Rate
- Cohens Kappa
- Fleiss' Kappa
- Konkordanz-Koeffizient nach Kendall
- Bowker-Test
- Eignungsnachweis bei der Nutzung von KI

Abschließend werden Entscheidungshilfen für die Auswahl der passenden Methoden gegeben.

4.1 Einführung

Die Eignungsnachweise und die Nutzbarkeit von Ergebnissen der Eignungsuntersuchung unterscheiden sich bei attributiven Prüfprozessen signifikant von denen für messende Prüfprozesse, die auf Messprozesse aufbauen. Der durch den Messprozess erhaltene Messwert bildet zusammen mit der Messunsicherheit das vollständige Messergebnis. Der darauf aufbauende Prüfprozess erweitert den Messprozess um die Entscheidungsfindung im Rahmen einer Konformitätsprüfung. So wird im Prüfprozess zum Beispiel bewertet, ob der Messwert innerhalb der Toleranzgrenzen liegt, wobei die Messunsicherheit zu berücksichtigen ist. Grundlage für diese Berücksichtigung der Messunsicherheit sind zum Beispiel ISO 14253-1, JCGM 106 und ISO/IEC Guide 98-4 (ISO 14253-1:2017-10, JCGM 106:2012, ISO/IEC Guide 98-4:2012). Damit lassen sich im Prüfprozess risikobasierte Entscheidungen fällen.

Der geforderte Eignungsnachweis für Mess- und Prüfprozesse mit der Ermittlung der üblichen Kennwerte

- Q_{MS} und Q_{MP} nach VDA-Band 5 (VDA QMC 2021),
- %*GRR* nach AIAG MSA (AIAG 2010) oder
- C_g/C_{gk} und %*GRR* nach Firmenrichtlinien

soll sicherstellen, dass die Messwerte, mit denen der Fertigungsprozess auf Fähigkeit bewertet wird, nicht eine durch die Messunsicherheit signifikant erhöhte Streuung aufweisen. Durch eine derartige vergrößerte Streuung würden die aus den Daten abgeleiteten Fähigkeitskennwerte wie

- die Maschinen-Leistungsindizes P_m/P_{mk},
- die Prozess-Leistungsindizes P_p/P_{pk} oder
- die Prozess-Fähigkeitsindizes C_p/C_{pk}

zu Fehlentscheidungen bei Maschinen- und Prozessbewertungen führen.

Bei attributiven Prüfprozessen ist beides nicht möglich. An einer Entscheidung „i. O." kann weder eine Messunsicherheit von 5 µm abgezogen werden noch können aus diesen kategorialen Entscheidungen mangels Messwerten sinnvolle Fähigkeitsindizes nach ISO 22514-2 oder ISO 22514-3 errechnet werden (ISO 22514-2:2017-2, ISO 22514-2:2020). ISO 22514-5 zeigt zwar Methoden der Prozessfähigkeit bei attributiven Prüfungen auf, allerdings sind diese Fähigkeitsindizes nur „verklausulierte" Überschreitungsanteile, die als Fähigkeit einer standardisierten Normalverteilungen dargestellt werden (ISO 22514-5:2019-8).

Diese Vorgehensweise attributiver Prozessfähigkeitsindizes ist nur dann sinnvoll, wenn aus unternehmerischen Gründen pauschal Fähigkeitsindizes gewünscht werden, um sogenannte z-Scores aufzustellen, also Fehleranteile als „x-Sigma-Prozesse" darzustellen. Da diese Bezeichnung „Sigma" oft als tatsächliche Streuung missverstanden wird und von vielen Empfängern bekanntermaßen auch nicht korrekt interpretiert werden kann, sowie darüber hinaus eine weitergehende Interpretation meist auch gar nicht zulässt, empfiehlt es sich, immer dann explizit Überschreitungsanteile statt Fähigkeitsindizes anzugeben, wenn Fähigkeitsindizes nichts anderes darstellen als verklausulierte Überschreitungsanteile. Die vorangehend genannten Fähigkeitsindizes nach ISO 22514-2 und ISO 22514-3 tragen weiterführende Informationen zu Lage und Streuung des zugrundeliegenden Prozesses (ISO 22514-2:2017-2, ISO 22514-3:2020-12).

Daraus ergibt sich, dass mangels vorliegender Messwerte

- die Ermittlung einer Messunsicherheit U nicht möglich ist,
- die Anwendung von Guard Bands nach VDA-Band 5 (VDA QMC 2021), ISO 14253-1 (ISO 14253-1:2017-10), JCGM 106 (JCGM 106:2012) und ISO/IEC Guide 98-4 (ISO/IEC Guide 98-4:2012) bei attributiven Prüfprozessen nicht möglich ist, sowie
- ein Eignungsindex im Sinne von Q_{MP} nicht bestimmt werden kann und auch keine Anwendung finden könnte, da auch im Rahmen einer Fertigungsüberwachung keine Messwerte ermittelt werden.

Eine Ausnahme bilden Prüfprozesse mit diskretisierten Merkmalen, bei denen für den Eignungsnachweis die attributiven Entscheidungen mit Messergebnissen verglichen werden können. Dadurch kann sowohl eine „attributive Messunsicherheit" als auch ein attributiver Eignungsindex ermittelt werden. Dennoch stellt sich die Frage nach der Nutzbarkeit der Ergebnisse. Das erhaltene Wissen über die „Messunsicherheit einer Lehre" kann nur bei der konstruktiven Vorgabe bei der Anfertigung der nächsten Lehre berücksichtigt werden. Dadurch verringert sich allerdings nicht die Unsicherheit, sondern die Anteile von Pseudofehlern oder nicht erkannten Schlechtteilen werden erhöht.

Insofern reduzieren sich die meisten Eignungsnachweise für attributive Prüfprozesse auf die Berechnung von Kennwerten, mit denen man nachzuweisen versucht, dass die Prüfergebnisse eines bekannten Loses den Erwartungen entsprechen. Diese Kennwerte sind dann sogenannte Kappa-Werte, Kendalls W-Werte, Effektivität, False Alarm Rate, Miss Rate etc., die verschiedene Aspekte des Prüfprozesses bewerten. Dabei werden indirekt Unsicherheiten berücksichtigt, die durch Fertigungstoleranzen der Lehren oder Taster, deren aktuellen Verschleißzustand sowie durch Einflüsse seitens der Bediener entstehen. So kann überprüft werden, ob der attributive Prüfprozess für die jeweilige Messaufgabe an den spezifizierten Teilen geeignet ist. Im Sinne einer Philosophie der kontinuierlichen Verbesserung der Prozesse oder im Sinne einer Null-Fehler-Strategie ist das attributive Prüfen mit Grenzlehren ebenfalls nicht geeignet. Bei attributiven Prüfungen erfolgt erst nach Überschreitung der Spezifikationsgrenzwerte eine Reaktion, d. h., es ist bereits Nacharbeit oder Ausschuss entstanden.

SPC-Anwendungen (SPC = Statistical Process Control/Statistische Prozessregelung) verfolgen wie die SPC-Null-Fehler-Strategie den „Prevention instead of Detection"-Ansatz, d. h. Fehlervermeidung statt Fehlerentdeckung. Auch diese Strategien können nicht auf attributive Prüfungen bauen und werden diese nur anwenden, wenn Absicherungsmaßnahmen aufgrund nicht fähiger Fertigungsprozesse notwendig werden oder die Merkmale von untergeordneter Bedeutung sind.

Zwar kann man einwenden, dass auch attributive Regelkarten genutzt werden. Doch gesetzt den Fall, man würde bei SPC-Anwendungen keine Schlechtteile finden, so könnte man nicht feststellen, „wie gut" der Fertigungsprozess ist. Hält er die Grenzen „gerade nur so" ein, oder ist der Prozess weit davon entfernt, überhaupt Schlechtteile zu produzieren? Attributive Regelkarten können nur bewerten, ob ein vorhandener Fehleranteil stabil bleibt. Wo immer es möglich ist, sollte daher das Ziel sein, eine attributive Prüfung durch ein anzeigendes Messgerät und eine messende Prüfung zu ersetzen.

Bei einigen „pseudo"-attributiven Prüfungen, insbesondere bei Kameraprüfungen oder hoch automatisierten Prüfautomaten, die tatsächlich Messwerte erfassen, aber nur Prüfentscheide ausgeben, sollte deshalb hinterfragt werden, ob ein Eignungsnachweis nicht auf Basis des dem Prüfentscheid zugrunde liegenden Messwerts durchgeführt werden kann.

Dennoch besitzen attributive Prüfungen auch Vorteile gegenüber messenden Prüfungen. Dazu gehören folgende Vorteile:

- schnelle, einfache Handhabung
- schnelle Formprüfung möglich
- genormte Prüfmittel, relative niedriger Anschaffungspreis
- geringer Aufwand beim Anlernen der Prüfer
- parallele Bewertung mehrerer Merkmale (z. B. Verbaubarkeit)
- schnelle Bewertung einer Maximum-/Minimum-Material-Bedingung

Somit gibt es Einsatzbereiche, in denen attributive Prüfungen weiterhin eine große Rolle spielen. Diese attributiven Prüfprozesse unterliegen bei entsprechendem Risiko auch der Anforderung eines Eignungsnachweises.

Im Folgenden werden typische Methoden zum attributiven Eignungsnachweis im Wesentlichen auf Basis der AIAG MSA und des VDA-Bands 5 beschrieben (AIAG 2010, VDA QMC 2021). In beiden Referenzhandbüchern werden keine Methoden empfohlen oder vorgeschrieben. Sie werden nur vorgestellt und beschrieben, im Falle der AIAG MSA sogar in einem Szenario in Form eines Berichts, in dem ein Prozessteam einen unbekannten Prüfprozess zu bewerten versucht und dabei teilweise sogar widersprüchliche Ergebnisse erhält (AIAG 2010).

4.2 Prüflos und Referenzlos

4.2.1 Definitionen

Bei der Durchführung von Eignungsnachweisen sind in vielen Fällen zwei Lose notwendig, deren Benennung oft uneinheitlich ist und dadurch zu Unklarheiten führt.

In diesem Buch werden folgende Lose unterschieden:

- Zum einen gibt es die Referenzlose, die analog zu Referenzteilen und Referenzmaterialien eine eindeutige Bewertung besitzen. Die Teile sind identifizierbar und mit Bewertung dokumentiert. Dieses Los steht dem Team zum Training und zur regelmäßigen Abstimmung („Rekalibrierung“) der Prüfer zur Verfügung.
- Zum anderen gibt es die Prüflose, die je nach Sichtweise den Fertigungsprozess repräsentieren oder auch speziell für bestimmte Eignungsnachweise zusammengestellt wurden. Diese Teile sind ebenfalls eindeutig gekennzeichnet und besitzen abhängig vom gewählten Verfahren möglicherweise auch Referenzwerte oder -beurteilungen. Diese Kennzeichnung ist allerdings nur für die Organisatoren der Eignungsnachweise erkennbar. Für die Prüfer müssen sowohl die Kennzeichnung als auch die Referenzdaten verborgen bleiben, um unabhängige Prüfentscheide zu gewährleisten.

Übersetzung für die Praxis

Die Begriffe Referenzlos und Prüflos sind also aus der Sicht des Prüfers zu betrachten, für den das **Referenz**los bekannte **Referenz**teile enthält, das **Prüf**los aber unbekannte **Prüf**teile.

Bei der manuellen Anwendung von Lehren ist das Referenzlos weniger bedeutend, kann aber dennoch zur Schulung und Einweisung der Prüfer genutzt werden. Bei der automatisierten Anwendung von Lehren ist das Prüflos weniger bedeutend, wenn im Referenzlos ausreichend Teile mit zum Verfahren des Eignungsnachweises passenden Eigenschaften vorhanden sind. Automatisierte Prüfprozesse sind im Allgemeinen ohne Gedächtnis. Sie können weder Teile wiedererkennen noch sind sie durch bekannte Ergebnisse manipulierbar.

Bei KI-Anwendungen ändert sich die Situation wieder. Die KI-basierenden Systeme müssen mit Referenzlosen angelernt werden, weshalb sie in VDA-Band 5.3 auch als „Lernlose“ bezeichnet werden (VDA QMC 2024). Für die Prüflose ist wichtig, dass das KI-System die Teile auch nicht innerhalb der eigenen Netze und Algorithmen wiedererkennen kann. In der Literatur wird das Prüflos oftmals auch in Abgrenzung zum Lernlos als Referenzprüflos bezeichnet, ist aber unbedingt vom vorangehend beschriebenen Referenzlos zu unterscheiden.

4.2.2 Anforderungen an das Prüflos als Grundlage des attributiven Eignungsnachweises

Das Prüflos ist die Zusammenstellung der Teile, die für die Durchführung des Eignungsnachweises herangezogen werden. Das Prüflos wird bei attributiven Prüfprozessen einen signifikanten Einfluss auf das Ergebnis des Eignungsnachweises haben, weshalb diese Teile sehr sorgfältig ausgewählt werden müssen. Je nach durchgeführter Methode können die Prüflose unterschiedlich zusammengestellt werden.

Allgemein gilt allerdings, dass die Wahrscheinlichkeit einer Fehlentscheidung für ein Teil steigt, je näher das Teil an eine Entscheidungsgrenze/Toleranzgrenze heranrückt. Liegt das Teil direkt auf der Entscheidungsgrenze (Bild 4.1, Situation 2), liegt sowohl die Wahrscheinlichkeit einer Annahme als auch die Wahrscheinlichkeit einer Ablehnung bei 50 %. Für die Situationen 1 und 5 in Bild 4.1 sind die Entscheidungen bei der vorliegenden Unsicherheit immer eindeutig. Es sind keine abweichenden Urteile zu erwarten.

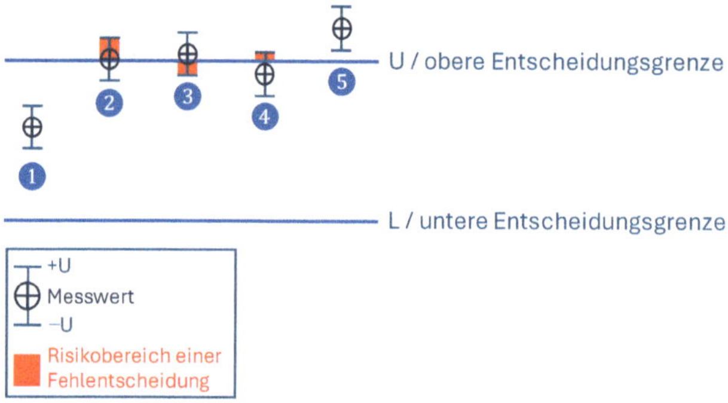

Bild 4.1 Prüfergebnisse in Abhängigkeit von der Lage der Teile bei gegebener Messunsicherheit

Daraus folgt ebenso, dass Teile in der Toleranzmitte (und weit außerhalb der Toleranz) wenig zum Eignungsnachweis beitragen, weil sie selbst bei großer Messunsicherheit immer gleiche Entscheidungen liefern (Bild 4.2, Situation 6), während Teile auf der Toleranzgrenze (Bild 4.2, Situation 7) selbst bei kleinsten Messunsicherheiten noch abweichende Urteile liefern.

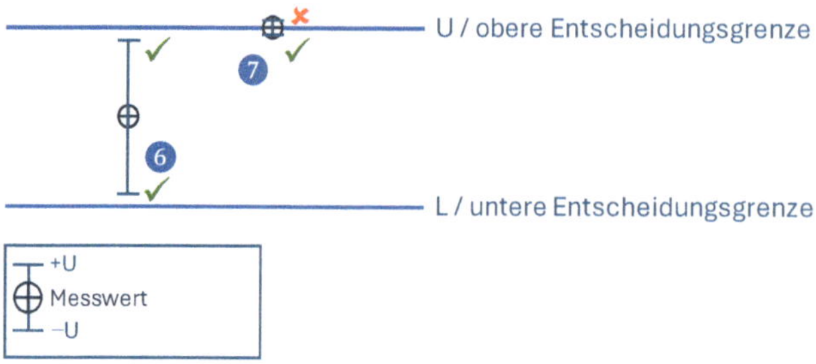

Bild 4.2 Risiken einer Fehlinterpretation der Prüfergebnisse in Abhängigkeit von der Lage der Teile

Somit wird deutlich, dass aus dem realen Prüflos immer nur wenige Teile Beiträge zu den Eignungsnachweisen liefern, weshalb die Prüflose deutlich größer sein müssen als bei den bekannten Methoden für Messprozesse.

Für attributive Eignungsnachweise müssen in der Regel große Prüflose (> 100 Teile) zusammengestellt werden. Die AIAG MSA geht davon aus, dass Prüflose durch zufällige Entnahme von Teilen aus der Produktion zusammengestellt werden (AIAG 2010). Werden dem Los dann speziell ausgewählte Teile an den Toleranzgrenzen hinzugefügt, nennt die AIAG MSA solche Lose „Salted Samples“. In der Praxis wird die zufällige Entnahme in der Regel nicht möglich sein, weshalb die Teile der Prüflose gezielt ausgewählt werden müssen.

Darüber hinaus sollte das Prüflos alle Eigenschaften und Fehlerarten des Produktionsprozesses in einem repräsentativen Verhältnis aufweisen. Die fehlerhaften Teile im Prüflos sollten die Fehlerarten im gleichen Verhältnis enthalten, wie sie im realen Fertigungsprozess auftreten. Damit wird verhindert, dass leicht entdeckbare Fehler eine scheinbare Eignung belegen, während schwer entdeckbare Fehler vermieden werden, oder umgekehrt.

Es wird deutlich, dass schon die Auswahl des korrekten Prüfloses über das Ergebnis des Eignungsnachweises entscheiden kann. Um Fehlleistungen und unnötige Kosten oder sogar fehlerhafte Eignungsnachweise zu vermeiden, sollte hier unbedingt Expertenrat eingeholt werden.

4.2.3 Anforderungen an das Referenzlos

Das Referenzlos ist eine Zusammenstellung von Referenzobjekten, die typische Fehlerbilder zeigen. Diese Zusammenstellung sollte frühzeitig im Entwicklungsprozess erstellt werden, um auch im Rahmen der Prüfplanung sowie der Entwicklung von Prüfprozessen und Prüfeinrichtungen eine eindeutige Definition und Unterscheidung von i. O.- und n. i. O.-Teilen zu ermöglichen.

Besonders kritisch ist dieses Referenzlos bei bedienerabhängigen subjektiven Prüfungen wie Sichtprüfungen oder haptische Prüfungen. Um eine Definition von i. O.- und n. i. O.-Teile vorzulegen, ist ein Los zusammenzustellen, das anhand verschiedener Teile die i. O.- und n. i. O.-Zustände verkörpert. Das Referenzlos sollte in diesem Fall alle typischen Eigenschaften repräsentieren, die im Rahmen der Bewertung zu beachten sind. Dieses Los steht dem Team zum Training und zur regelmäßigen Abstimmung der Prüfer zur Verfügung. Die Einordnung der Teile ist dokumentiert und auch für die Prüfer sichtbar, in einigen Fällen sogar am Prüfplatz als Schautafel an der Wand. Umgangssprachlich wird oft davon gesprochen, dass „Prüfer mit einem Referenzlos kalibriert werden“.

Ein Referenzlos kann durch reale Prüfobjekte oder durch eine Fotodokumentation für Sichtprüfungen dargestellt werden. Für haptische und olfaktorische Prüfungen ist die Situation komplexer, da eine Veränderung der Teile ausgeschlossen sein muss bzw. Referenzteile regelmäßig erneuert werden müssen. Akustische Prüfungen brauchen als Referenzlos qualitativ hochwertige Audioaufnahmen.

Im Falle automatisierter Prüfungen werden Prüfeinrichtungen mit dem Referenzlos eingerichtet und justiert. Um keine unbeabsichtigten Korrelationen zu erzeugen, sollte das Referenzlos nicht als Prüflos benutzt werden, auch wenn die attributiven Prüfprozesse Referenzteile nicht wiedererkennen können und auch kein Gedächtnis besitzen. Benötigt die attributive Prüfeinrichtung keine Einstellung, so kann das Referenzlos bei passender Zusammenstellung auch als Prüflos dienen.

4.3 Methoden zum Eignungsnachweis von Prüfprozessen für diskretisierte Merkmale

4.3.1 Einführung

Im Wesentlichen sind zwei Methoden bekannt, die explizit nur bei diskretisierten Merkmalen anwendbar sind:

- Methode der Signalerkennung (Signal Detection Method)
- analytische Methode

Während die Signalerkennung des Öfteren in der Praxis zu finden ist, wird die analytische Methode nur selten angewandt. Sie liefert jedoch einen interessanten Ansatz zur Bewertung der Trennschärfe bei automatisierten attributiven Maßprüfungen mit Kameras.

4.3.2 Signalerkennung

4.3.2.1 Beschreibung

Die Methode der Signalerkennung (Signal Detection) ist für den Eignungsnachweis anwendbar, wenn

- diskretisierte binäre Merkmale vereinfacht attributiv geprüft werden und
- ausreichend wiederholbar prüfbare Teile zur Verfügung stehen,
- für die ein Referenzwert mit ausreichend kleiner und bekannter Messunsicherheit bestimmt wurde.

Der Prüfentscheid wählt aus zwei Kategorien, z. B. „i. O." und „n. i. O.".

Ziel dieser Signalerkennung ist es, durch Vergleich der Prüfergebnisse mit den gemessenen Referenzwerten den Bereich zu erkennen, in dem eine eindeutige Entscheidung in der attributiven Prüfung nicht möglich ist. Aus den Bereichen der nicht eindeutigen Entscheidungen wird die attributive Messunsicherheit U_{ATTR} geschätzt.

Voraussetzung für diese Methode ist ein sorgfältig ausgewähltes Prüflos von mindestens fünfzig wiederholbar prüfbaren Teilen, die den gesamten Anwendungsbereich der attributiven Prüfung dieses Merkmals abdecken. Der Anwendungsbereich umfasst dabei nicht nur die Toleranz (i. O.), sondern darüber hinaus auch den Bereich außerhalb der Toleranz, in dem Produktionsteile erwartet werden. Für den Eignungsnachweis ist es wichtig, den Bereich so weit zu fassen, bis Schlechtteile (n. i. O.-Teile) eindeutig erkannt werden. Damit ist sichergestellt, dass die Anwendbarkeit der Lehre im gesamten Anwendungsbereich überprüft wird.

Die maßlichen Abstände der Referenzteile sind im Bereich der erwarteten Unsicherheit idealerweise ausreichend klein, sodass eine sinnvolle Ermittlung des Unsicherheitsbereiches erfolgen kann. Obwohl vielfach von äquidistanten Abständen der Referenzwerte gesprochen wird, empfehlen sich die in den Referenzhandbüchern erwähnten „Salted Samples", bei denen im Bereich der Toleranzgrenzen kleinere Abstände der Referenzwerte gewählt werden (Bild 4.3).

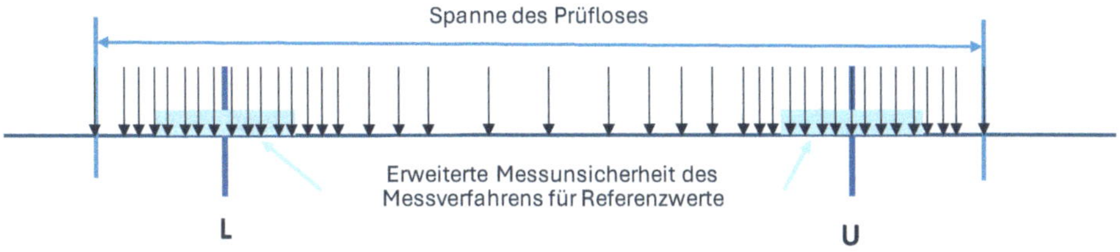

Bild 4.3 Auswahl der Prüfteile (Salted Samples)

4.3.2.2 Durchführung

Für alle Teile des Referenzloses müssen Referenzwerte mit ausreichend kleiner und bekannter Messunsicherheit bestimmt und dokumentiert werden. Jedes Referenzteil im Los muss eindeutig identifizierbar sein, damit die korrekte Zuordnung der zugehörigen Daten stets gewährleistet ist. Diese Anforderung muss jedoch so umgesetzt werden, dass die Prüfer die Referenzteile während ihrer Prüfung nicht wiedererkennen können.

Jedes Referenzteil wird entsprechend seinem Messergebnis eindeutig einer der beiden möglichen Bewertungskategorien zugeordnet. Das Ergebnis ist zu dokumentieren:

- „In Toleranz“ = „i. O.“ = „+“
- „Außerhalb der Toleranz“ = „n. i. O.“ = „–“

Die Prüfer müssen für die Durchführung der Prüfung ausreichend geschult und eingewiesen sein. Die Referenzteile werden als Prüfobjekte verwendet und in zufälliger, den Prüfern unbekannter Reihenfolge mit dem vorgegebenen Prüfmittel und Prüfverfahren (z. B. gemäß Prüfplan) oder einem automatisierten Prüfgerät unter Serienbedingungen durch Zuordnung zu einer der beiden binären Bewertungskategorien eingestuft.

Wenn die Bewertungen durch die Handhabung und/oder Subjektivität des Prüfpersonals beeinflusst werden können (z. B. bei manuellen Lehrenprüfungen), müssen die Prüfobjekte von drei Prüfern in jeweils drei aufeinanderfolgenden Prüfdurchgängen bewertet werden. Wenn Handhabung und/oder Subjektivität keine Rolle spielen (z. B. bei automatischen Prüfmaschinen), müssen die Prüfobjekte in vier aufeinanderfolgenden Prüfdurchgängen bewertet werden. In beiden Fällen muss die Reihenfolge der Prüfobjekte bei jedem Prüfdurchgang zufällig gewählt werden. Die Prüfergebnisse („+“ oder „–“) werden dokumentiert. Der Versuch muss die reale Situation der Prüfer im betrieblichen Einsatz widerspiegeln (Prüfort, Umgebungsbedingungen, Prüfdauer, Prüfhäufigkeit, Arbeitsbelastung, Zeit/Schicht, ...).

4.3.2.3 Analyse

Im ersten Schritt werden die Ergebnisse pro Teil ausgewertet und das Teil in der Tabelle entsprechend den Prüfergebnissen gekennzeichnet:

- Wenn alle Prüfergebnisse für ein Referenzteil mit der Referenzbewertung übereinstimmen, wird dieses Teil z. B. mit einem „O“ oder einem grünen Smiley ☺ gekennzeichnet.
- Stimmen nicht alle Prüfergebnisse überein, wird dieses Teil z. B. mit einem „X“ oder einem roten Smiley ☺ gekennzeichnet.

Die Ergebnistabelle wird dann in absteigender Reihenfolge nach den Referenzwerten sortiert (Bild 4.4).

Daraus ergeben sich zwei Unsicherheitsbereiche um die beiden Toleranzgrenzen, deren mittlere Breite ein Maß für die Streuung des Prüfprozesses und damit für die zweifache Messunsicherheit des attributiven Messprozesses ($2 \cdot U_{ATTR}$) ist.

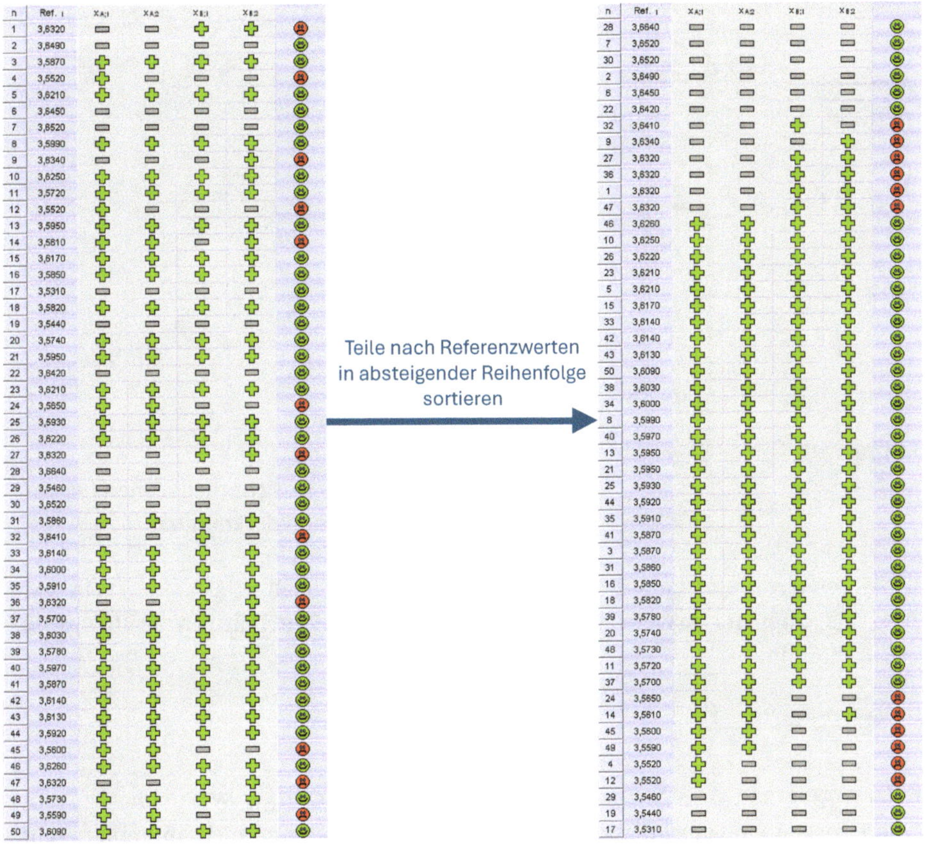

Bild 4.4 Datenerfassung in zufälliger Reihenfolge und Sortierung der Ergebnisse

In der sortierten Tabelle wird, von oben beginnend, das letzte Teil mit übereinstimmenden Ergebnissen gesucht, das mit einem „O"/☺ gekennzeichnet ist (Bild 4.5). Der Referenzwert dieses letzten Teils, bevor dann erste Nichtübereinstimmungen auftreten, wird notiert. Im weiteren Verlauf der Tabelle wird nun das erste Teil gesucht, ab dem wieder ausschließlich Teile erscheinen, die fortlaufend mit „O"/☺ gekennzeichnet sind (Bild 4.5). Der Referenzwert dieses Teils, ab dem wieder ausschließlich Übereinstimmungen auftreten, wird ebenfalls notiert. Aus der Differenz dieser beiden Referenzwerte ergibt sich der Abstand d_U an der oberen Spezifikationsgrenze U. Analog dazu wird auch der Abstand d_L an der unteren Spezifikationsgrenze L ermittelt.

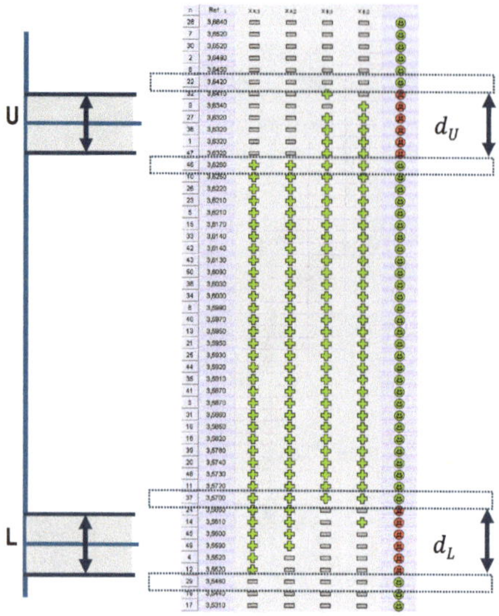

Bild 4.5
Ermittlung der Unsicherheitszonen bei der Methode der Signalerkennung

Der Mittelwert dieser beiden Abstände d_U und d_L wird nach VDA-Band 5 (VDA QMC 2021) als doppelte erweiterte Messunsicherheit des attributiven Prüfprozesses $2 \cdot U_{\text{ATTR}}$ definiert.

$$2 \cdot U_{\text{ATTR}} = \frac{d_U + d_L}{2}$$

In der AIAG MSA (AIAG 2010) entspricht dieser Wert $6 \cdot GRR_{\text{ATTR}}$. Wie an dieser Festlegung zu erkennen ist, ist diese Definition sehr willkürlich und nicht mit einer weiteren Kausalität oder mathematischen Herleitung belegt.

$$6 \cdot GRR_{\text{ATTR}} = \frac{d_U + d_L}{2}$$

In Bild 4.6 ist sehr gut zu erkennen, dass der ermittelte Unsicherheitsbereich von der Auswahl der Teile abhängt. Ist zwischen dem letzten unterschiedlich bewerteten Teil und der ersten Wiederübereinstimmung eine zu große Lücke mangels adäquater Teile, so besteht die Gefahr, dass die Messunsicherheit deutlich überschätzt wird.

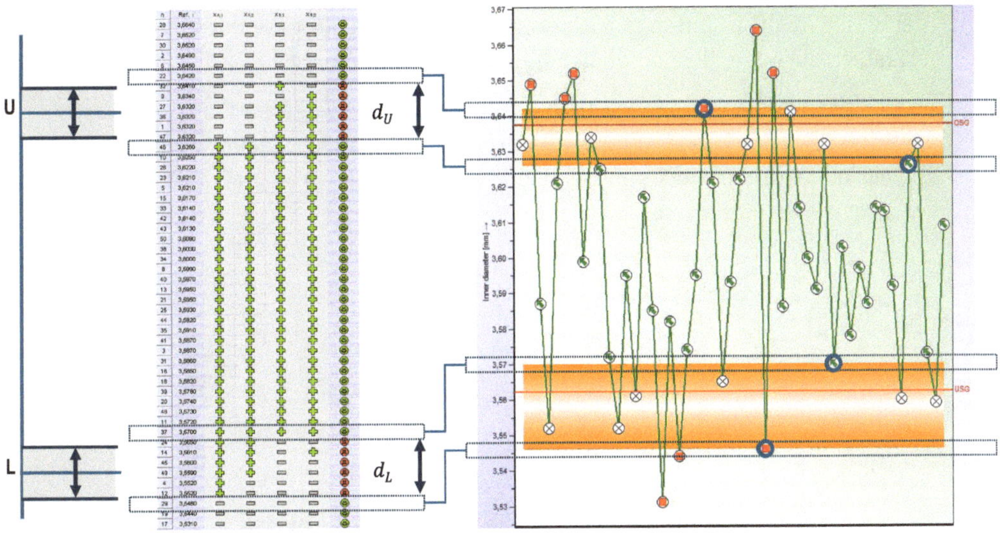

Bild 4.6 Sortierte Reihenfolge und Unsicherheitsbereiche veranschaulicht im Werteverlauf

Entgegen der üblichen Praxis, die Messunsicherheit eher als „Worst Case" abzuschätzen, wird bei der Signalerkennung ein Mittelwert als Maß für die Messunsicherheit definiert. Sollte die Unsicherheit über den Anwendungsbereich nicht konstant sein, wird sie dadurch an einigen Stellen unterschätzt. Hat die Lehre hingegen eine Gut- und eine Schlechtseite, müssten die Unsicherheiten gegebenenfalls auch den beiden Seiten zugeordnet werden (Bild 4.7). Diese Aspekte sind allerdings in den Referenzhandbüchern nicht weiter ausgeführt.

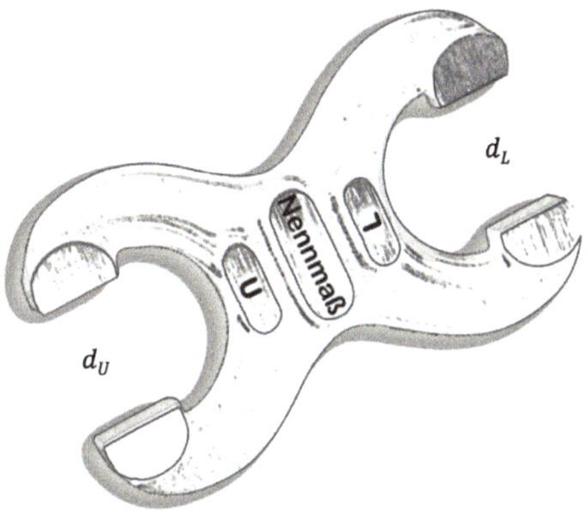

Bild 4.7 Grenzrachenlehre mit Unsicherheitsbereichen

Bei dieser Analyse sind in den Referenzhandbüchern einige Sonderfälle nicht weiter erläutert, die folgendermaßen behandelt werden können:

- Sollten bei der Untersuchung an der oberen oder unteren Spezifikationsgrenze keine Nichtübereinstimmungen auftreten, so kann der Absolutwert der Differenz der beiden Teile jeweils oberhalb und unterhalb der Grenze als d_U und d_L interpretiert werden (Bild 4.8).

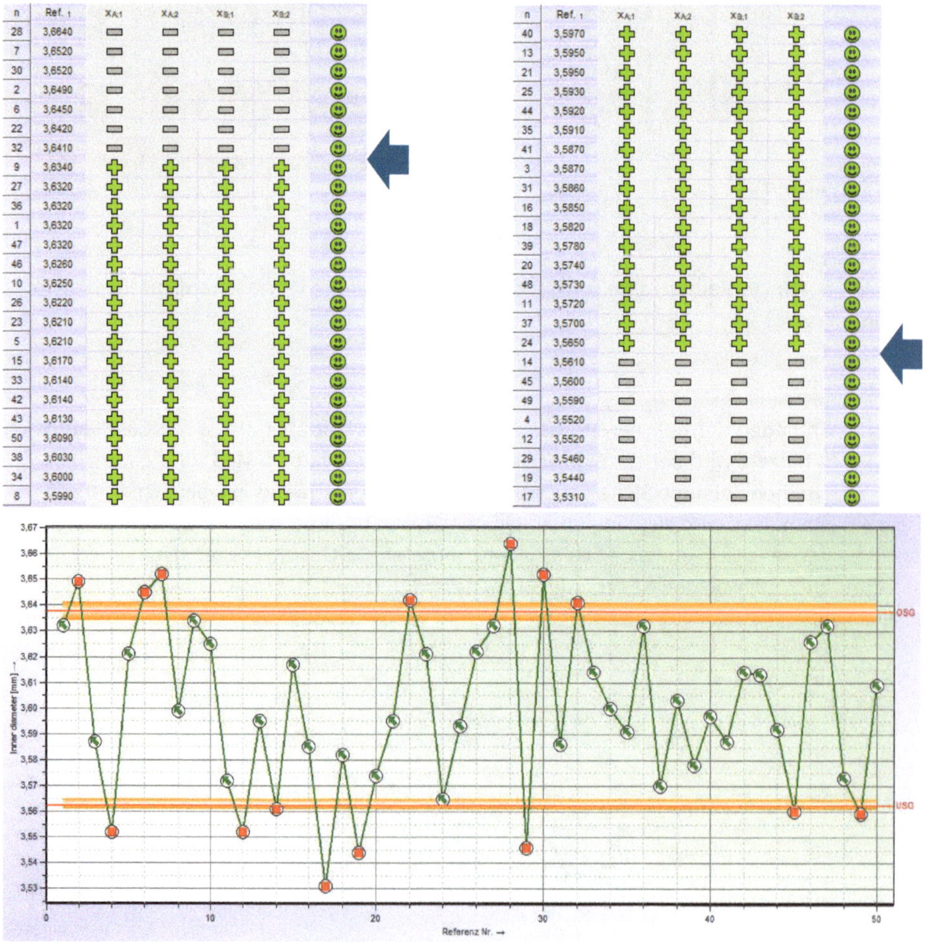

Bild 4.8 Signalerkennung ohne fehlerhafte Entscheide

- Treten innerhalb der Nichtübereinstimmungsbereiche von Teilen mit „X“/☹ einzelne zufällige Teile mit „O“/☺ auf, so werden diese Teile ignoriert (Bild 4.9).

n	Ref. 1	$X_{A;1}$	$X_{A;2}$	$X_{B;1}$	$X_{B;2}$	
28	3,6640	–	–	–	–	☺
7	3,6520	–	–	–	–	☺
30	3,6520	–	–	–	–	☺
2	3,6490	–	–	–	–	☺
6	3,6450	–	–	–	–	☺
22	3,6420	–	–	–	–	☺
32	3,6410	–	–	+	–	☹
9	3,6340	+	+	+	+	☺
27	3,6320	+	+	+	+	☺
36	3,6320	–	–	+	+	☹
1	3,6320	–	–	+	+	☹
47	3,6320	–	–	+	+	☹
46	3,6260	+	+	+	+	☺
10	3,6250	+	+	+	+	☺
26	3,6220	+	+	+	+	☺
23	3,6210	+	+	+	+	☺
5	3,6210	+	+	+	+	☺
15	3,6170	+	+	+	+	☺
33	3,6140	+	+	+	+	☺
42	3,6140	+	+	+	+	☺
43	3,6130	+	+	+	+	☺
50	3,6090	+	+	+	+	☺
38	3,6030	+	+	+	+	☺
34	3,6000	+	+	+	+	☺
8	3,5990	+	+	+	+	☺

n	Ref. 1	$X_{A;1}$	$X_{A;2}$	$X_{B;1}$	$X_{B;2}$	
40	3,5970	+	+	+	+	☺
13	3,5950	+	+	+	+	☺
21	3,5950	+	+	+	+	☺
25	3,5930	+	+	+	+	☺
44	3,5920	+	+	+	+	☺
35	3,5910	+	+	+	+	☺
41	3,5870	+	+	+	+	☺
3	3,5870	+	+	+	+	☺
31	3,5860	+	+	+	+	☺
16	3,5850	+	+	+	+	☺
18	3,5820	+	+	+	+	☺
39	3,5780	+	+	+	+	☺
20	3,5740	+	+	+	+	☺
48	3,5730	+	+	+	+	☺
11	3,5720	+	+	+	+	☺
37	3,5700	+	+	+	+	☺
24	3,5650	+	+	–	–	☹
14	3,5610	+	+	–	+	☹
45	3,5600	–	–	–	–	☺
49	3,5590	+	+	–	–	☹
4	3,5520	+	–	–	–	☹
12	3,5520	+	–	–	–	☹
29	3,5460	–	–	–	–	☺
19	3,5440	–	–	–	–	☺
17	3,5310	–	–	–	–	☺

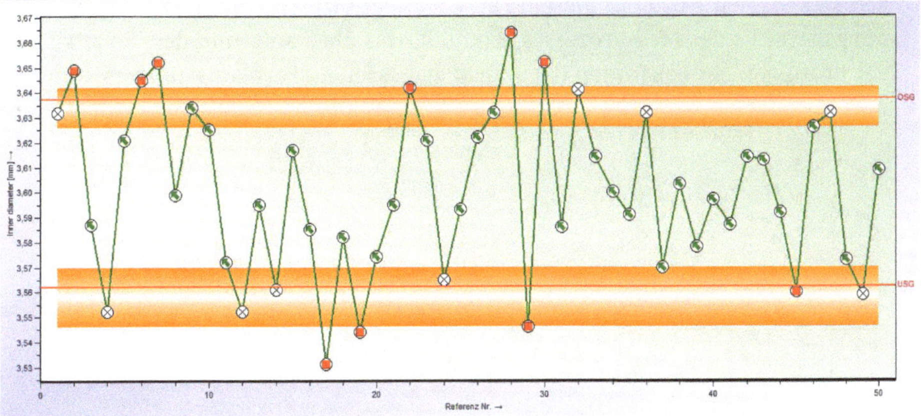

Bild 4.9 Signalerkennung mit Übereinstimmungen in Unsicherheitsbereichen

- Sind die Bereiche der Nichtübereinstimmung von Teilen mit „X"/☹ nicht eindeutig erkennbar, so muss die Untersuchung mit weiteren Teilen wiederholt werden. Diese weiteren Teile müssen so gewählt werden, dass die Grenzen der Nichtübereinstimmungsbereiche eindeutig erkennbar sind, sowohl innerhalb als auch außerhalb der Toleranz.
- Sind die Teile so gewählt, dass nicht beide Toleranzgrenzen abgedeckt sind, so ist die Untersuchung ungültig (Bild 4.10).

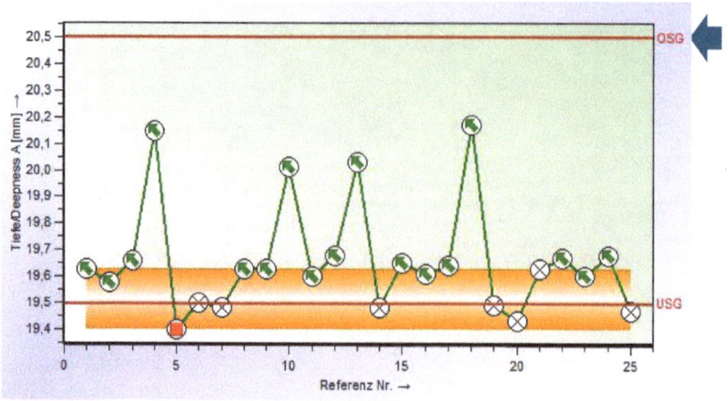

Bild 4.10 Fehlerhafte Methode der Signalerkennung – Toleranz nicht abgedeckt

- Bei einseitigen Toleranzen ist eine Bewertung nicht möglich (Bild 4.11). Bei stetigen Messwerten würde in diesem Fall ein „Toleranzersatz" im Sinne des Anwendungsbereichs des Messprozesses ermittelt, was aber aufgrund der bei attributiver Prüfung nicht bekannten (weil nicht gemessenen) Fertigungsprozessstreuung nicht möglich ist.

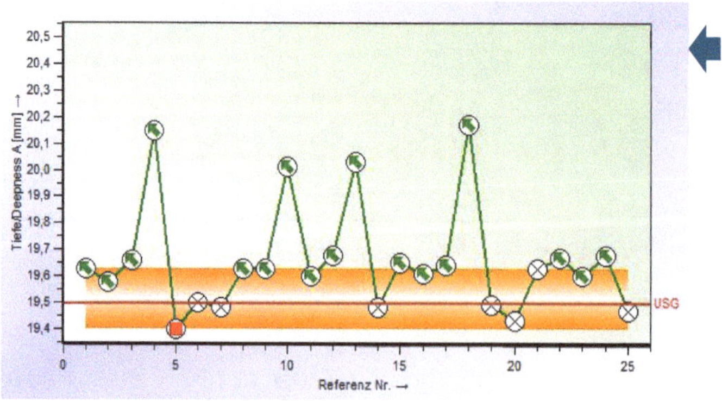

Bild 4.11 Signalerkennung bei einseitiger Toleranz

4.3.2.4 Kennwert

Der Eignungsindex Q_{MP} nach VDA-Band 5 (VDA QMC 2021) ergibt sich aus dem Verhältnis der doppelten erweiterten Messunsicherheit zur Toleranz T und wird in Prozent angegeben (Bild 4.12).

$$Q_{\text{MP}} = \frac{2 \cdot U_{\text{ATTR}}}{T}$$

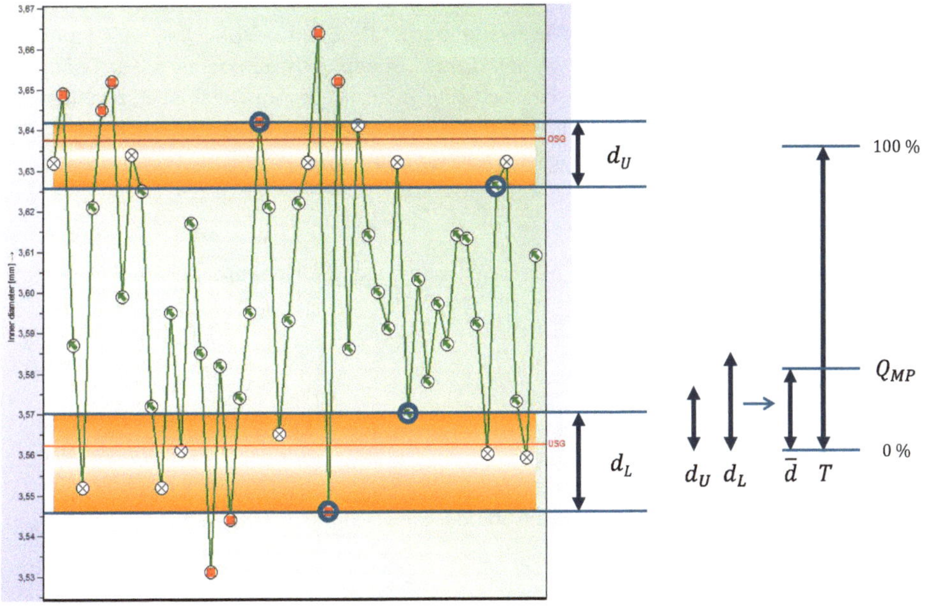

Bild 4.12 Ermittlung von Q_{MP} bei der Methode der Signalerkennung

Für den Grenzwert $Q_{MP.max}$ wird im VDA-Band 5 ein Wert von 30 % empfohlen, der aber firmenspezifisch angepasst werden kann (VDA QMC 2021).

$$Q_{MP} \leq Q_{MP.\,max} = 30\ \%$$

Nach der AIAG MSA wird der Fähigkeitsindex $\%GRR_{ATTR}$ exakt nach der gleichen Vorgehensweise ermittelt (AIAG 2010). Er ergibt sich ebenfalls aus dem Verhältnis der Gesamtstreuung GRR_{ATTR} zur Toleranz T und wird auch in Prozent angegeben.

$$\%GRR_{ATTR} = \frac{GRR_{ATTR}}{T}$$

Die Empfehlung in der AIAG MSA (AIAG 2010) entspricht den bekannten Werten für variable *GRR*-Studien:

Der Prüfprozess ist

- fähig, wenn $\%GRR_{ATTR} \leq 10\ \%$,
- bedingt fähig, wenn $10\ \% < \%GRR_{ATTR} \leq 30\ \%$, und
- nicht fähig, wenn $\%GRR_{ATTR} > 30\ \%$.

Vergleicht man die Vorgehensweise nach VDA-Band 5 (VDA QMC 2021) und AIAG MSA (AIAG 2010), so werden diverse Ungereimtheiten deutlich. Per Definition ist Q_{MP} = *GRR*, was anschaulich sehr plausibel ist, im Detail aber zu unterschiedlichen Interpretationen führen kann.

Bis zur 2. Auflage der AIAG MSA wurde *GRR* als erweiterter Streubereich interpretiert.

$$GRR = 5{,}15 \cdot \hat{\sigma}_{\text{Messprozess}}$$

Der Kennwert %*GRR* wurde berechnet, indem man *GRR* ins Verhältnis zur Toleranz gesetzt hat.

$$\%GRR = \frac{GRR}{T}$$

In der 3. Auflage wurde der Erweiterungsfaktor 5,15 für 99-%-Streubereich infrage gestellt und die Nutzung des Erweiterungsfaktors 6 für den 99,73-%-Streubereich empfohlen. Allerdings durfte noch frei gewählt werden, welchen Faktor man nutzt. Zugleich wurde *GRR* als einfache Standardabweichung interpretiert.

$$GRR = \hat{\sigma}_{GRR} = \hat{\sigma}_{\text{Messprozess}}$$

Der Kennwert %*GRR* wurde nun berechnet, indem man *GRR* ins Verhältnis zur Toleranz gesetzt hat, die jeweils durch den Erweiterungsfaktor geteilt wurde.

$$\%GRR = \frac{GRR}{\frac{T}{5{,}15}}; \%GRR = \frac{GRR}{\frac{T}{6}}$$

Ab der 4. Auflage wurde der Erweiterungsfaktor 6 obligatorisch. Dennoch wird in der AIAG MSA der 4. Auflage auf Seite 144 bei der Methode der Signalerkennung die erweiterte Streuung mit *GRR* gleichgesetzt (AIAG 2010).

$$GRR = 6 \cdot \hat{\sigma}_{GRR}$$

Daraus ergibt sich die Formel für %*GRR*, die formal nicht mit der in der AIAG MSA (Chapter III, Section B) beschriebenen Berechnung identisch ist, aber zur gleichen Interpretation führt (AIAG 2010).

$$\%GRR = \frac{GRR}{T}$$

Im Vergleich zur Vorgehensweise nach VDA-Band 5 wird zudem deutlich, dass die AIAG MSA die Unsicherheitsbereiche als 99,73-%-Streubereiche interpretiert, während der VDA-Band 5 annimmt, dass die Unsicherheitsbereiche die doppelte erweiterte Messunsicherheit 2 · *U* darstellen (VDA QMC 2021). Die erweiterte Messunsicherheit wird nach VDA-Band 5 jedoch als 95-%-Streubereich angegeben, was der vierfachen Standardabweichung entspricht.

$$2 \cdot U_{MP} = 2 \cdot 2 \cdot u_{MP} = 4 \cdot s_{\text{Messprozess}}$$

Obwohl also die Kennwerte nach AIAG MSA und VDA-Band 5 nominal gleich sind, würden sich die ermittelten Standardmessunsicherheiten um einen Faktor $\frac{4}{6} = \frac{2}{3}$ unterscheiden.

4.3.3 Analytische Methode

4.3.3.1 Beschreibung

Die analytische Methode wurde in der 1. Auflage der AIAG MSA als sogenannte „Long Method“ beschrieben, wird aber spätestens seit der 3. Auflage der AIAG MSA nur noch „analytische Methode“ genannt und ist auch unter diesem Namen im VDA-Band 5 zu finden (VDA 2021, AIAG 2010). Sie ist anwendbar, wenn diskretisierte Merkmale vereinfacht attributiv geprüft werden und für den Eignungsnachweis ausreichend wiederholbar bewertbare Teile zur Verfügung stehen, für die ein Referenzwert mit ausreichend kleiner und bekannter Messunsicherheit bestimmt wurde. Der Prüfentscheid wählt aus zwei Kategorien, z. B. „i. O.“ und „n. i. O.“, aus.

Ziel dieser Methode ist, anhand einer Leistungskurve des Prüfprozesses (Gage Performance Curve) den Unsicherheitsbereich und den Bias abzuschätzen. Die Leistungskurve ist im Idealfall eine Sprungfunktion, d. h., sie springt an den Toleranzgrenzen jeweils von 0 % Wahrscheinlichkeit auf 100 % Wahrscheinlichkeit bzw. umgekehrt. Im realen Anwendungsfall ist ein kontinuierlicher Verlauf zu erwarten, der bei der analytischen Methode mit einer Normalverteilungsfunktion genähert wird.

Voraussetzung für diese Methode ist, dass ausreichend Teile zu Verfügung stehen, aus denen im Laufe des Versuchs die Teile gewählt werden können, die den in Abschnitt 4.3.2.2 genannten Kriterien genügen. Das Prüflos muss aus wiederholbar prüfbaren Teilen bestehen, für die ein Referenzwert mit ausreichend kleiner Messunsicherheit ermittelt werden kann.

Die Methode kann sowohl für ein- als auch für zweiseitige Grenzen angewandt werden. Im Folgenden wird die Methode vereinfacht anhand einer unteren Spezifikationsgrenze beschrieben.

4.3.3.2 Durchführung

Aus einem Pool von Referenzteilen werde so lange Teile geprüft, bis mindestens acht Teile gefunden wurden, die folgenden Anforderungen entsprechen:

- Ein Referenzteil muss zwanzigmal als i. O. geprüft werden ($a = 20$).
- Ein Referenzteil muss zwanzigmal als n. i. O. geprüft werden ($a = 0$).
- Alle anderen Prüfteile sollten Annahmezahlen zwischen $1 \le a \le 19$ aufweisen.

Für diese Teile wird in einem Feinmessraum jeweils ein Referenzwert gemessen. Die Referenzwerte der Teile sind idealerweise, aber nicht notwendigerweise äquidistant.

4.3.3.3 Analyse

Für jedes der acht Teile werden aus den Annahmezahlen die Annahmewahrscheinlichkeiten folgendermaßen bestimmt:

$$
\begin{aligned}
P_a &= 0{,}025 \quad \text{falls } a_+ = 0 \\
P_a &= \frac{a_+ + 0{,}5}{m} \quad \text{falls } \frac{a_+}{m} < 0{,}5 \text{ und } a_+ \neq 0 \\
P_a &= 0{,}5 \quad \text{falls } \frac{a_+}{m} = 0{,}5 \\
P_a &= \frac{a_+ - 0{,}5}{m} \quad \text{falls } \frac{a_+}{m} > 0{,}5 \text{ und } a_+ \neq 20 \\
P_a &= 0{,}975 \quad \text{falls } a_+ = 20
\end{aligned}
\tag{4.1}
$$

Sollten die Besetzungszahlen $a_+ = 0$ und $a_+ = 20$ mehrfach auftreten, so ist $P_a = 0$ für alle Werte mit $a_+ = 0$ mit Ausnahme des größten Referenzwertes mit $a_+ = 0$ und $P_a = 1$ für alle Werte mit $a_+ = 20$ mit Ausnahme des kleinsten Referenzwertes mit $a_+ = 20$.

Interpretiert man die Wahrscheinlichkeiten P_a auf Basis einer Normalverteilung, können sowohl Messunsicherheit als auch Bias ermittelt werden. Die AIAG MSA präsentiert dazu ein Beispiel anhand einer manuellen Analyse im Wahrscheinlichkeitsnetz der Normalverteilung (AIAG 2010).

Die Wahrscheinlichkeiten P_a werden in einem Wahrscheinlichkeitsnetz der Normalverteilung über den Referenzwerten aufgetragen und grafisch mit einer Normalverteilung genähert. Aus dem Wahrscheinlichkeitsnetz und der darin eingetragenen Gerade der geschätzten Normalverteilung können aus den Quantilen $P'_a = 0{,}025$ und $P'_a = 0{,}975$ der 95-%-Unsicherheitsbereich und aus dem 50-%-Quantil der Bias abgeleitet werden. Da die AIAG MSA auf den Kennwert *GRR* fokussiert ist und andere Wahrscheinlichkeiten in den Vordergrund stellt, muss man kleine Umwege machen, wenn man dieser Berechnungsmethode folgen möchte.

Das Beispiel der AIAG MSA beginnt mit der Suche nach den mindestens acht Teilen, die die genannten Kriterien der Annahmehäufigkeit erfüllen (AIAG 2010). Es werden die in Tabelle 4.1 dargestellten neun Teile gefunden.

Tabelle 4.1 Beispieldaten aus AIAG MSA zur analytischen Methode (AIAG 2010)

Istwert des Teils X_T	Annahmehäufigkeit a	Annahmewahrscheinlichkeit P'_a
-0,0160	0	0,025
-0,0150	1	0,075
-0,0140	3	0,175
-0,0130	5	0,275
-0,0120	8	0,425
-0,0110	16	0,775
-0,0105	18	0,875
-0,0100	20	0,975
-0,0080	20	1,000

Diese Teile repräsentieren die in Bild 4.13 dargestellten Punkte in der Leistungskurve (Gage Performance Curve).

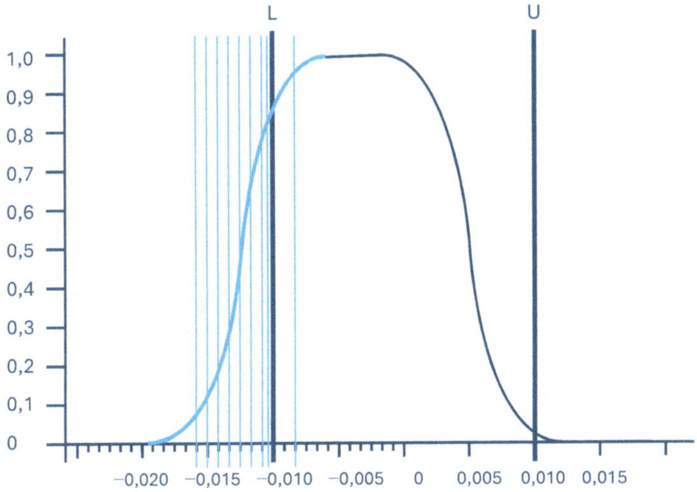

Bild 4.13 Leistungskurve mit den gefundenen neun Teilen

Durch den Eintrag der Annahmewahrscheinlichkeiten in das Wahrscheinlichkeitsnetz und die grafische Näherung der Wahrscheinlichkeitsfunktion der Normalverteilung kann man die gesuchten Quantile aus dem Netz ablesen (Bild 4.14).

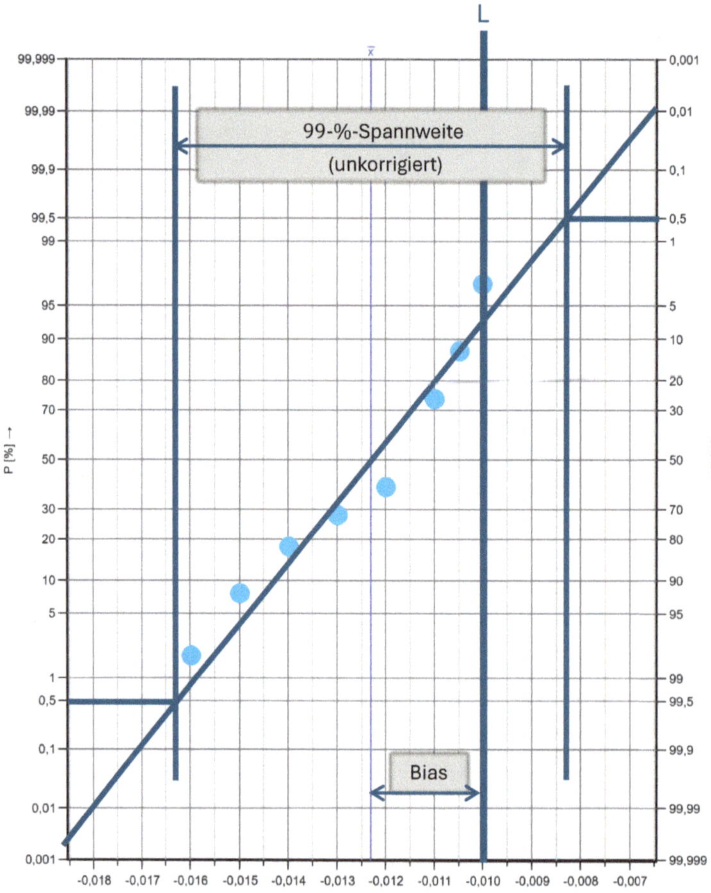

Bild 4.14 Leistungskurve im Wahrscheinlichkeitsnetz

4.3.3.4 Kennwert

Nach dem VDA-Band 5 entspricht der 95-%-Streubereich des mit einer Normalverteilungsfunktion genäherten stetig steigenden (oder fallenden) Verlaufs der Leistungskurve $2U_{MP}$, woraus der Eignungsindex Q_{MP} berechnet werden kann (VDA 2021).

Für den Grenzwert $Q_{MP.max}$ wird im VDA-Band 5 ein Wert von 30 % empfohlen, der aber firmenspezifisch angepasst werden kann.

$$Q_{MP} \leq Q_{MP.\,max} = 30\ \% \tag{4.2}$$

Die AIAG MSA empfiehlt im entsprechenden Abschnitt keinen Grenzwert, errechnet jedoch einen Kennwert *GRR*, für den analog zur Signalerkennung im Verhältnis zur Toleranz die üblichen Werte gelten (AIAG 2010):

Der Prüfprozess ist

- fähig, wenn $\%GRR \leq 10\,\%$,
- bedingt fähig, wenn $10\,\% < \%GRR \leq 30\,\%$, und
- nicht fähig, wenn $\%GRR > 30\,\%$.

Nach der AIAG MSA wird eine recht historisch anmutende Berechnung gewählt, deren Prinzip schon in der 1. Auflage aus dem Jahr 1990 enthalten ist und seitdem wenig verändert wurde (AIAG 2010). Aus dem Wahrscheinlichkeitsnetz bzw. aus der Tabelle werden die Referenzwerte ermittelt, für die eine Annahmewahrscheinlichkeit von $P_a = 0{,}005$ und $P_a = 0{,}995$ berechnet wurde.

$$\begin{aligned} &X_L \text{ mit } P_a = 0{,}005 \\ &X_U \text{ mit } P_a = 0{,}995 \end{aligned} \tag{4.3}$$

Der Abstand der beiden Werte wird als Spannweite R interpretiert.

$$R = X_U - X_L \tag{4.4}$$

Auf Basis der Stichprobengröße muss diese Spannweite mithilfe der t-Verteilung korrigiert werden. Im Falle einer Stichprobengröße $n = 20$ gilt ein Korrekturfaktor von 1,08, der laut AIAG MSA per Simulation ermittelt wurde:

$$R_{\text{korr}} = \frac{X_U - X_L}{1{,}08} \tag{4.5}$$

Da nach dieser Berechnungsmethode der 99-%-Streubereich bestimmt wird, seit der AIAG MSA in 4. Auflage allerdings der 99,73-%-Streubereich bewertet werden soll, muss eine weitere Korrektur angebracht werden.

Die Standardabweichung der Wiederholbarkeit berechnet sich zu

$$\sigma_{\text{Repeatability}} = \frac{R_{\text{korr}}}{5{,}15} \tag{4.6}$$

Diese Standardabweichung der Wiederholbarkeit wird letztlich dem *GRR* gleichgesetzt. Daraus kann ein Fähigkeitsindex *%GRR* bestimmt werden, der allerdings in der AIAG MSA (Chapter III, Section C) nicht berechnet wird.

$$\%GRR = \frac{6 \cdot \sigma_{\text{Repeatablity}}}{T} \tag{4.7}$$

Zusammengefasst lässt sich die Formel für einen Stichprobenumfang von n = 20 folgendermaßen schreiben:

$$\%GRR = \frac{6}{5{,}15} \cdot \frac{1}{1{,}08} \cdot (X_U - X_L) = 1{,}08 \cdot (X_U - X_L) \tag{4.8}$$

Diese Berechnung stammt zweifellos noch aus der Zeit, in der Computer am Arbeitsplatz eine Rarität waren.

Im Beispiel der AIAG MSA (AIAG 2010) werden aus dem Wahrscheinlichkeitsnetz der Annahmewahrscheinlichkeiten die in Bild 4.15 dargestellten Informationen abgelesen.

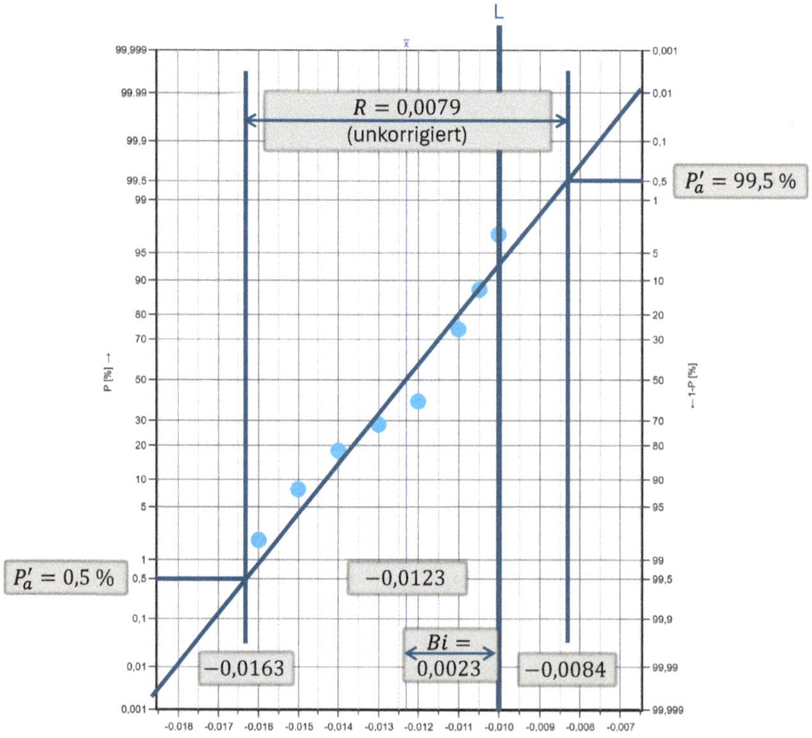

Bild 4.15 Auswertung der Leistungskurve im Wahrscheinlichkeitsnetz

Aus den Annahmewahrscheinlichkeiten für P'_a = 99,5 % und P'_a = 0,5 % = −0,0163 folgen die Quantile X_U = -0,0084 und X_L = -0,0163 sowie die Spannweite

$$R = X_U - X_L = -0{,}0084 - (-0{,}0163) = 0{,}0079 \tag{4.9}$$

Daraus ergibt sich die korrigierte Spannweite mit dem „empirisch" ermittelten Korrekturfaktor 1,08 zu

$$R_{\text{korr}} = \frac{R}{1{,}08} = 0{,}0073 \quad (4.10)$$

Diese Spannweite entspricht dem 99-%-Streubereich, der im Falle einer Normalverteilung durch 5,15 σ definiert ist. Daraus ergib sich die Wiederholbarkeit zu

$$\sigma_{\text{Repeatability}} = \frac{R}{5{,}15} = 0{,}00142 \quad (4.11)$$

Abweichend zu den variablen Verfahren, bei denen *GRR* eine Standardabweichung ist, wird in der 4. Auflage der AIAG MSA (AIAG 2010) noch die historische erweiterte Streubreite *GRR* mit sechs Standardabweichungen berechnet (siehe Hinweis), und man erhält

$$GRR = 6 \cdot \sigma_{\text{Repeatability}} = 0{,}00852 \quad (4.12)$$

Damit ist

$$\%GRR = \frac{GRR}{T} = \frac{0{,}00852}{0{,}02} = 0{,}426 = 42{,}6\,\% \quad (4.13)$$

Das attributive Prüfsystem ist demnach nicht geeignet.

Im Anhang der AIAG MSA wird beschrieben, dass die Grenzpunkte aus dem Wahrscheinlichkeitsnetz auch zum 99,73-%-Intervall bestimmt werden können, die dann der sechsfachen Standardabweichung der Wiederholbarkeit $6 \cdot \sigma_{\text{Repeatability}}$ entsprechen und direkt mit T ins Verhältnis gesetzt werden können, um %*GRR* zu berechnen (AIAG 2010). Es entfallen damit diverse Korrekturen der vorangegangenen Berechnung.

Außerdem kann der Bias auf Signifikanz getestet werden, wie in der AIAG MSA üblich. Der Bias ist signifikant, wenn folgende Bedingung zutrifft:

$$t = \frac{6{,}078 \cdot Bi}{\sigma_{\text{Repeatability}}} > t_{0{,}025;19} = 2{,}093 \quad (4.14)$$

Dabei ist $t_{0{,}025;19}$ das 0,025-%-Quantil der t-Verteilung mit $v = n - 1 = 19$ Freiheitsgraden aufgrund des Stichprobenumfangs von $n = 20$.

4.3.3.5 Anmerkungen

Theoretisch ließen sich mit den Daten sogar die bekannten Fähigkeitsindizes C_g/C_{gk} berechnen und damit ließen sich auch weitere Analysen in Bezug auf die Unsicherheit betreiben.

$$C_g = \frac{0{,}2 \cdot T}{6 \cdot \sigma_{\text{Repeatability}}} \text{ bzw. } C_g = \frac{0{,}2 \cdot T}{4 \cdot \sigma_{\text{Repeatability}}} \tag{4.15}$$

$$C_g = \frac{0{,}1 \cdot T - |Bi|}{3 \cdot \sigma_{\text{Repeatability}}} \text{ bzw. } C_g = \frac{0{,}1 \cdot T - |Bi|}{2 \cdot \sigma_{\text{Repeatability}}} \tag{4.16}$$

Ebenso kann die Unsicherheit durch den Rest-Bias zu

$$u_{BI} = \frac{1}{\sqrt{3}} \cdot Bi \tag{4.17}$$

berechnet werden. Die Standardmessunsicherheit durch die Wiederholbarkeit an den Prüfobjekten enthält weitere prozessrelevante Einflussgrößen und sollte deshalb eher mit u_{EVO} und nicht mit u_{EVR} gleichgesetzt werden (für Details siehe VDA-Band 5, VDA QMC 2021).

$$u_{\text{EVO}} = \sigma_{\text{Repeatability}} \tag{4.18}$$

Mit diesen beiden Komponenten ergibt sich die erweiterte Messunsicherheit der Prüfprozesse U_{MP} zu

$$U_{\text{MP}} = 2 \cdot \sqrt{u_{BI}^2 + u_{\text{EVO}}^2} = 2 \cdot \sqrt{\frac{1}{3} \cdot Bi^2 + \sigma_{\text{Repeatability}}^2} \tag{4.19}$$

Aus der erweiterten Messunsicherheit des Messprozesses kann der Eignungsindex Q_{MP} bestimmt werden:

$$Q_{\text{MP}} = \frac{2 \cdot U_{\text{MP}}}{T} = \frac{2 \cdot 2 \cdot \sqrt{u_{BI}^2 + u_{\text{EVO}}^2}}{T} = \frac{4 \cdot \sqrt{\frac{1}{3} \cdot Bi^2 + \sigma_{\text{Repeatability}}^2}}{T}$$

Für einen vollständigen Eignungsnachweis müssten gegebenenfalls weitere Unsicherheitskomponenten berücksichtigt werden, wie z. B. die Kalibrierunsicherheit aus der Bestimmung des Referenzwerts der verwendeten Teile.

Entwickelt man das vorangegangene Beispiel der AIAG MSA (AIAG 2010) weiter in Richtung VDA-Band 5 (VDA QMC 2021), so erhält man folgende Unsicherheiten:

$$u_{BI} = \frac{|Bi|}{\sqrt{3}} = \frac{0{,}0023}{\sqrt{3}} = 0{,}00133 \tag{4.21}$$

$$u_{\text{EVO}} = \sigma_{\text{Repeatability}} = 0{,}00142 \tag{4.22}$$

Damit ergibt sich die erweiterte Messunsicherheit ohne weitere berücksichtigte Messunsicherheitskomponenten zu

$$U_{\text{MP}} = 2 \cdot \sqrt{u_{BI}^2 + u_{\text{EVO}}^2} = 2 \cdot \sqrt{0{,}00133^2 + 0{,}00142^2} = 0{,}00389 \tag{4.23}$$

Der Eignungsindex Q_{MP} errechnet sich zu

$$Q_{MP} = \frac{2 \cdot U_{MP}}{T} = \frac{0{,}00389}{0{,}02} = 0{,}389 = 38{,}9\,\% \tag{4.24}$$

Auch hier ist der Prüfprozess nicht geeignet.

Für einen vollständigen Eignungsnachweis müssten gegebenenfalls weitere Unsicherheitskomponenten berücksichtigt werden, wie z. B. die Kalibrierunsicherheit aus der Bestimmung des Referenzwerts der verwendeten Teile.

4.4 Methoden für diskrete und diskretisierte Merkmale

4.4.1 Short Method

4.4.1.1 Beschreibung

Die Short Method ist eine der beiden Methoden, die schon in der 1. Auflage der AIAG MSA im Jahre 1990 beschrieben wurde, in der 3. Auflage dann aber als unbrauchbar verworfen wurde (AIAG 2010). Ziel der Short Method ist es, wiederholte Entscheidungen mindestens zweier Prüfer zu vergleichen, gegebenenfalls auch mit vorliegenden Referenzentscheidungen. Voraussetzung für die Methode ist, dass ausreichend Teile zur Verfügung stehen, die den Anwendungsbereich überdecken und wiederholbar prüfbar sind. In der Literatur wird der Prüfentscheid durchweg binär dargestellt, das heißt, er besteht aus zwei Kategorien, z. B. „i. O." und „n. i. O.". Im Prinzip sind weitere Kategorien denkbar, wobei dann der Prüfumfang passend erhöht werden sollte.

Problematisch ist die übliche Anforderung, dass alle Ergebnisse gleich und richtig sein müssen. Davon ausgehend, dass in jedem Prüfprozess Unsicherheiten existieren, ist es nicht empfehlenswert, eine Methode zu nutzen, die erwartet, dass die Messunsicherheit nicht erkennbar ist. Die Größe der Messunsicherheit bleibt weiterhin unbekannt. Dabei muss klar sein, dass grenzlagige Teile selbst bei minimaler Messunsicherheit bis zu 50 % Fehlentscheidungswahrscheinlichkeit mit sich bringen. Eine Methode, deren erstes Ziel es ist, die Messunsicherheit nicht zu erkennen, führt deshalb sehr schnell zu einer „optimierten" Auswahl von Prüfobjekten, um das Wort „Manipulation" zu umgehen. Denn selbst wenn eine marginale und völlig unerhebliche Messunsicherheit zu einer Fehlentscheidung führen würde, wäre der Messprozess folglich nicht geeignet. Daher ist die Short Method eher für grobe Screenings oder schnelle Stabilitätsüberwachungen geeignet, nicht aber für Eignungsnachweise diskreter Prüfprozesse.

4.4.1.2 Durchführung

Dieser Abschnitt fokussiert sich, wie in den Referenzhandbüchern VDA-Band 5 und AIAG MSA üblich, auf eine binäre Entscheidung, d. h. auf „i. O." oder „n. i. O." (VDA QMC 2021, AIAG 2010). Es werden mindestens zwanzig Produktionsteile gewählt, die den Anwendungsbereich des Prüfprozesses überdecken. Jedes Produktionsteil muss eindeutig identifizierbar sein, damit die korrekte Zuordnung der zugehörigen Entscheidung stets gewährleistet ist. Diese Anforderung muss jedoch so umgesetzt werden, dass die Prüfer die Teile während ihrer Prüfung nicht wiedererkennen können.

Die Short Method kann optional mit oder ohne Referenzvergleich durchgeführt werden. In der ursprünglichen Darstellung der AIAG MSA wurde kein Referenzvergleich durchgeführt, in vielen Firmenrichtlinien war dies jedoch üblich. Insbesondere wenn die Methode als Screening oder Stabilitätsüberwachung eingesetzt wird, ist ein Vergleich mit einem Referenzentscheid empfehlenswert.

Falls ein Vergleich mit einem Referenzentscheid gewünscht ist, wird jedes Teil von einem Referenzprüfer oder einem Referenzteam eindeutig einem Prüfentscheid zugeordnet. Die Referenzteile werden also einer der beiden möglichen Bewertungskategorien zugeordnet. Das Ergebnis ist zu dokumentieren:

- „In Toleranz" = „i. O." = „+"
- „Außerhalb der Toleranz" = „n. i. O." = „–"

Die Prüfer müssen für die Durchführung der Prüfung ausreichend geschult und eingewiesen sein. Die Prüfobjekte werden in zufälliger, den Prüfern unbekannter Reihenfolge mit dem vorgegebenen Prüfmittel und Prüfverfahren (z. B. gemäß Prüfplan) oder einem automatisierten Prüfgerät unter Serienbedingungen durch Zuordnung zu einer der beiden binären Bewertungskategorien bewertet.

Zwei oder mehr Bediener prüfen abwechselnd jeweils alle Teile mindestens zweimal unter Wiederholbedingungen in zufälliger Reihenfolge. Im Detail heißt das, dass Prüfer A die Teile in zufälliger Reihenfolge bewertet. Danach bewertet sie Prüfer B ebenfalls in zufälliger Reihenfolge. Dann wird Prüfer A seine zweite Bewertung in zufälliger Reihenfolge durchführen und anschließend wird auch Prüfer B seine zweite Bewertung in zufälliger Reihenfolge durchführen (Bild 4.16). Es ist zu beachten, dass die Prüfergebnisse in der Tabelle den jeweiligen Teilen immer korrekt zugeordnet werden (Bild 4.17).

n	$x_{A;1}$	$x_{A;2}$	$x_{B;1}$	$x_{B;2}$	Beurt.
1	−	−	−	−	☺
2	+	+	+	+	☺
3	−	+	+	+	☹
4	+	+	+	+	☺
5	+	+	+	+	☺
6	+	+	+	+	☺
7	−	−	−	−	☺
8	+	+	+	+	☺
9	+	+	+	+	☺
10	+	+	+	+	☺
11	+	+	+	+	☺
12	+	+	+	+	☺
13	+	+	+	+	☺
14	+	+	+	+	☺
15	+	+	+	+	☺
16	+	+	−	+	☹
17	+	+	+	+	☺
18	+	+	+	+	☺
19	+	+	+	+	☺
20	+	+	+	+	☺

Bild 4.16 Bewertungsübersicht zur Short Method

OSG	=	3,638	Anzahl Referenzmessungen	=	1
USG	=	3,562	Anzahl Referenzteile	=	20
T	=	0,076	Anzahl Prüfer	=	2
			Anzahl Prüfdurchläufe	=	2
Attributive Übereinstimmungsanalyse					
Anzahl der Nichtübereinstimmungen	$n_{<>}$ =	2	$n_{max<>}$	=	0
			$n'_{max<>}$	=	0
Die Anforderungen sind nicht erfüllt ($n_{<>}$)					☹
∅ Attributive Prüfprozesse: Short Method					

Bild 4.17 Ergebnisübersicht zur Short Method

4.4.1.3 Analyse

Die Analyse ist denkbar einfach. Es werden die Teile gezählt, bei denen keine Übereinstimmung zwischen den Prüfern und gegebenenfalls auch mit dem Referenzentscheid gefunden wurde.

4.4.1.4 Kennwert

Kennwert dieses Verfahrens ist die Anzahl $n_{\neq}$ der Nichtübereinstimmungen. Dazu werden die Teile gezählt, bei denen die wiederholten Prüfentscheide über beide Prüfer nicht identisch sind. Ist ein Vergleich mit Referenzentscheiden gewünscht, wird auch die Identität mit dem Referenzentscheid berücksichtigt.

Üblicherweise wird im Sinne eines Null-Fehler-Konzepts keine Abweichung erlaubt, d. h., $n_{\neq.\max} = 0$.

$$n_{\neq} \leq n_{\neq.\,\max} = 0 \tag{4.25}$$

4.4.1.5 Anmerkungen

Aufgrund der recht einfachen Ausführbarkeit und der trivialen Bestimmung des Kennwerts muss an dieser Stelle nochmals darauf hingewiesen werden, dass dieses Verfahren nicht als Fähigkeitsnachweis geeignet ist, obwohl es noch vielfach in Firmenrichtlinien zu finden ist.

Die Anforderung, dass alle Entscheide gleich sein müssen, heißt nur, dass die Unsicherheit nicht gesehen wurde. Daraus abzuleiten, dass die Unsicherheit nicht existent oder klein ist, ist nicht möglich. Für Teile nahe der Spezifikationsgrenze sind hingegen auch bei sehr kleinen Unsicherheiten unterschiedliche Ergebnisse zu erwarten. Daraus in vereinfachter Weise abzuleiten, dass der Prüfprozess nicht geeignet ist, wäre jedoch nicht korrekt.

Beim Vergleich mit Referenzentscheiden kommt hinzu, dass auch dieser Referenzentscheid mit einer Unsicherheit behaftet ist.

Drei typische Probleme, die im Zusammenhang mit der Short Method entstehen und die auch dazu geführt haben, dass die Short Method heute nicht mehr als Eignungsnachweis anerkannt wird, sind in Tabelle 4.2 grafisch dargestellt. Dabei soll vereinfachend von einem diskretisierten Merkmal ausgegangen werden, d. h., es liegen Referenzmesswerte vor. Ein rein diskretes Merkmal verschärft das Problem, da eine Lokalisierung der Teile auf einem quantitativen Zahlenstrahl gar nicht möglich ist.

Tabelle 4.2 Drei typische Situationen, die in der Praxis zu fehlerhaften Bewertungen führen können

Situation	Grafik
Die verwendeten Teile sind eindeutig „i. O." oder „n. i. O." und liegen so weit von den Entscheidungsgrenzen entfernt, dass eine Fehlentscheidung nicht zu erwarten ist (Bild 4.18). Durch eine solche Auswahl der Teile des Prüfloses werden auch sehr unsichere attributive Prüfprozesse das Verfahren bestehen und abgenommen.	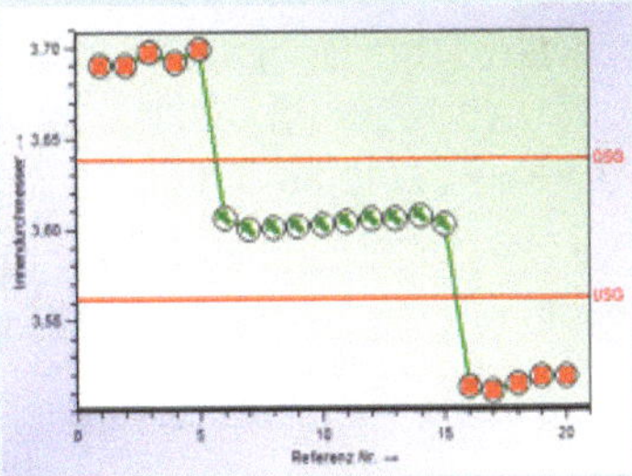 **Bild 4.18** Die Teile sind zu eindeutig.
Die verwendeten Teile liegen zu nahe an den Entscheidungsgrenzen (Bild 4.19). Dadurch kommt es selbst bei minimalen Unsicherheiten zu unterschiedlichen Prüfentscheiden. Durch eine solche Auswahl der Teile des Prüfloses werden auch relativ „sichere" attributive Prüfprozesse das Verfahren nicht bestehen und nicht abgenommen.	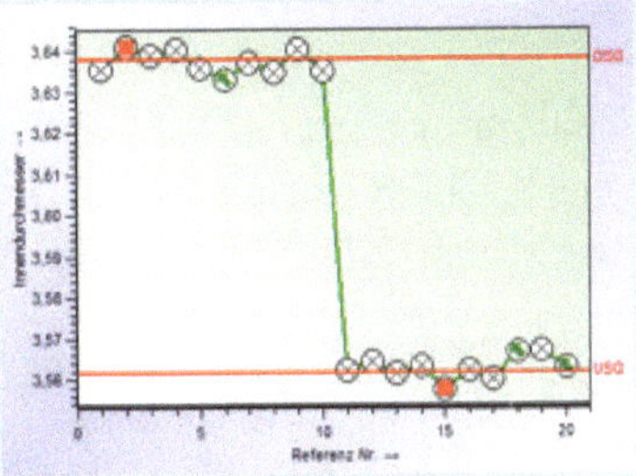 **Bild 4.19** Die Teile sind zu uneindeutig.
In Bild 4.20 wird eine abgeschwächte Variante der zweiten Situation gezeigt. Da eine absolute Übereinstimmung erwartet wird, reicht ein einziges schlecht ausgewähltes Referenzteil, um das Ergebnis der Short Method zu kippen. Bei rein diskreten Merkmalen kann dieses Problem insbesondere dadurch entstehen, dass nur ein Referenzprüfer die Teile bewertet und die Ergebnisse nicht in einem Referenzteam diskutiert, verifiziert und validiert werden. Bei diskretisierten Merkmalen wurden die Guard Bands nach ISO 14253-1, JCGM 106 oder ISO/IEC Guide 98-4 nicht berücksichtigt (ISO 14253-1:2017-10, JCGM 106:2012, ISO/IEC Guide 98-4:2012).	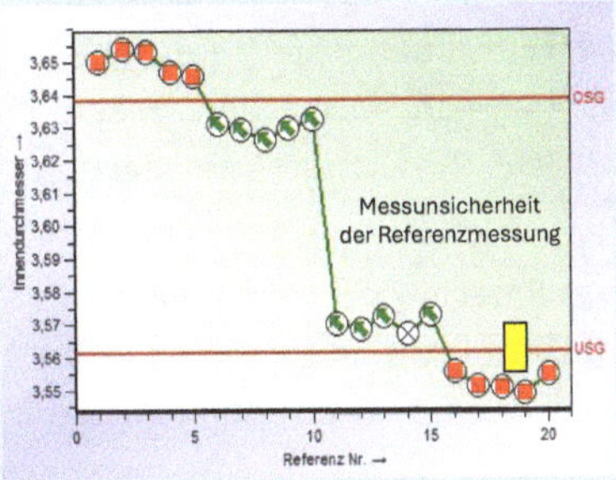 **Bild 4.20** Schon eine Fehlentscheidung führt zur Ablehnung.

4.4.2 Effektivität

4.4.2.1 Beschreibung

Die Effektivität wird meist in einem Dreiklang mit der False Alarm Rate und der Miss Rate bewertet. Sie ist in der AIAG MSA ab der 3. Auflage enthalten und auch im VDA-Band 5 (AIAG 2010, VDA 2021). Im weiteren Sinne kann man sie als Weiterentwicklung der Short Method sehen.

Ziel der Effektivität ist es, wiederholte Entscheidungen von mindestens zwei Prüfern mit den Referenzentscheiden zu vergleichen. Es wird bewertet, wie viele Teile

- pro Prüfer über mehrere Wiederholprüfungen oder
- über alle Prüfer und Wiederholprüfungen

eindeutig richtig erkannt wurden.

Voraussetzung für die Methode ist, dass ausreichend Teile zur Verfügung stehen, die den Anwendungsbereich überdecken und wiederholbar prüfbar sind.

In der Literatur wird der Prüfentscheid durchweg binär dargestellt, das heißt, er besteht aus zwei Kategorien, z. B. „i. O." und „n. i. O.". Im Prinzip sind weitere Kategorien denkbar, wobei dann der Prüfumfang passend erhöht werden sollte.

4.4.2.2 Durchführung

Dieser Abschnitt fokussiert sich, wie in den Referenzhandbüchern VDA-Band 5 und AIAG MSA üblich, auf eine binäre Entscheidung, d. h. auf „i. O." oder „n. i. O.". Es werden mindestens fünfzig Produktionsteile gewählt, die den Anwendungsbereich des Prüfprozesses überdecken. Wenn möglich, sind größere Prüfumfänge von hundert bis zweihundert Teilen empfehlenswert. Jedes Produktionsteil muss eindeutig identifizierbar sein, damit die korrekte Zuordnung der zugehörigen Entscheidung stets gewährleistet ist. Diese Anforderung muss jedoch so umgesetzt werden, dass die Prüfer die Teile während ihrer Prüfung nicht wiedererkennen können.

Jedes Referenzteil wird von einem Referenzprüfer oder einem Referenzteam eindeutig einem Prüfentscheid zugeordnet. Die Referenzteile werden also einer der beiden möglichen Bewertungskategorien zugeordnet. Das Ergebnis ist zu dokumentieren:

- „In Toleranz" = „i. O." = „+"
- „Außerhalb der Toleranz" = „n. i. O." = „–"

Die Prüfer müssen für die Durchführung der Prüfung ausreichend geschult und eingewiesen sein. Die Prüfobjekte werden in zufälliger, den Prüfern unbekannter Reihenfolge mit dem vorgegebenen Prüfmittel und Prüfverfahren (z. B. gemäß Prüfplan) oder einem automatisierten Prüfgerät unter Serienbedingungen durch Zuordnung zu einer der beiden binären Bewertungskategorien bewertet.

Zwei oder mehr Prüfer prüfen abwechselnd alle Teile mindestens zweimal unter Wiederholbedingungen in zufälliger Reihenfolge. Im Detail heißt das, dass Prüfer A die Teile in zufälliger Reihenfolge bewertet. Danach bewertet sie Prüfer B ebenfalls in zufälliger Reihenfolge. Dann wird Prüfer A seine zweite Bewertung in zufälliger Reihenfolge durchführen und anschließend wird auch Prüfer B seine zweite Bewertung in zufälliger Reihenfolge durchführen. Es ist zu beachten, dass die Prüfergebnisse in der Tabelle immer den jeweiligen Teilen korrekt zugeordnet werden.

4.4.2.3 Analyse

Als Bezugswert ist die Anzahl aller möglichen Entscheidungen zu zählen, die im Allgemeinen der Anzahl der Teile n entspricht. Danach ist die Anzahl der korrekten Entscheidungen für verschiedene Fälle zu zählen. Das sind die Teile, die

- pro Prüfer über alle Wiederholprüfungen richtig erkannt wurden (prüferbezogene Effektivität $n_{A=}$, $n_{B=}$, ...), beziehungsweise
- über alle Prüfer und Wiederholprüfungen hinweg richtig erkannt wurden (Gesamteffektivität $n_{=}$).

Damit entstehen ein Zählwert pro Prüfer und ein Zählwert über alle Prüfungen.

4.4.2.4 Kennwert

Der Kennwert der Effektivität wird als

$$\text{Effektivität} = \frac{\text{Anzahl richtiger Entscheidungen}}{\text{Anzahl möglicher Entscheidungen}} \tag{4.26}$$

berechnet. Damit ergibt sich für Prüfer A die Effektivität $P_{\text{eff.A}}$ zu

$$P_{\text{eff.A}} = \frac{n_{A=}}{n} \tag{4.27}$$

Die Effektivität der weiteren Prüfer wird analog zu Formel 4.27 berechnet.

Die Effektivität P_{eff} über alle Prüfer errechnet sich zu

$$P_{\text{eff}} = \frac{n_{=}}{n} \tag{4.28}$$

Grenzwerte sind in der AIAG MSA (AIAG 2010) wie im Folgenden angegeben.

Der Prüfprozess ist für den Prüfer P

- akzeptabel, wenn $P_{\text{eff.P}} \geq 90\,\%$,
- bedingt akzeptabel, wenn $80\,\% \leq P_{\text{eff.P}} < 90\,\%$, und
- nicht akzeptabel, wenn $P_{\text{eff.P}} < 80\,\%$.

Für die Effektivität P_{eff} über alle Prüfer werden in der AIAG MSA keine Grenzwerte genannt (AIAG 2010). In vielen Firmenrichtlinien werden jedoch die gleichen Grenzwerte gefordert.

Im VDA-Band 5 entfällt die Einstufung „bedingt akzeptabel“ (VDA QMC 2021). Der Prüfprozess wird als nicht akzeptabel eingestuft, wenn $P_{\text{eff.P}} < 90\,\%$.

Als Beispiel zeigt Bild 4.21 die Analyse der Daten aus AIAG MSA (AIAG 2021) in Bezug auf Effektivität. Bediener A hat 42 Teile eindeutig erkannt, d. h. → Effektivität $= \frac{42}{50} = 84\,\%$.

Bediener B hat 45 Teile eindeutig erkannt, d. h. Effektivität $= \frac{45}{50} = 90\,\%$.

Bediener C hat 40 Teile eindeutig erkannt, d. h. Effektivität $= \frac{40}{50} = 80\,\%$.

n	Ref.	Prüfer A			Prüfer B			Prüfer C			Assmt.
1	Not okay	Not okay	Not okay	Not okay	Not okay	Not okay	Not okay	Not okay	Not okay	Not okay	🙂
2	Not okay	Not okay	Not okay	Not okay	Not okay	Not okay	Not okay	Not okay	Not okay	Not okay	🙂
3	Okay	Okay	Okay	Okay	Okay	Okay	Okay	Okay	Okay	Okay	🙂
4	Okay	Okay	Okay	Okay	Okay	Okay	Okay	Okay	Okay	Okay	🙂
5	Okay	Okay	Okay	Okay	Okay	Okay	Okay	Okay	Okay	Okay	🙂
6	Not okay	Not okay	Not okay	Okay	Not okay	Not okay	Okay	Not okay	Okay	Okay	☹
7	Not okay	Not okay	Not okay	Not okay	Not okay	Not okay	Not okay	Not okay	Okay	Not okay	☹
8	Not okay	Not okay	Not okay	Not okay	Not okay	Not okay	Not okay	Not okay	Not okay	Not okay	🙂
9	Okay	Okay	Okay	Okay	Okay	Okay	Okay	Okay	Okay	Okay	🙂
10	Not okay	Not okay	Not okay	Not okay	Not okay	Not okay	Not okay	Not okay	Not okay	Not okay	🙂
11	Not okay	Not okay	Not okay	Not okay	Not okay	Not okay	Not okay	Not okay	Not okay	Not okay	🙂
12	Okay	Okay	Okay	Okay	Okay	Okay	Okay	Okay	Not okay	Okay	☹
13	Not okay	Not okay	Not okay	Not okay	Not okay	Not okay	Not okay	Not okay	Not okay	Not okay	🙂
14	Not okay	Not okay	Not okay	Okay	Not okay	Not okay	Not okay	Not okay	Okay	Okay	☹
15	Not okay	Not okay	Not okay	Not okay	Not okay	Not okay	Not okay	Not okay	Not okay	Not okay	🙂
16	Not okay	Not okay	Not okay	Not okay	Not okay	Not okay	Not okay	Not okay	Not okay	Not okay	🙂
17	Not okay	Not okay	Not okay	Not okay	Not okay	Not okay	Not okay	Not okay	Not okay	Not okay	🙂
18	Not okay	Not okay	Not okay	Not okay	Not okay	Not okay	Not okay	Not okay	Not okay	Not okay	🙂
19	Not okay	Not okay	Not okay	Not okay	Not okay	Not okay	Not okay	Not okay	Not okay	Not okay	🙂
20	Not okay	Not okay	Not okay	Not okay	Not okay	Not okay	Not okay	Not okay	Not okay	Not okay	🙂
21	Not okay	Not okay	Not okay	Okay	Not okay	Okay	Not okay	Okay	Not okay	Okay	☹
22	Okay	Okay	Okay	Not okay	Okay	Not okay	Okay	Not okay	Not okay	Okay	☹
23	Not okay	Not okay	Not okay	Not okay	Not okay	Not okay	Not okay	Not okay	Not okay	Not okay	🙂
24	Not okay	Not okay	Not okay	Not okay	Not okay	Not okay	Not okay	Not okay	Not okay	Not okay	🙂
25	Okay	Okay	Okay	Okay	Okay	Okay	Okay	Okay	Okay	Okay	🙂
26	Okay	Okay	Not okay	Okay	Okay	Okay	Okay	Okay	Okay	Not okay	☹
27	Not okay	Not okay	Not okay	Not okay	Not okay	Not okay	Not okay	Not okay	Not okay	Not okay	🙂
28	Not okay	Not okay	Not okay	Not okay	Not okay	Not okay	Not okay	Not okay	Not okay	Not okay	🙂
29	Not okay	Not okay	Not okay	Not okay	Not okay	Not okay	Not okay	Not okay	Not okay	Not okay	🙂
30	Okay	Okay	Okay	Okay	Okay	Okay	Not okay	Okay	Okay	Okay	☹
31	Not okay	Not okay	Not okay	Not okay	Not okay	Not okay	Not okay	Not okay	Not okay	Not okay	🙂
32	Not okay	Not okay	Not okay	Not okay	Not okay	Not okay	Not okay	Not okay	Not okay	Not okay	🙂
33	Not okay	Not okay	Not okay	Not okay	Not okay	Not okay	Not okay	Not okay	Not okay	Not okay	🙂
34	Okay	Okay	Okay	Not okay	Okay	Okay	Not okay	Okay	Not okay	Not okay	☹
35	Not okay	Not okay	Not okay	Not okay	Not okay	Not okay	Not okay	Not okay	Not okay	Not okay	🙂
36	Not okay	Not okay	Not okay	Okay	Not okay	Not okay	Not okay	Not okay	Okay	Not okay	☹
37	Okay	Okay	Okay	Okay	Okay	Okay	Okay	Okay	Okay	Okay	🙂
38	Not okay	Not okay	Not okay	Not okay	Not okay	Not okay	Not okay	Not okay	Not okay	Not okay	🙂
39	Okay	Okay	Okay	Okay	Okay	Okay	Okay	Okay	Okay	Okay	🙂
40	Not okay	Not okay	Not okay	Not okay	Not okay	Not okay	Not okay	Not okay	Not okay	Not okay	🙂
41	Not okay	Not okay	Not okay	Not okay	Not okay	Not okay	Not okay	Not okay	Not okay	Not okay	🙂
42	Okay	Okay	Okay	Okay	Okay	Okay	Okay	Okay	Okay	Okay	🙂
43	Not okay	Not okay	Okay	Not okay	Not okay	Not okay	Not okay	Not okay	Not okay	Okay	☹
44	Not okay	Not okay	Not okay	Not okay	Not okay	Not okay	Not okay	Not okay	Not okay	Not okay	🙂
45	Okay	Okay	Okay	Okay	Okay	Okay	Okay	Okay	Okay	Okay	🙂
46	Not okay	Not okay	Not okay	Not okay	Not okay	Not okay	Not okay	Not okay	Not okay	Not okay	🙂
47	Not okay	Not okay	Not okay	Not okay	Not okay	Not okay	Not okay	Not okay	Not okay	Not okay	🙂
48	Okay	Okay	Okay	Okay	Okay	Okay	Okay	Okay	Okay	Okay	🙂
49	Not okay	Not okay	Not okay	Not okay	Not okay	Not okay	Not okay	Not okay	Not okay	Not okay	🙂
50	Okay	Okay	Okay	Okay	Okay	Okay	Okay	Okay	Okay	Okay	🙂

Bild 4.21 Effektivität – Zählung pro Prüfer

Alle Prüfer gemeinsam haben 39 Teile eindeutig erkannt, d. h. Effektivität $= \frac{39}{50} = 78\ \%$ (Bild 4.22).

n	Ref. 1	X_{A-1}	X_{A-2}	X_{A-3}	X_{B-1}	X_{B-2}	X_{B-3}	X_{C-1}	X_{C-2}	X_{C-3}	Assmt.
1	Not okay	Not okay	Not okay	Not okay	Not okay	Not okay	Not okay	Not okay	Not okay	Not okay	☺
2	Not okay	Not okay	Not okay	Not okay	Not okay	Not okay	Not okay	Not okay	Not okay	Not okay	☺
3	Okay	Okay	Okay	Okay	Okay	Okay	Okay	Okay	Okay	Okay	☺
4	Okay	Okay	Okay	Okay	Okay	Okay	Okay	Okay	Okay	Okay	☺
5	Okay	Okay	Okay	Okay	Okay	Okay	Okay	Okay	Okay	Okay	☺
6	Not okay	Not okay	Not okay	Okay	Not okay	Not okay	Okay	Not okay	Okay	Okay	☹
7	Not okay	Not okay	Not okay	Not okay	Not okay	Not okay	Not okay	Not okay	Okay	Not okay	☹
8	Not okay	Not okay	Not okay	Not okay	Not okay	Not okay	Not okay	Not okay	Not okay	Not okay	☺
9	Okay	Okay	Okay	Okay	Okay	Okay	Okay	Okay	Okay	Okay	☺
10	Not okay	Not okay	Not okay	Not okay	Not okay	Not okay	Not okay	Not okay	Not okay	Not okay	☺
11	Not okay	Not okay	Not okay	Not okay	Not okay	Not okay	Not okay	Not okay	Not okay	Not okay	☺
12	Okay	Okay	Okay	Okay	Okay	Okay	Okay	Okay	Not okay	Okay	☹
13	Not okay	Not okay	Not okay	Not okay	Not okay	Not okay	Not okay	Not okay	Not okay	Not okay	☺
14	Not okay	Not okay	Not okay	Okay	Not okay	Not okay	Not okay	Not okay	Okay	Okay	☹
15	Not okay	Not okay	Not okay	Not okay	Not okay	Not okay	Not okay	Not okay	Not okay	Not okay	☺
16	Not okay	Not okay	Not okay	Not okay	Not okay	Not okay	Not okay	Not okay	Not okay	Not okay	☺
17	Not okay	Not okay	Not okay	Not okay	Not okay	Not okay	Not okay	Not okay	Not okay	Not okay	☺
18	Not okay	Not okay	Not okay	Not okay	Not okay	Not okay	Not okay	Not okay	Not okay	Not okay	☺
19	Not okay	Not okay	Not okay	Not okay	Not okay	Not okay	Not okay	Not okay	Not okay	Not okay	☺
20	Not okay	Not okay	Not okay	Not okay	Not okay	Not okay	Not okay	Not okay	Not okay	Not okay	☺
21	Not okay	Not okay	Not okay	Okay	Not okay	Okay	Not okay	Okay	Not okay	Okay	☹
22	Okay	Okay	Okay	Not okay	Okay	Not okay	Okay	Not okay	Not okay	Okay	☹
23	Not okay	Not okay	Not okay	Not okay	Not okay	Not okay	Not okay	Not okay	Not okay	Not okay	☺
24	Not okay	Not okay	Not okay	Not okay	Not okay	Not okay	Not okay	Not okay	Not okay	Not okay	☺
25	Okay	Okay	Okay	Okay	Okay	Okay	Okay	Okay	Okay	Okay	☺
26	Okay	Okay	Not okay	Okay	Okay	Okay	Okay	Okay	Okay	Not okay	☹
27	Not okay	Not okay	Not okay	Not okay	Not okay	Not okay	Not okay	Not okay	Not okay	Not okay	☺
28	Not okay	Not okay	Not okay	Not okay	Not okay	Not okay	Not okay	Not okay	Not okay	Not okay	☺
29	Not okay	Not okay	Not okay	Not okay	Not okay	Not okay	Not okay	Not okay	Not okay	Not okay	☺
30	Okay	Okay	Okay	Okay	Okay	Okay	Not okay	Okay	Okay	Okay	☹
31	Not okay	Not okay	Not okay	Not okay	Not okay	Not okay	Not okay	Not okay	Not okay	Not okay	☺
32	Not okay	Not okay	Not okay	Not okay	Not okay	Not okay	Not okay	Not okay	Not okay	Not okay	☺
33	Not okay	Not okay	Not okay	Not okay	Not okay	Not okay	Not okay	Not okay	Not okay	Not okay	☺
34	Okay	Okay	Okay	Not okay	Okay	Okay	Not okay	Okay	Not okay	Not okay	☹
35	Not okay	Not okay	Not okay	Not okay	Not okay	Not okay	Not okay	Not okay	Not okay	Not okay	☺
36	Not okay	Not okay	Not okay	Okay	Not okay	Not okay	Not okay	Not okay	Okay	Not okay	☹
37	Okay	Okay	Okay	Okay	Okay	Okay	Okay	Okay	Okay	Okay	☺
38	Not okay	Not okay	Not okay	Not okay	Not okay	Not okay	Not okay	Not okay	Not okay	Not okay	☺
39	Okay	Okay	Okay	Okay	Okay	Okay	Okay	Okay	Okay	Okay	☺
40	Not okay	Not okay	Not okay	Not okay	Not okay	Not okay	Not okay	Not okay	Not okay	Not okay	☺
41	Not okay	Not okay	Not okay	Not okay	Not okay	Not okay	Not okay	Not okay	Not okay	Not okay	☺
42	Okay	Okay	Okay	Okay	Okay	Okay	Okay	Okay	Okay	Okay	☺
43	Not okay	Not okay	Okay	Not okay	Not okay	Not okay	Not okay	Not okay	Not okay	Okay	☹
44	Not okay	Not okay	Not okay	Not okay	Not okay	Not okay	Not okay	Not okay	Not okay	Not okay	☺
45	Okay	Okay	Okay	Okay	Okay	Okay	Okay	Okay	Okay	Okay	☺
46	Not okay	Not okay	Not okay	Not okay	Not okay	Not okay	Not okay	Not okay	Not okay	Not okay	☺
47	Not okay	Not okay	Not okay	Not okay	Not okay	Not okay	Not okay	Not okay	Not okay	Not okay	☺
48	Okay	Okay	Okay	Okay	Okay	Okay	Okay	Okay	Okay	Okay	☺
49	Not okay	Not okay	Not okay	Not okay	Not okay	Not okay	Not okay	Not okay	Not okay	Not okay	☺
50	Okay	Okay	Okay	Okay	Okay	Okay	Okay	Okay	Okay	Okay	☺

Bild 4.22 Effektivität – Zählung über alle Prüfer

4.4.2.5 Anmerkungen

Da die Ergebnisse bei relativ wenigen Teilen ($n = 50$) stark zufallsbehaftet sind, werden in der AIAG MSA zusätzlich statistische Testverfahren mit folgenden Hypothesen durchgeführt (AIAG 2010):

- H_0: Die Effektivität zweier Prüfer ist gleich.
- H_1: Die Effektivität zweier Prüfer ist nicht gleich.

Trotz deutlich abweichender Ergebnisse pro Prüfer von 80 % bis 90 % konnte die Nullhypothese nicht widerlegt werden. Die Konsequenz wäre, dass ein Umfang von fünfzig Teilen nicht ausreicht, um signifikante Ergebnisse zu liefern.

AIAG MSA und VDA-Band 5 merken an, dass es keine theoriegestützten Entscheidungskriterien für ein akzeptables Risiko gibt. Die Grenzwerte sind heuristisch und werden meist auf der Grundlage individueller Einschätzungen vorgegeben, was als „akzeptabel" gilt. Zur Festlegung der Grenzwerte sollte auf das Risiko Bezug genommen werden, das mit den Auswirkungen von Fehlentscheidungen verknüpft ist. Dies sei eine fachliche Entscheidung und keine statistische Entscheidung.

4.4.3 Miss Rate

4.4.3.1 Beschreibung

Die Bewertung der Miss Rate wird meist in einem Dreiklang mit der Effektivität und der False Alarm Rate bewertet. Sie ist in der AIAG MSA ab der 3. Auflage enthalten und auch im VDA-Band 5 (AIAG 2010, VDA 2021).

Ziel der Miss Rate ist es, bei wiederholten Entscheidungen von mindestens zwei Prüfern zu bewerten, wie oft Schlechtteile nicht erkannt wurden. Diese Situation liegt vor, wenn das Prüfteil als Referenzentscheidung ein „n. i. O." erhalten hat, der Prüfer es aber als „i. O." einstuft. Es wird also bewertet, wie viele fehlerhafte „i. O."-Entscheidungen

- pro Prüfer über mehrere Wiederholprüfungen bzw.
- über alle Prüfer und Wiederholprüfungen

entstanden sind.

Voraussetzung für die Methode ist, dass ausreichend n. i. O.-Teile zur Verfügung stehen, die wiederholbar prüfbar sind.

4.4.3.2 Durchführung

Die Durchführung entspricht der Effektivität, wobei sichergestellt werden muss, dass ausreichend n. i. O.-Teile im Prüflos vorhanden sind. Weder die AIAG MSA (AIAG 2010) noch der VDA-Band 5 (VDA 2021) geben hierzu Werte vor, weil in diesen Richtlinien die Effektivität, die False Alarm Rate und die Miss Rate in einem einzigen Versuch ermittelt werden. Dabei sollte die Zusammensetzung des Loses der realen Situation im Fertigungsprozess entsprechen. Das wiederum bedeutet, dass bei kleinen Fehleranteilen der Prüfumfang deutlich erhöht werden muss, um genügend n. i. O.-Teile im Los zu haben.

4.4.3.3 Analyse

Als Bezugswert der möglichen Entscheidungen eines Prüfers ist die Anzahl $n_\ominus$ der i. O.-Teile im Los zu zählen und mit der Anzahl der Wiederholmessungen r pro Prüfer zu multiplizieren. Der Bezugswert für die Miss Rate über alle Prüfer ergibt sich aus der Anzahl $n_\ominus$ der i. O.-Teile im Los, multipliziert mit der Anzahl der Wiederholmessungen r und der Anzahl der Prüfer k.

Danach ist die Anzahl der fehlerhaften i. O.-Entscheidungen für verschiedene Fälle zu zählen. Das sind die Teile, die fälschlicherweise

- pro Prüfer über alle Wiederholprüfungen ($n_{f\oplus\mathrm{A}}, n_{f\oplus\mathrm{B}}, \ldots$) bzw.
- über alle Prüfer und Wiederholprüfungen hinweg ($n_{f\oplus}$)

als i. O. erkannt wurden.

Damit entstehen ein Zählwert pro Prüfer und ein Zählwert über alle Prüfungen.

4.4.3.4 Kennwert

Der Kennwert der Miss Rate wird wie folgt berechnet:

$$\text{Miss Rate} = \frac{\text{Anzahl richtiger Entscheidungen}}{\text{Anzahl möglicher Entscheidungen}} \tag{4.29}$$

Damit ergibt sich für Prüfer A die Miss Rate $P_{f\text{-}\mathrm{A}}$ zu

$$P_{f\ominus\mathrm{A}} = \frac{n_{f\oplus\mathrm{A}}}{n_\ominus \cdot r} \tag{4.30}$$

Die Miss Rate der weiteren Prüfer wird analog zu Formel 4.33 berechnet. Die Miss Rate $P_{f\ominus}$ über alle Prüfer errechnet sich zu

$$P_{f\ominus} = \frac{n_{f\oplus}}{n_\ominus \cdot r \cdot k} \tag{4.31}$$

Grenzwerte sind in der AIAG MSA folgendermaßen angegeben (AIAG 2010): Der Prüfprozess ist für den Prüfer P

- akzeptabel, wenn $P_{f\oplus\mathrm{P}} \leq 5\,\%$,
- bedingt akzeptabel, wenn $5\,\% < P_{f\oplus\mathrm{P}} \leq 10\,\%$, und
- nicht akzeptabel, wenn $P_{f\oplus\mathrm{P}} > 10\,\%$.

Für die Miss Rate $P_{f\oplus}$ über alle Prüfer werden in der AIAG MSA keine Grenzwerte genannt. In vielen Firmenrichtlinien werden jedoch die gleichen Grenzwerte gefordert.

Im VDA-Band 5 (VDA 2021) entfällt die Einstufung „bedingt akzeptabel". Der Prüfprozess wird als nicht akzeptabel eingestuft, wenn $P_{f\oplus P} > 5\,\%$.

Als Beispiel folgt die Analyse der Daten aus AIAG MSA (AIAG 2010) in Bezug auf die Miss Rate (Bild 4.23).

n	Ref. 1	Prüfer A			Prüfer B			Prüfer C			Assmt.
1	Not okay	Not okay	Not okay	Not okay	Not okay	Not okay	Not okay	Not okay	Not okay	Not okay	☺
2	Not okay	Not okay	Not okay	Not okay	Not okay	Not okay	Not okay	Not okay	Not okay	Not okay	☺
3	Okay	Okay	Okay	Okay	Okay	Okay	Okay	Okay	Okay	Okay	☺
4	Okay	Okay	Okay	Okay	Okay	Okay	Okay	Okay	Okay	Okay	☺
5	Okay	Okay	Okay	Okay	Okay	Okay	Okay	Okay	Okay	Okay	☺
6	Not okay	Not okay	Not okay	Okay	Not okay	Not okay	Okay	Not okay	Okay	Okay	☹
7	Not okay	Not okay	Not okay	Not okay	Not okay	Not okay	Not okay	Not okay	Okay	Not okay	☹
8	Not okay	Not okay	Not okay	Not okay	Not okay	Not okay	Not okay	Not okay	Not okay	Not okay	☺
9	Okay	Okay	Okay	Okay	Okay	Okay	Okay	Okay	Okay	Okay	☺
10	Not okay	Not okay	Not okay	Not okay	Not okay	Not okay	Not okay	Not okay	Not okay	Not okay	☺
11	Not okay	Not okay	Not okay	Not okay	Not okay	Not okay	Not okay	Not okay	Not okay	Not okay	☺
12	Okay	Okay	Okay	Okay	Okay	Okay	Okay	Okay	Not okay	Okay	☹
13	Not okay	Not okay	Not okay	Not okay	Not okay	Not okay	Not okay	Not okay	Not okay	Not okay	☺
14	Not okay	Not okay	Not okay	Okay	Not okay	Not okay	Not okay	Not okay	Okay	Okay	☹
15	Not okay	Not okay	Not okay	Not okay	Not okay	Not okay	Not okay	Not okay	Not okay	Not okay	☺
16	Not okay	Not okay	Not okay	Not okay	Not okay	Not okay	Not okay	Not okay	Not okay	Not okay	☺
17	Not okay	Not okay	Not okay	Not okay	Not okay	Not okay	Not okay	Not okay	Not okay	Not okay	☺
18	Not okay	Not okay	Not okay	Not okay	Not okay	Not okay	Not okay	Not okay	Not okay	Not okay	☺
19	Not okay	Not okay	Not okay	Not okay	Not okay	Not okay	Not okay	Not okay	Not okay	Not okay	☺
20	Not okay	Not okay	Not okay	Not okay	Not okay	Not okay	Not okay	Not okay	Not okay	Not okay	☺
21	Not okay	Not okay	Not okay	Okay	Not okay	Okay	Not okay	Okay	Not okay	Okay	☹
22	Okay	Okay	Okay	Not okay	Okay	Not okay	Okay	Not okay	Not okay	Okay	☹
23	Not okay	Not okay	Not okay	Not okay	Not okay	Not okay	Not okay	Not okay	Not okay	Not okay	☺
24	Not okay	Not okay	Not okay	Not okay	Not okay	Not okay	Not okay	Not okay	Not okay	Not okay	☺
25	Okay	Okay	Okay	Okay	Okay	Okay	Okay	Okay	Okay	Okay	☺
26	Okay	Okay	Not okay	Okay	Okay	Okay	Okay	Okay	Okay	Not okay	☹
27	Not okay	Not okay	Not okay	Not okay	Not okay	Not okay	Not okay	Not okay	Not okay	Not okay	☺
28	Not okay	Not okay	Not okay	Not okay	Not okay	Not okay	Not okay	Not okay	Not okay	Not okay	☺
29	Not okay	Not okay	Not okay	Not okay	Not okay	Not okay	Not okay	Not okay	Not okay	Not okay	☺
30	Okay	Okay	Okay	Okay	Okay	Okay	Not okay	Okay	Okay	Okay	☹
31	Not okay	Not okay	Not okay	Not okay	Not okay	Not okay	Not okay	Not okay	Not okay	Not okay	☺
32	Not okay	Not okay	Not okay	Not okay	Not okay	Not okay	Not okay	Not okay	Not okay	Not okay	☺
33	Not okay	Not okay	Not okay	Not okay	Not okay	Not okay	Not okay	Not okay	Not okay	Not okay	☺
34	Okay	Okay	Okay	Not okay	Okay	Okay	Not okay	Okay	Not okay	Not okay	☹
35	Not okay	Not okay	Not okay	Not okay	Not okay	Not okay	Not okay	Not okay	Not okay	Not okay	☺
36	Not okay	Not okay	Not okay	Okay	Not okay	Not okay	Not okay	Not okay	Okay	Not okay	☹
37	Okay	Okay	Okay	Okay	Okay	Okay	Okay	Okay	Okay	Okay	☺
38	Not okay	Not okay	Not okay	Not okay	Not okay	Not okay	Not okay	Not okay	Not okay	Not okay	☺
39	Okay	Okay	Okay	Okay	Okay	Okay	Okay	Okay	Okay	Okay	☺
40	Not okay	Not okay	Not okay	Not okay	Not okay	Not okay	Not okay	Not okay	Not okay	Not okay	☺
41	Not okay	Not okay	Not okay	Not okay	Not okay	Not okay	Not okay	Not okay	Not okay	Not okay	☺
42	Okay	Okay	Okay	Okay	Okay	Okay	Okay	Okay	Okay	Okay	☺
43	Not okay	Not okay	Okay	Not okay	Not okay	Not okay	Not okay	Not okay	Not okay	Okay	☹
44	Not okay	Not okay	Not okay	Not okay	Not okay	Not okay	Not okay	Not okay	Not okay	Not okay	☺
45	Okay	Okay	Okay	Okay	Okay	Okay	Okay	Okay	Okay	Okay	☺
46	Not okay	Not okay	Not okay	Not okay	Not okay	Not okay	Not okay	Not okay	Not okay	Not okay	☺
47	Not okay	Not okay	Not okay	Not okay	Not okay	Not okay	Not okay	Not okay	Not okay	Not okay	☺
48	Okay	Okay	Okay	Okay	Okay	Okay	Okay	Okay	Okay	Okay	☺
49	Not okay	Not okay	Not okay	Not okay	Not okay	Not okay	Not okay	Not okay	Not okay	Not okay	☺
50	Okay	Okay	Okay	Okay	Okay	Okay	Okay	Okay	Okay	Okay	☺

Bild 4.23 Effektivität – Zählung pro Prüfer

Jeder Bediener bewertet 34 n. i. O.-Teile dreimal. → 102 Entscheidungen sollten pro Bediener „n. i. O." sein.

Bediener A hat fünfmal falsch entschieden. → Miss Rate = $\frac{5}{102} = 4{,}90\ \%$

Bediener B hat zweimal falsch entschieden. → Miss Rate = $\frac{2}{102} = 1{,}96\ \%$

Bediener C hat neunmal falsch entschieden. → Miss Rate = $\frac{9}{102} = 8{,}82\ \%$

Alle Bediener gemeinsam haben 16-mal falsch entschieden. → Miss Rate $= \frac{16}{306} = 5{,}23\ \%$

4.4.3.5 Anmerkungen

Es gibt viele verschiedene Begriffe für die Miss Rate. Oft wird mit komplexen Umschreibungen oder Fehlerarten statistischer Testverfahren gearbeitet (Fehler 2. Art, β-Fehler). Gerade bei Letzteren tritt das Problem auf, dass die Benennung dieser Fehler immer auf die Nullhypothese bezogen ist. Ist die Nullhypothese H_0 „Das Teil ist i. O.“, dann ist die Miss Rate ein Fehler 2. Art (β-Fehler). Ist die Nullhypothese H_0 „Das Teil ist n. i. O.“, dann ist die Miss Rate allerdings ein Fehler 1. Art (α-Fehler). Aus diesem Grund wird empfohlen, eine solche Situation nicht mit Fehlerarten statistischer Testverfahren zu verbinden, sondern ganz einfach „falsch gut“ oder „falsch positiv“ zu nennen. Daran orientiert sich auch der Index „$f\oplus$“. Wird ein deutscher Begriff für Miss Rate gesucht, ist „Nichterkennungsrate“ zu bevorzugen.

4.4.4 False Alarm Rate

4.4.4.1 Beschreibung

Die Bewertung der False Alarm Rate wird meist in einem Dreiklang mit der Effektivität und der Miss Rate bewertet. Sie ist in der AIAG MSA ab der 3. Auflage und auch im VDA-Band 5 ab der 3. Auflage enthalten (AIAG 2010, VDA QMC 2021).

Ziel der False Alarm Rate ist es, bei wiederholten Entscheidungen von mindestens zwei Prüfern zu bewerten, wie oft „Pseudofehler“ erkannt wurden. Ein Pseudofehler liegt vor, wenn das Prüfteil als Referenzentscheidung ein „i. O.“ erhalten hat, der Prüfer es aber als „n. i. O.“ einstuft. Es wird also bewertet, wie viele fehlerhafte „n. i. O.“-Entscheidungen

- pro Prüfer über mehrere Wiederholprüfungen bzw.
- über alle Prüfer und Wiederholprüfungen

entstanden sind.

Voraussetzung für die Methode ist, dass ausreichend n. i. O.-Teile zur Verfügung stehen, die wiederholbar prüfbar sind.

4.4.4.2 Durchführung

Die Durchführung entspricht der Effektivität, wobei sichergestellt werden muss, dass ausreichend i. O.-Teile im Prüflos vorhanden sind. Weder die AIAG MSA noch der VDA-Band 5 geben hierzu Werte vor, weil in diesen Richtlinien die Effektivität, die False Alarm Rate und die Miss Rate in einem einzigen Versuch ermittelt werden (AIAG 2010, VDA 2021). Dabei sollte die Zusammensetzung des Loses der realen Situation im Fertigungsprozess entsprechen. Das wiederum bedeutet, dass bei kleinem Gutanteil der Prüfumfang deutlich erhöht werden muss, um genügend i. O.-Teile im Los zu haben.

4.4.4.3 Analyse

Als Bezugswert der möglichen Entscheidungen eines Prüfers ist die Anzahl $n_\oplus$ der i. O.-Teile im Los zu zählen und mit der Anzahl der Wiederholmessungen r pro Prüfer zu multiplizieren. Der Bezugswert für die False Alarm Rate über alle Prüfer ergibt sich aus der Anzahl $n_\oplus$ der i. O.-Teile im Los, multipliziert mit der Anzahl der Wiederholmessungen r und der Anzahl der Prüfer k.

Danach sind die Anzahl der fehlerhaften n. i. O.-Entscheidungen für verschiedene Fälle zu zählen. Das sind die Teile, die fälschlicherweise als n. i. O.

- pro Prüfer über alle Wiederholprüfungen ($n_{f\ominus A}, n_{f\ominus B}, \ldots$) bzw.
- über alle Prüfer und Wiederholprüfungen hinweg ($n_{f\ominus}$)

erkannt wurden.

Damit entstehen ein Zählwert pro Prüfer und ein Zählwert über alle Prüfungen.

4.4.4.4 Kennwert

Der Kennwert der False Alarm Rate wird wie folgt berechnet:

$$\text{False Alarm Rate} = \frac{\text{Anzahl richtiger Entscheidungen}}{\text{Anzahl möglicher Entscheidungen}} \tag{4.32}$$

Damit ergibt sich für Prüfer A die False Alarm Rate $P_{f\text{-A}}$ zu

$$P_{f\ominus \mathrm{A}} = \frac{n_{f\ominus \mathrm{A}}}{n_\oplus \cdot r} \tag{4.33}$$

Die False Alarm Rate der weiteren Prüfer wird analog zu Formel 4.33 berechnet. Die False Alarm Rate $P_{f\ominus}$ über alle Prüfer errechnet sich zu

$$P_{f\ominus} = \frac{n_{f\ominus}}{n_\oplus \cdot r \cdot k} \tag{4.34}$$

Grenzwerte sind in der AIAG MSA (AIAG 2010) folgendermaßen angegeben: Der Prüfprozess ist für den Prüfer P

- akzeptabel, wenn $P_{f\ominus P} \leq 5\,\%$,
- bedingt akzeptabel, wenn $5\,\% < P_{f\ominus P} \leq 10\,\%$, und
- nicht akzeptabel, wenn $P_{f\ominus P} > 10\,\%$.

Für die False Alarm Rate $P_{f\ominus}$ über alle Prüfer werden in der AIAG MSA keine Grenzwerte genannt. In vielen Firmenrichtlinien werden jedoch die gleichen Grenzwerte gefordert.

Im VDA-Band 5 entfällt die Einstufung „bedingt akzeptabel“ (VDA 2021). Der Prüfprozess wird als nicht akzeptabel eingestuft, wenn $P_{f\ominus P} > 5\,\%$.

4.4.4.5 Anmerkungen

Es gibt viele verschiedene Begriffe für die False Alarm Rate. Oft wird mit komplexen Umschreibungen oder Fehlerarten statistischer Testverfahren gearbeitet (Fehler 1. Art, α-Fehler). Gerade bei Letzteren tritt das Problem auf, dass diese Fehler immer auf die Nullhypothese bezogen sind. Ist die Nullhypothese H_0 „Das Teil ist i. O.“, dann ist die False Alarm Rate ein Fehler 1. Art (α-Fehler). Ist die Nullhypothese H_0 „Das Teil ist n. i. O.“, dann ist die False Alarm Rate allerdings ein Fehler 2. Art (β-Fehler). Aus diesem Grund wird empfohlen, eine solche Situation nicht mit Fehlerarten statistischer Testverfahren zu verbinden, sondern ganz einfach „falsch schlecht“ oder „falsch negativ“ zu nennen. Daran orientiert sich auch der Index „$f\ominus$“. Wird ein deutscher Begriff für False Alarm Rate gesucht, ist „Fehlalarmrate“ zu bevorzugen.

4.4.5 Cohens Kappa

4.4.5.1 Beschreibung

Die Kappa-Methode nach Cohen ist in der AIAG MSA (AIAG 2010) ab der 3. Auflage, im VDA-Band 5 (VDA QMC 2021) ab der 3. Auflage und im VDA-Band 5.3 (VDA QMC 2024) beschrieben.

Ziel der Kappa-Methode ist es, die Übereinstimmung von Entscheidungen zu bewerten, wobei im Unterschied zu den vorangehend genannten diskreten Methoden eine Korrektur bezüglich zufällig entstehender Übereinstimmungen angebracht wird.

Das Ziel der Kappa-Methode nach Cohen sind der paarweise Vergleich von Prüfern untereinander (Inter-Rater Agreement) und der Vergleich der Prüfer mit einem Referenzentscheid. Dabei wird der Vergleich von Prüfer A mit Prüfer B als AxB und der Vergleich von Prüfer A mit dem Referenzentscheid als AxR bezeichnet. Weitere Bezeichnungen erfolgen analog.

In einem Setup von drei Prüfern A, B und C sowie einer Referenz erhält man mit dieser Methode sechs Ergebnisse:

- Vergleich von Prüfer A mit B (AxB)
- Vergleich von Prüfer B mit C (BxC)
- Vergleich von Prüfer C mit A (CxA)
- Vergleich von Prüfer A mit der Referenz (AxR)
- Vergleich von Prüfer B mit der Referenz (BxR)
- Vergleich von Prüfer C mit der Referenz (CxR)

Voraussetzung für die Methode ist, dass ausreichend Teile zur Verfügung stehen, die den Anwendungsbereich überdecken und wiederholbar prüfbar sind. Darüber hinaus werden mindestens zwei Prüfer benötigt.

Laut AIAG MSA (AIAG 2010) sollten mindestens fünfzig Teile zur Verfügung stehen, die von drei Prüfern je dreimal bewertet werden, der VDA-Band 5 empfiehlt mindestens hundert Teile, die von drei Prüfern mindestens zweimal bewertet werden.

Die Kategorien können binär (i. O./n. i. O.) oder auch multikategorial sein. Bei mehr als zwei Kategorien können Auswertungen kategorienbezogen erstellt werden, wodurch eine Vielzahl weiterer Kappa-Werte berechnet wird.

4.4.5.2 Durchführung

Es werden mindestens fünfzig Produktionsteile gewählt, die den Anwendungsbereich des Prüfprozesses überdecken. Größere Prüfumfänge von hundert bis zweihundert Teilen sind empfehlenswert (vgl. Robert Bosch GmbH 2019).

Sollten weiterführende Informationen im Rahmen der Prüfplanung verfügbar sein, wie z. B. vereinbarte Lieferanten- und Abnehmerrisiken (Fehler 1. und 2. Art bzw. α-Fehler und β-Fehler), der vereinbarte Schlupf und erlaubte Schlupfabweichungen, sind detaillierte Informationen zur Bestimmung des notwendigen Losumfangs im VDA-Band 5.3 und Sanchez-Marquez et al. zu finden (VDA 2024, Sanchez-Marquez et al. 2023).

Jedes Produktionsteil muss eindeutig identifizierbar sein, damit die korrekte Zuordnung der zugehörigen Entscheidung stets gewährleistet ist. Diese Anforderung muss jedoch so umgesetzt werden, dass die Prüfer die Teile während ihrer Prüfung nicht wiedererkennen können.

Jedes Referenzteil wird von einem Referenzprüfer oder einem Referenzteam eindeutig einem Prüfentscheid zugeordnet. Die Referenzteile werden also Bewertungskategorien zugeordnet. Im einfachsten Falls ist das eine binäre Zuordnung wie

- „In Toleranz" = „i. O." = „+"
- „Außerhalb der Toleranz" = „n. i. O." = „–"

Das Ergebnis ist zu dokumentieren.

Die Prüfer müssen für die Durchführung der Prüfung ausreichend geschult und eingewiesen sein. Die Prüfobjekte werden in zufälliger, den Prüfern unbekannter Reihenfolge mit dem vorgegebenen Prüfmittel und Prüfverfahren (z. B. gemäß Prüfplan) oder einem automatisierten Prüfgerät unter Serienbedingungen durch Zuordnung zu einer der beiden binären Bewertungskategorien bewertet.

Zwei oder mehr Prüfer prüfen abwechselnd jeweils alle Teile mindestens zweimal unter Wiederholbedingungen in zufälliger Reihenfolge. Prüfer A bewertet die Teile in zufälliger Reihenfolge. Danach bewertet Prüfer B sie in ebenfalls zufälliger Reihenfolge. Dann wird Prüfer A seine zweite Bewertung in zufälliger Reihenfolge durchführen und abschließend wird auch Prüfer B seine zweite Bewertung in zufälliger Reihenfolge durchführen. Bei weiteren Prüfern wird die Vorgehensweise analog erweitert, es werden also alle Prüfer ihren ersten Durchgang abschließen und danach die weiteren Durchgänge jeweils beginnen und abschließen. Es ist zu beachten, dass die Prüfergebnisse in der Tabelle immer den jeweiligen Prüfern, Durchgängen und Teilen korrekt zugeordnet werden.

4.4.5.3 Analyse

Die Bewertungen der Prüfer aus der Ergebnistabelle werden verglichen und in eine Vierfeldermatrix übertragen. Dabei wird immer für ein bestimmtes Teil die Prüfung eines Prüfers aus einem bestimmten Durchgang mit der Prüfung eines zweiten Prüfers im gleichen Durchgang verglichen.

Die Ergebnismatrix kann vereinfacht wie in Tabelle 4.3 dargestellt werden.

Tabelle 4.3 Verallgemeinerte Kreuztabelle

Kappa-Kreuztabelle		Prüfer B	
		i. O.	n. i. O.
Prüfer A	i. O.	a	b
	n. i. O.	c	d

Aus dieser Vierfeldermatrix lässt sich der Anteil beobachteter Übereinstimmungen P_{obs} ermitteln:

$$P_{obs} = \frac{a+d}{a+b+c+d} \tag{4.35}$$

Geht man davon aus, dass die jeweiligen i. O.- und n. i. O.-Entscheidungen auf rein zufälliger Basis ohne tatsächliche Kenntnis des Objektzustands erfolgen, lässt sich die Wahrscheinlichkeit für rein zufällige erwartete Übereinstimmungen P_{exp} ebenfalls aus den tatsächlich getroffenen Entscheidungen berechnen.

$$P_{\text{exp}} = \frac{c+d}{a+b+c+d} \cdot \frac{b+d}{a+b+c+d} + \frac{a+b}{a+b+c+d} \cdot \frac{a+c}{a+b+c+d} \tag{4.36}$$

Der Kennwert Kappa κ vergleicht nun die über die rein zufälligen Übereinstimmungen hinausgehenden beobachteten Übereinstimmungen($P_{\text{obs}} - P_{\text{exp}}$) mit den über die rein zufällig erwarteten Übereinstimmungen hinausgehenden möglichen Übereinstimmungen ($1 - P_{\text{exp}}$).

$$\kappa = \frac{P_{\text{obs}} - P_{\text{exp}}}{1 - P_{\text{exp}}} \tag{4.37}$$

Wurden alle möglichen Übereinstimmungen gefunden, so gilt $\kappa = 1$. Für den Fall, dass die Übereinstimmungen nicht besser sind als reiner Zufall, gilt $\kappa = 0$. Ergibt sich ein $\kappa < 0$, so ist davon auszugehen, dass die Übereinstimmungen schlechter sind als bei rein zufälligen Entscheidungen, was auf größere Missverständnisse oder Fehlinterpretationen der Prüfaufgabe durch die Prüfer hinweist.

Das Ergebnis lässt sich auch anhand des in Bild 4.24 dargestellten Zahlenstrahls veranschaulichen.

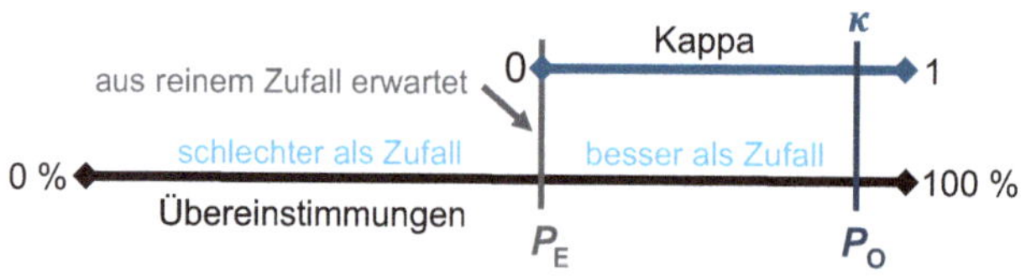

Bild 4.24 Visualisierung des Kappa-Wertes auf dem Zahlenstrahl der Übereinstimmungen

Übersetzung für die Praxis

Um das nachfolgende Beispiel und die Entstehung der Ergebnisse etwas anschaulicher zu gestalten, werden nicht die zusammenfassenden Schreibweisen nach Formel 4.36 und Formel 4.37 benutzt, sondern die Wahrscheinlichkeiten werden schrittweise berechnet.

Am Beispiel des Datensatzes aus der AIAG MSA (AIAG 2010) kann man die Zählung wie in Bild 4.25 dargestellt verdeutlichen.

		Prüfer A			Prüfer B			Prüfer C		
n	Ref. 1	$X_{A;1}$	$X_{A;2}$	$X_{A;3}$	$X_{B;1}$	$X_{B;2}$	$X_{B;3}$	$X_{C;1}$	$X_{C;2}$	$X_{C;3}$
17	1	1	1	1	1	1	1	1	1	1
18	1	1	1	1	1	1	1	1	1	1
19	1	1	1	1	1	1	1	1	1	1
20	1	1	1	1	1	1	1	1	1	1
21	1	1	1	0	1	0	1	0	1	0
22	0	0	0	1	0	1	0	1	1	0
23	1	1	1	1	1	1	1	1	1	1
24	1	1	1	1	1	1	1	1	1	1
25	0	0	0	0	0	0	0	0	0	0

Bild 4.25 Zuordnung und Zählung zum Eintrag in die Kreuztabelle in Bild 4.26

Für die Auswertung ist nur die Diagonale der Übereinstimmungen (+/+) = 44 und (–/–) = 97 in der Kreuztabelle von Interesse (Bild 4.26). Der Anteil der beobachteten Übereinstimmungen ist demnach $P_{\text{obs}} = \frac{44}{150} + \frac{97}{150} = 0{,}940 = 94\,\%$.

Die Wahrscheinlichkeit für Prüfer A, einen (+)-Entscheid zu treffen, ist $P_{A+} = \frac{a+b}{a+b+c+d} = \frac{50}{150}$. Analog ist die Wahrscheinlichkeit für Prüfer A, einen (–)-Entscheid zu treffen, $P_{A-} = \frac{c+d}{a+b+c+d} = \frac{100}{150}$. Für Prüfer B werden die Wahrscheinlichkeiten ebenso berechnet. Man erhält $P_{B+} = \frac{a+c}{a+b+c+d} = \frac{47}{150}$ und $P_{B-} = \frac{b+d}{a+b+c+d} = \frac{103}{150}$.

Die Wahrscheinlichkeit für eine (+/+)-Übereinstimmung ist demnach $P_{++} = P_{A+} \cdot P_{B+} = \frac{50}{150} \cdot \frac{47}{150} = 0{,}10\overline{4} = 10{,}4\,\%$. Die Wahrscheinlichkeit für eine (–/–)-Übereinstimmung ist demnach $P_{--} = P_{A-} \cdot P_{B-} = \frac{100}{150} \cdot \frac{103}{150} = 0{,}45\overline{7} = 45{,}8\,\%$. In Summe ist also die Wahrscheinlichkeit für eine Übereinstimmung $P_{\text{exp}} = P_{++} + P_{--} = 0{,}56\overline{2} = 56{,}2\,\%$.

Damit ergibt sich für die Übereinstimmung von Prüfer A und Prüfer B ein Kappa von

$$\kappa_{\text{AxB}} = \frac{P_{\text{obs}} - P_{\text{exp}}}{1 - P_{\text{exp}}} = \frac{0{,}940 - 0{,}562}{1 - 0{,}562} = \frac{0{,}378}{0{,}438} = 0{,}863 = 86{,}3\,\%$$

A x B		Prüfer B +	Prüfer B –	Σ
Prüfer A	+	44	6	50
Prüfer A	–	3	97	100
Σ		47	103	150

Bild 4.26 Ergebnisse der Zählung aus Bild 4.25

Die Ergebnisse lassen sich am in Bild 4.27 dargestellten Zahlenstrahl verdeutlichen.

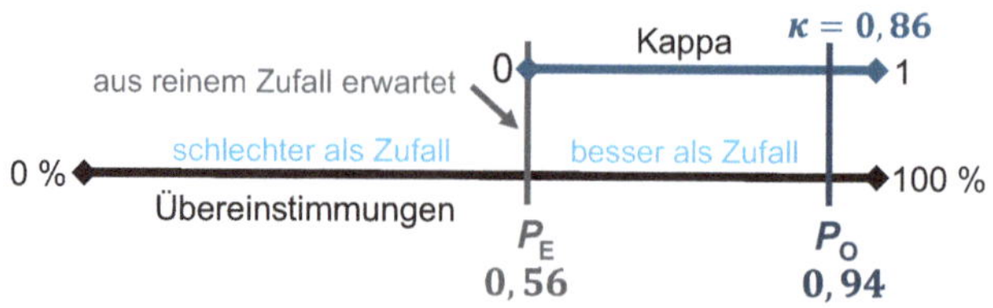

Bild 4.27 Kappa-Zahlenstrahl für die Ergebnisse des Beispiels aus der AIAG MSA (AIAG 2010)

4.4.5.4 Kennwert

Für jeden paarweisen Vergleich der Prüfer untereinander oder der Prüfer gegen die Referenz sowie für jede Fehlerkategorie, falls die Entscheidungen nicht binär sind, entsteht ein Kappa-Wert. Bei drei Prüfern und einer binären Entscheidung sind das also sechs Kappa-Werte:

- Vergleich von Prüfer A mit B (κ_{AxB})
- Vergleich von Prüfer B mit C (κ_{BxC})
- Vergleich von Prüfer C mit A (κ_{CxA})
- Vergleich von Prüfer A mit der Referenz (κ_{AxR})
- Vergleich von Prüfer B mit der Referenz (κ_{BxR})
- Vergleich von Prüfer C mit der Referenz (κ_{CxR})

Für die Gesamtbewertung wird in manchen Papieren der kleinste Kappa-Wert herangezogen. Weder in der AIAG MSA (AIAG 2010) noch im VDA-Band 5 (VDA 2021) ist eine solche Anforderung zu finden. Es empfiehlt sich auch, die Gesamtheit der Kappa-Werte zur Beurteilung heranzuziehen, da kein einzelner Wert existiert, der ein Gesamtbild des Prüfprozesses darstellt.

Nach AIAG MSA ist ein $\kappa > 0{,}75$ als gute bis ausgezeichnete Übereinstimmung zu betrachten. Ein $\kappa < 0{,}4$ zeigt hingegen eine schlechte Übereinstimmung. Im VDA-Band 5 wird ein Grenzwert von $\kappa \geq 0{,}9$ empfohlen.

4.4.6 Fleiss' Kappa

4.4.6.1 Beschreibung

Die Kappa-Methode nach Fleiss ist erstmals in Heft 10 der Schriftenreihe Qualitätssicherung der Bosch-Gruppe (Robert Bosch GmbH, 2019) und im VDA-Band 5 (VDA 2021) 3. Auflage für Automotive-Anwendungen beschrieben.

Ziel der Kappa-Methode ist es, die Übereinstimmung von Entscheidungen zu bewerten, wobei im Unterschied zu den vorangehend genannten diskreten Methoden eine Korrektur bezüglich zufällig entstehender Übereinstimmungen angebracht wird.

Das Ziel der Kappa-Methode nach Fleiss ist

- der Vergleich von Prüfern mit sich selbst (Intra-Rater Agreement), was entfernt einer Wiederholbarkeit entspricht (z. B. drei Prüfer AxA, BxB, CxC),
- der Vergleich aller Prüfer untereinander (Inter-Rater Agreement), was entfernt einer Vergleichbarkeit entspricht (z. B. drei Prüfer AxBxC),
- der Vergleich eines jeden Prüfers gegen den Referenzentscheid (z. B. drei Prüfer AxR, BxR, CxR), und
- der Vergleich aller Prüfer gemeinsam gegen den Referenzentscheid (z. B. drei Prüfer AxBxCxR).

In einem Setup von drei Prüfern A, B und C sowie einer Referenz erhält man mit dieser Methode acht Ergebnisse:

- Vergleich von Prüfer A mit sich selbst (AxA)
- Vergleich von Prüfer B mit sich selbst (BxC)
- Vergleich von Prüfer C mit sich selbst (CxA)
- Vergleich aller Prüfer untereinander (AxBxC)
- Vergleich von Prüfer A mit der Referenz (AxR)
- Vergleich von Prüfer B mit der Referenz (BxR)
- Vergleich von Prüfer C mit der Referenz (CxR)
- Vergleich aller Prüfer gegen die Referenz (AxBxCxR)

Voraussetzung für die Methode ist, dass ausreichend Teile zur Verfügung stehen, die den Anwendungsbereich überdecken und wiederholbar prüfbar sind. Darüber hinaus werden mindestens zwei Prüfer benötigt.

Laut Heft 10 der Schriftenreihe Qualitätssicherung der Bosch-Gruppe (Robert Bosch GmbH 2019) sollten mindestens hundert bis zweihundert Teile zur Verfügung stehen, die von drei Prüfern je dreimal bewertet werden. Der VDA-Band 5 empfiehlt mindestens hundert Teile, die von drei Prüfern mindestens zweimal bewertet werden.

Sollten weiterführende Informationen im Rahmen der Prüfplanung verfügbar sein, wie z. B. vereinbarte Lieferanten- und Abnehmerrisiken (Fehler 1. und 2. Art bzw. α-Fehler und β-Fehler), der vereinbarte Schlupf und erlaubte Schlupfabweichungen, sind detaillierte Informationen zur Bestimmung des notwendigen Losumfangs im VDA-Band 5.3 (VDA 2024) und Sanchez-Marquez et al. (2023) zu finden (VDA QMC 2024.

Die Kategorien können binär (i. O./n. i. O.) oder auch multikategorial sein. Bei mehr als zwei Kategorien können Auswertungen kategorienbezogen erstellt werden, wodurch eine Vielzahl weiterer Kappa-Werte berechnet wird.

4.4.6.2 Durchführung

Die Durchführung entspricht der Durchführung der Kappa-Methode nach Cohen in Abschnitt 4.4.5.2.

4.4.6.3 Analyse

Die Analyse erfolgt wie bei Kappa nach Cohen, allerdings werden alle Entscheidungen als unabhängig betrachtet und pro Teil gezählt. Die Zählweise lässt sich an folgenden Beispielen verdeutlichen:

- Hat ein Prüfer ein Teil in drei Durchgängen als i. O. bewertet, so sind das sechs Übereinstimmungen (jeweils bei den Durchgängen 1–2, 1–3, 2–1, 2–3, 3–1 und 3–2).
- Hat ein Prüfer ein Teil in den ersten beiden Durchgängen als i. O. und im dritten als n. i. O. bewertet, so sind das zwei Übereinstimmungen (jeweils bei den Durchgängen 1–2 und 2–1).
- Haben drei Prüfer das Teil in drei Durchgängen neunmal i. O. bewertet, so sind das 72 Übereinstimmungen.
- Haben drei Prüfer das Teil in drei Durchgängen siebenmal i. O. und zweimal n. i. O. bewertet, so sind das 44 Übereinstimmungen.
- Für jede einzelne Bewertung des Prüfers wird die Übereinstimmung mit der Referenz bewertet. Stimmt das Prüferergebnis mit der Referenz überein, so sind das zwei Übereinstimmungen, ansonsten sind es null Übereinstimmungen.

Auf diese Weise werden die Übereinstimmungen nur teilebezogen passend zum gewünschten Kappa-Wert gezählt. Auf die gleiche Art und Weise ergibt sich aus der Anzahl der Prüfer, der Teile und der Wiederholungen die Anzahl der möglichen Übereinstimmungen. Daraus errechnet sich der Anteil beobachteter Übereinstimmungen P_{obs}. Analog zu Cohens Kappa können somit die zufällig erwarteten Übereinstimmungen P_{exp} bestimmt werden.

Für eine vollständige Darstellung der Berechnung wird auf das im Internet frei zugängliche Heft 10, Anhang G.2, aus der Schriftenreihe Qualitätssicherung der Bosch-Gruppe (Robert Bosch GmbH 2019) und das Buch von Schmitt und Dietrich verwiesen (Schmitt/Dietrich 2023).

4.4.6.4 Kennwert

Bei drei Prüfern und einer binären Entscheidung werden acht Kappa-Werte berechnet:

- Vergleich von Prüfer A mit sich selbst (κ_{AxA})
- Vergleich von Prüfer B mit sich selbst (κ_{BxB})
- Vergleich von Prüfer C mit sich selbst (κ_{CxC})
- Vergleich aller Prüfer untereinander (κ_{AxBxC})

- Vergleich von Prüfer A mit der Referenz (κ_{AxR})
- Vergleich von Prüfer B mit der Referenz (κ_{AxR})
- Vergleich von Prüfer C mit der Referenz (κ_{AxR})
- Vergleich aller Prüfer gegen die Referenz (κ_{AxBCxR})

Für die Gesamtbewertung wird in Heft 10 der Schriftenreihe Qualitätssicherung der Bosch-Gruppe (Robert Bosch GmbH 2019) der kleinste Kappa-Wert herangezogen. Im VDA-Band 5 (VDA QMC 2021) ist eine solche Anforderung nicht enthalten. Es empfiehlt sich dennoch, die Gesamtheit der Kappa-Werte zur Beurteilung heranzuziehen, um ein Gesamtbild des Prüfprozesses zu erhalten.

Nach Heft 10 der Schriftenreihe Qualitätssicherung der Bosch-Gruppe gelten folgende Anforderungen für die Kappa-Werte: Der Prüfprozess ist

- fähig für $\kappa \geq 0,9$,
- bedingt fähig für $0,8 \leq \kappa < 0,9$, und
- nicht fähig für $\kappa < 0,8$.

Im VDA-Band 5 wird ein Grenzwert von $\kappa \geq 0,9$ empfohlen.

4.4.6.5 Anmerkungen

Die Analyse der Kappa-Werte bietet wesentlich mehr Potenzial als in den operativen Anweisungen genutzt wird. Mit der Bewertung des kleinsten Kappa-Wertes wird es so sein, dass die schlechteste Umsetzung eines Prüfers zu einem Urteil über den gesamten Prüfprozess erhoben wird. Dabei ist aber denkbar, dass der Prüfprozess an sich hervorragend gestaltet ist, ein einzelner Prüfer aber aufgrund von Missverständnissen oder fehlerhafter Einweisung zu falschen Beurteilungen kommt.

In Heft 10 der Schriftenreihe Qualitätssicherung der Bosch-Gruppe (Robert Bosch GmbH 2019) ist in Anhang G.2 die Auswertung eines Prüfprozesses nach Fleiss' Kappa dargestellt, dem die Prüfentscheidungen des Beispiels der AIAG MSA (AIAG 2010) zugrunde liegen, in der Cohens Kappa bewertet wird.

Das Ergebnisblatt zeigt die in Bild 4.28 dargestellten Werte. Die zur finalen Beurteilung herangezogenen Werte sind gelb hinterlegt. Dabei zeigt Prüfer C die schlechteste Wiederholbarkeit. Doch auch die Vergleiche der Durchgänge gegen die Referenz zeigen interessante Muster. So kann man erkennen, dass die drei Durchgänge A-1 x Ref/A-2 x Ref/A-3 x Ref eine deutliche Verschlechterung zeigen. Das kann daran liegen, dass Prüfer ermüden, aber auch daran, dass die Lehre verschleißt, die Prüfteile sich verändern oder auch die Umgebung Einwirkungen zeigt (Temperatur, Verschmutzung etc.). Bei Prüfer B ist das gleiche Phänomen zu beobachten. Prüfer C hingegen zeigt im zweiten Durchgang eine sehr schlechte Übereinstimmung mit der Referenz, was sich im dritten Durchgang wieder bessert. Diese Informationen können bei der Optimierung des Messprozesses im Rahmen der Ursachensuche gute Hilfe leisten.

	Anzahl paarweise gleicher Kombinationen je Prüfobjekt i (i = 1, … N_O)												
Kategorien: 0 - Nicht in Ordnung, 1 - In Ordnung Prüfobjekt Nr. | Referenz | Prüfer – Durchlauf: A-1 A-2 A-3 B-1 B-2 B-3 C-1 C-2 C-3	A x A	B x B	C x C	A x B x C	A-1 x Ref	A-2 x Ref	A-3 x Ref	B-1 x Ref	B-2 x Ref	B-3 x Ref	C-1 x Ref	C-2 x Ref	C-3 x Ref
Kappa: $\frac{P_{Obs} - P_{Exp}}{1 - P_{Exp}} = \kappa$	0,7600	0,8451	0,7029	0,7936	1,0000	0,9081	0,7326	1,0000	0,9081	0,8597	0,9081	0,6834	0,7326
Kappa: Jeder Prüfer gegen Referenz (Mittelwerte)						0,8802			0,9226			0,7747	
Kappa: Alle Prüfer gegen Referenz (Mittelwert)									0,8592				

Bild 4.28 Ergebnisse für Fleiss' Kappa nach Heft 10, Anhang G.2, der Schriftenreihe Qualitätssicherung der Bosch-Gruppe (Robert Bosch GmbH 2019)

Weitere Informationen sind in den Veröffentlichungen von Joseph L. Fleiss und Jacob Cohen zu finden (Fleiss/Cohen 1973, Fleiss et al. 1969).

Darüber hinaus soll anhand eines Praxisbeispiels dargestellt werden, wie die Fehlentscheidungen bei einer Kappa-Studie die Ergebnisse beeinflussen. In einer realen Studie haben fünf Prüfer 25 Teile je zweimal bewertet. In dem in Tabelle 4.4 dargestellten Ergebnis sind die Abweichungen gegen die Referenz hervorgehoben.

Tabelle 4.4 Praxisbeispiel nach Fleiss' Kappa

Praxisbeispiel Originaldaten (5 Prüfer, je 2 Durchgänge)

n	Ref. 1	x_{A1}	x_{A2}	x_{B1}	x_{B2}	x_{C1}	x_{C2}	x_{D1}	x_{D2}	x_{E1}	x_{E2}	
1	Okay	Okay	Okay	Okay	Okay	Okay	Okay	Okay	Okay	Okay	Okay	☺
2	Okay	Okay	Okay	Okay	Okay	Okay	Okay	Okay	Okay	Okay	Okay	☺
3	Okay	Okay	Okay	Okay	Okay	Okay	Okay	Okay	Okay	Okay	Okay	☺
4	Okay	Okay	Okay	Okay	Okay	Okay	Okay	Okay	Okay	Okay	Okay	☺
5	Not okay	Not okay	Not okay	Not okay	Not okay	Not okay	Not okay	Not okay	Not okay	Not okay	Not okay	☺
6	Okay	Okay	Okay	Okay	Okay	Okay	Okay	Okay	Okay	Okay	Okay	☺
7	Okay	Okay	Okay	Okay	Okay	Okay	Okay	Okay	Okay	Okay	Okay	☺
8	Okay	Okay	Okay	Okay	Okay	Okay	Okay	Okay	Okay	Okay	Okay	☺
9	Okay	Okay	Okay	Okay	Okay	Okay	Okay	Okay	Okay	Okay	Okay	☺
10	Okay	Okay	Okay	Okay	Okay	Okay	Okay	Okay	Okay	Okay	Okay	☺
11	Okay	Okay	Okay	Okay	Okay	Okay	Okay	Okay	Okay	Okay	Okay	☺
12	Not okay	Not okay	Not okay	Not okay	Not okay	Not okay	Not okay	Okay	Not okay	Not okay	Not okay	☹
13	Okay	Okay	Okay	Okay	Okay	Okay	Okay	Okay	Okay	Okay	Okay	☺
14	Okay	Okay	Okay	Okay	Okay	Okay	Okay	Okay	Okay	Okay	Okay	☺
15	Okay	Okay	Okay	Okay	Okay	Okay	Okay	Okay	Okay	Okay	Okay	☺
16	Okay	Okay	Okay	Okay	Okay	Okay	Okay	Okay	Okay	Okay	Okay	☺
17	Okay	Okay	Okay	Okay	Okay	Okay	Okay	Okay	Okay	Okay	Okay	☺
18	Okay	Okay	Okay	Okay	Okay	Okay	Okay	Okay	Okay	Okay	Okay	☺
19	Okay	Okay	Okay	Okay	Okay	Okay	Okay	Okay	Okay	Okay	Okay	☺
20	Not okay	Not okay	Okay	Not okay	Not okay	Not okay	Not okay	Okay	Okay	Not okay	Not okay	☹
21	Okay	Okay	Okay	Okay	Okay	Okay	Okay	Okay	Okay	Okay	Okay	☺
22	Okay	Okay	Okay	Okay	Okay	Okay	Okay	Okay	Okay	Okay	Okay	☺
23	Okay	Okay	Okay	Okay	Okay	Okay	Okay	Okay	Okay	Okay	Okay	☺
24	Okay	Okay	Okay	Okay	Okay	Okay	Okay	Okay	Okay	Okay	Okay	☺
25	Okay	Okay	Okay	Okay	Okay	Okay	Okay	Okay	Okay	Okay	Okay	☺

Damit entstehen die in Tabelle 4.5 dargestellten Ergebnisse für Fleiss' Kappa.

Tabelle 4.5 Praxisbeispiel nach Fleiss' Kappa: Ergebnisse

Wiederhol- und Vergleichbarkeit der Prüfer

Prüfer	k	k
A	0,778	0 0,7 0,9
B	1,000	0 0,7 0,9
C	1,000	0 0,7 0,9
D	0,645	0 0,7 0,9
E	1,000	0 0,7 0,9
Alle Prüfer	0,857	0 0,7 0,9

Jeder Prüfer und alle Prüfer gemeinsam gegen die Referenz

Prüfer	k	k
A	0,889	0 0,7 0,9
B	1,000	0 0,7 0,9
C	1,000	0 0,7 0,9
D	0,617	0 0,7 0,9
E	1,000	0 0,7 0,9
Alle Prüfe	0,901	0 0,7 0,9

Die Schlussfolgerung scheint eindeutig: Prüfer D ist für diesen Einsatz nicht geeignet.

Nun nehmen wir an, Prüfer D hätte tatsächlich einmal mehr richtig entschieden. Teil 20 wird im ersten Durchgang korrekt als „Not okay" bewertet (Tabelle 4.6).

Tabelle 4.6 Praxisbeispiel nach Fleiss' Kappa: Beurteilungen von Teil 20, modifiziert

Teil 20, Durchlauf 1, abweichend zum Original richtig bewertet („Not okay")

n	Ref. 1	$x_{A;1}$	$x_{A;2}$	$x_{B;1}$	$x_{B;2}$	$x_{C;1}$	$x_{C;2}$	$x_{D;1}$	$x_{D;2}$	$x_{E;1}$	$x_{E;2}$	
1	Okay	Okay	Okay	Okay	Okay	Okay	Okay	Okay	Okay	Okay	Okay	☺
2	Okay	Okay	Okay	Okay	Okay	Okay	Okay	Okay	Okay	Okay	Okay	☺
3	Okay	Okay	Okay	Okay	Okay	Okay	Okay	Okay	Okay	Okay	Okay	☺
4	Okay	Okay	Okay	Okay	Okay	Okay	Okay	Okay	Okay	Okay	Okay	☺
5	Not okay	Not okay	Not okay	Not okay	Not okay	Not okay	Not okay	Not okay	Not okay	Not okay	Not okay	☺
6	Okay	Okay	Okay	Okay	Okay	Okay	Okay	Okay	Okay	Okay	Okay	☺
7	Okay	Okay	Okay	Okay	Okay	Okay	Okay	Okay	Okay	Okay	Okay	☺
8	Okay	Okay	Okay	Okay	Okay	Okay	Okay	Okay	Okay	Okay	Okay	☺
9	Okay	Okay	Okay	Okay	Okay	Okay	Okay	Okay	Okay	Okay	Okay	☺
10	Okay	Okay	Okay	Okay	Okay	Okay	Okay	Okay	Okay	Okay	Okay	☺
11	Okay	Okay	Okay	Okay	Okay	Okay	Okay	Okay	Okay	Okay	Okay	☺
12	Not okay	Not okay	Not okay	Not okay	Not okay	Not okay	Not okay	Okay	Not okay	Not okay	Not okay	☹
13	Okay	Okay	Okay	Okay	Okay	Okay	Okay	Okay	Okay	Okay	Okay	☺
14	Okay	Okay	Okay	Okay	Okay	Okay	Okay	Okay	Okay	Okay	Okay	☺
15	Okay	Okay	Okay	Okay	Okay	Okay	Okay	Okay	Okay	Okay	Okay	☺
16	Okay	Okay	Okay	Okay	Okay	Okay	Okay	Okay	Okay	Okay	Okay	☺
17	Okay	Okay	Okay	Okay	Okay	Okay	Okay	Okay	Okay	Okay	Okay	☺
18	Okay	Okay	Okay	Okay	Okay	Okay	Okay	Okay	Okay	Okay	Okay	☺
19	Okay	Okay	Okay	Okay	Okay	Okay	Okay	Okay	Okay	Okay	Okay	☺
20	Not okay	Not okay	Okay	Not okay	Not okay	Not okay	Not okay	Not okay	Okay	Not okay	Not okay	☹
21	Okay	Okay	Okay	Okay	Okay	Okay	Okay	Okay	Okay	Okay	Okay	☺
22	Okay	Okay	Okay	Okay	Okay	Okay	Okay	Okay	Okay	Okay	Okay	☺
23	Okay	Okay	Okay	Okay	Okay	Okay	Okay	Okay	Okay	Okay	Okay	☺
24	Okay	Okay	Okay	Okay	Okay	Okay	Okay	Okay	Okay	Okay	Okay	☺
25	Okay	Okay	Okay	Okay	Okay	Okay	Okay	Okay	Okay	Okay	Okay	☺

Damit entstehen die in Tabelle 4.7 dargestellten Ergebnisse für Fleiss' Kappa.

Tabelle 4.7 Praxisbeispiel nach Fleiss' Kappa: Ergebnisse von Teil 20, modifiziert

Wiederhol- und Vergleichbarkeit der Prüfer

Prüfer	k	k
A	0,778	0,7 0,9
B	1,000	0,7 0,9
C	1,000	0,7 0,9
D	0,457	0,7 0,9
E	1,000	0,7 0,9
Alle Prüfer	0,885	0,7 0,9

Jeder Prüfer und alle Prüfer gemeinsam gegen die Referenz

Prüfer	k	k
A	0,889	0,7 0,9
B	1,000	0,7 0,9
C	1,000	0,7 0,9
D	0,778	0,7 0,9
E	1,000	0,7 0,9
Alle Prüfe	0,933	0,7 0,9

Prüfer D wird in der Wiederholbarkeit deutlich schlechter (κ_{DxD} = 0,457), während er im Vergleich zur Referenz besser wird. Das heißt, konsequentes Fehlentscheiden verbessert die Wiederholbarkeit. Das ist erklärbar, weil der Prüfer ja bei zwei Fehlentscheidungen am gleichen Teil seine erste Fehlentscheidung wiederholt, zeigt aber auch die Vulnerabilität der Kennwerte.

Tabelle 4.8 Praxisbeispiel nach Fleiss' Kappa: Beurteilungen von Teil 12, modifiziert

Teil 20, Durchlauf 1, abweichend zum Original richtig bewertet („Not okay")

n	Ref. 1	x_{A1}	x_{A2}	x_{B1}	x_{B2}	x_{C1}	x_{C2}	x_{D1}	x_{D2}	x_{E1}	x_{E2}	
1	Okay	Okay	Okay	Okay	Okay	Okay	Okay	Okay	Okay	Okay	Okay	☺
2	Okay	Okay	Okay	Okay	Okay	Okay	Okay	Okay	Okay	Okay	Okay	☺
3	Okay	Okay	Okay	Okay	Okay	Okay	Okay	Okay	Okay	Okay	Okay	☺
4	Okay	Okay	Okay	Okay	Okay	Okay	Okay	Okay	Okay	Okay	Okay	☺
5	Not okay	Not okay	Not okay	Not okay	Not okay	Not okay	Not okay	Not okay	Not okay	Not okay	Not okay	☺
6	Okay	Okay	Okay	Okay	Okay	Okay	Okay	Okay	Okay	Okay	Okay	☺
7	Okay	Okay	Okay	Okay	Okay	Okay	Okay	Okay	Okay	Okay	Okay	☺
8	Okay	Okay	Okay	Okay	Okay	Okay	Okay	Okay	Okay	Okay	Okay	☺
9	Okay	Okay	Okay	Okay	Okay	Okay	Okay	Okay	Okay	Okay	Okay	☺
10	Okay	Okay	Okay	Okay	Okay	Okay	Okay	Okay	Okay	Okay	Okay	☺
11	Okay	Okay	Okay	Okay	Okay	Okay	Okay	Okay	Okay	Okay	Okay	☺
12	Not okay	Not okay	Not okay	Not okay	Not okay	Not okay	Not okay	Not okay	Not okay	Not okay	Not okay	☺
13	Okay	Okay	Okay	Okay	Okay	Okay	Okay	Okay	Okay	Okay	Okay	☺
14	Okay	Okay	Okay	Okay	Okay	Okay	Okay	Okay	Okay	Okay	Okay	☺
15	Okay	Okay	Okay	Okay	Okay	Okay	Okay	Okay	Okay	Okay	Okay	☺
16	Okay	Okay	Okay	Okay	Okay	Okay	Okay	Okay	Okay	Okay	Okay	☺
17	Okay	Okay	Okay	Okay	Okay	Okay	Okay	Okay	Okay	Okay	Okay	☺
18	Okay	Okay	Okay	Okay	Okay	Okay	Okay	Okay	Okay	Okay	Okay	☺
19	Okay	Okay	Okay	Okay	Okay	Okay	Okay	Okay	Okay	Okay	Okay	☺
20	Not okay	Not okay	Okay	Not okay	Not okay	Not okay	Not okay	Okay	Okay	Not okay	Not okay	☹
21	Okay	Okay	Okay	Okay	Okay	Okay	Okay	Okay	Okay	Okay	Okay	☺
22	Okay	Okay	Okay	Okay	Okay	Okay	Okay	Okay	Okay	Okay	Okay	☺
23	Okay	Okay	Okay	Okay	Okay	Okay	Okay	Okay	Okay	Okay	Okay	☺
24	Okay	Okay	Okay	Okay	Okay	Okay	Okay	Okay	Okay	Okay	Okay	☺
25	Okay	Okay	Okay	Okay	Okay	Okay	Okay	Okay	Okay	Okay	Okay	☺

Nehmen wir nun an, Prüfer D hätte bei Teil 20 nicht einmal mehr richtig entschieden, sondern bei Teil 15. Dann sehen die Ergebnisse wie in Tabelle 4.8 dargestellt aus.

Damit entstehen die in Tabelle 4.9 dargestellten Ergebnisse für Fleiss' Kappa.

Tabelle 4.9 Praxisbeispiel nach Fleiss' Kappa: Ergebnisse von Teil 12, modifiziert

Wiederhol- und Vergleichbarkeit der Prüfer

Prüfer	k	k
A	0,778	0,7 0,9
B	1,000	0,7 0,9
C	1,000	0,7 0,9
D	1,000	0,7 0,9
E	1,000	0,7 0,9
Alle Prüfer	0,903	0,7 0,9

Jeder Prüfer und alle Prüfer gemeinsam gegen die Referenz

Prüfer	k	k
A	0,889	0,7 0,9
B	1,000	0,7 0,9
C	1,000	0,7 0,9
D	0,778	0,7 0,9
E	1,000	0,7 0,9
Alle Prüfe	0,933	0,7 0,9

Nun ist Prüfer D plötzlich hervorragend in der Wiederholbarkeit und auch recht gut im Vergleich zur Referenz. Das ist durch die Metrik gut erklärbar. Man erkennt dadurch aber auch sehr gut, dass bei den Kappa-Methoden nicht nur die Anzahl der Fehlentscheidungen relevant ist, sondern auch die Kombinationen, in denen Fehlentscheidungen auftreten.

Nun folgt noch ein letztes Spiel: Wir tauschen ein paar der Gutteile gegen Schlechtteile aus und behalten die Anzahl und Kombinationen der Fehlentscheidungen bei. Im originalen Datensatz gab es nur drei Schlechtteile, im neuen Datensatz gibt es zwölf Schlechtteile (Tabelle 4.10).

Damit entstehen die in Tabelle 4.11 dargestellten Ergebnisse für Fleiss' Kappa.

Tabelle 4.10 Praxisbeispiel nach Fleiss' Kappa: Beurteilungen, modifiziert mit zwölf „Not okay"-Teilen

„Not okay"-Teile von 3 auf 12 erhöht, Abweichungen wie in Tabelle 4.4

n	Ref. 1	X_{A1}	X_{A2}	X_{B1}	X_{B2}	X_{C1}	X_{C2}	X_{D1}	X_{D2}	X_{E1}	X_{E2}	
1	Okay	Okay	Okay	Okay	Okay	Okay	Okay	Okay	Okay	Okay	Okay	☺
2	Okay	Okay	Okay	Okay	Okay	Okay	Okay	Okay	Okay	Okay	Okay	☺
3	Not okay	Not okay	Not okay	Not okay	Not okay	Not okay	Not okay	Not okay	Not okay	Not okay	Not okay	☺
4	Not okay	Not okay	Not okay	Not okay	Not okay	Not okay	Not okay	Not okay	Not okay	Not okay	Not okay	☺
5	Not okay	Not okay	Not okay	Not okay	Not okay	Not okay	Not okay	Not okay	Not okay	Not okay	Not okay	☺
6	Not okay	Not okay	Not okay	Not okay	Not okay	Not okay	Not okay	Not okay	Not okay	Not okay	Not okay	☺
7	Okay	Okay	Okay	Okay	Okay	Okay	Okay	Okay	Okay	Okay	Okay	☺
8	Okay	Okay	Okay	Okay	Okay	Okay	Okay	Okay	Okay	Okay	Okay	☺
9	Not okay	Not okay	Not okay	Not okay	Not okay	Not okay	Not okay	Not okay	Not okay	Not okay	Not okay	☺
10	Okay	Okay	Okay	Okay	Okay	Okay	Okay	Okay	Okay	Okay	Okay	☺
11	Okay	Okay	Okay	Okay	Okay	Okay	Okay	Okay	Okay	Okay	Okay	☺
12	Not okay	Not okay	Not okay	Not okay	Not okay	Not okay	Not okay	Okay	Not okay	Not okay	Not okay	☹
13	Okay	Okay	Okay	Okay	Okay	Okay	Okay	Okay	Okay	Okay	Okay	☺
14	Okay	Okay	Okay	Okay	Okay	Okay	Okay	Okay	Okay	Okay	Okay	☺
15	Not okay	Not okay	Not okay	Not okay	Not okay	Not okay	Not okay	Not okay	Not okay	Not okay	Not okay	☺
16	Not okay	Not okay	Not okay	Not okay	Not okay	Not okay	Not okay	Not okay	Not okay	Not okay	Not okay	☺
17	Not okay	Not okay	Not okay	Not okay	Not okay	Not okay	Not okay	Not okay	Not okay	Not okay	Not okay	☺
18	Not okay	Not okay	Not okay	Not okay	Not okay	Not okay	Not okay	Not okay	Not okay	Not okay	Not okay	☺
19	Okay	Okay	Okay	Okay	Okay	Okay	Okay	Okay	Okay	Okay	Okay	☺
20	Not okay	Not okay	Okay	Not okay	Not okay	Not okay	Not okay	Okay	Okay	Not okay	Not okay	☹
21	Okay	Okay	Okay	Okay	Okay	Okay	Okay	Okay	Okay	Okay	Okay	☺
22	Okay	Okay	Okay	Okay	Okay	Okay	Okay	Okay	Okay	Okay	Okay	☺
23	Okay	Okay	Okay	Okay	Okay	Okay	Okay	Okay	Okay	Okay	Okay	☺
24	Not okay	Not okay	Not okay	Not okay	Not okay	Not okay	Not okay	Not okay	Not okay	Not okay	Not okay	☺
25	Okay	Okay	Okay	Okay	Okay	Okay	Okay	Okay	Okay	Okay	Okay	☺

Tabelle 4.11 Praxisbeispiel nach Fleiss' Kappa: Beurteilungen, modifiziert mit zwölf „Not okay"-Teilen

Wiederhol- und Vergleichbarkeit der Prüfer

Prüfer	k	k
A	0,919	0,7 0,9
B	1,000	0,7 0,9
C	1,000	0,7 0,9
D	0,918	0,7 0,9
E	1,000	0,7 0,9
Alle Prüfer	0,946	0,7 0,9

Jeder Prüfer und alle Prüfer gemeinsam gegen die Referenz

Prüfer	k	k
A	0,960	0,7 0,9
B	1,000	0,7 0,9
C	1,000	0,7 0,9
D	0,879	0,7 0,9
E	1,000	0,7 0,9
Alle Prüfe	0,968	0,7 0,9

Es zeigt sich, dass trotz gleicher Fehlentscheidungen an exakt den gleichen Positionen die Prüfer alle eine sehr gute Wiederholbarkeit zeigen und Prüfer D nur bei der Übereinstimmung mit der Referenz ein kleines Defizit aufweist. Ursache für die Änderung der Kennwerte ist, dass ein anderes Maß an zufälligen Übereinstimmungen zu erwarten ist und sich damit der Nullpunkt für Kappa ändert (Bild 4.29). Somit beeinflusst also auch die Zusammenstellung des Prüfloses den erhaltenen Kappa-Wert deutlich.

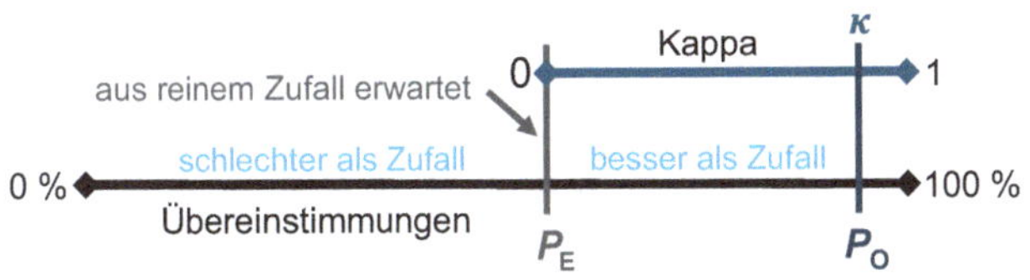

Bild 4.29 Das Verhältnis der „Okay"-/„Not okay"-Teile bestimmt P_E und somit den Nullpunkt für Kappa.

4.4.7 Kendalls Konkordanz-Koeffizient

4.4.7.1 Beschreibung

Die Untersuchung mittels Rangkorrelation nach Kendall bewertet Merkmale, deren Kategorien idealerweise eine natürliche Rangfolge besitzen.

Bei definierten und nicht natürlichen Rängen ist eine sorgfältige Beachtung der Eigenschaften wichtig. Die Farbe einer Paprika an der Gemüsetheke ist ein nominales Merkmal ohne Rang. Definiert man einen Rang auf der Basis des Geschmacks, so könnte man behaupten, rote Paprika wären am besten, danach kämen gelbe Paprika, und grüne Paprika würden das Schlusslicht bilden. Der dadurch entstehende Rang ist allerdings nicht ursächlich der Farbe geschuldet, sondern dem der Farbe zugeordneten Erwartung des Geschmacks der Paprika. Dieser Geschmackseindruck ist wiederum eine natürliche Rangfolge, auch wenn diese sehr subjektiv ist.

Im Unterschied zu nominalen Merkmalen ist bei einer Nichtübereinstimmung ordinaler Merkmale das Ausmaß der Differenz relevant. Je größer die Abweichung in den Rängen, desto schlechter ist die Übereinstimmung und desto kleiner ist der Konkordanz-Koeffizient W nach Kendall.

Produkte werden auditiert und Mängel in drei Kategorien – nach Schwere geordnet – festgestellt (A-, B-, C-Fehler). Eine Abweichung von A nach C ist beispielsweise schlechter als von A nach B. Die Audit-Teams aus drei verschiedenen Schichten werden dazu in regelmäßigen Abständen mit einem Prüflos versorgt und die Ergebnisse werden verglichen, um über Kendall-W zu entscheiden, welches Team noch Instruktionen benötigt und ob alle stets einen internen Mindestwert für W erfüllen.

Abweichungen werden also in Abhängigkeit von den übersprungenen Rängen gewichtet. Ähnlich dem Kappa-Wert vergleicht der Kendall-Kennwert W den Anteil der Übereinstimmung zwischen den Prüfern mit der zufällig erwarteten Übereinstimmung nach Rängen auf der Werteskala.

Ziel des Konkordanz-Koeffizients ist es, den paarweisen Vergleich von Prüfern untereinander (Inter-Rater Agreement) in Bezug auf die Übereinstimmung bei ordinalen Merkmalen zu bewerten. Dabei wird, analog zu Cohens Kappa, der Vergleich von Prüfer A mit Prüfer B als AxB bezeichnet. Weitere Bezeichnungen erfolgen analog.

Voraussetzung für die Methode ist, dass ausreichend Teile zur Verfügung stehen, die den Anwendungsbereich überdecken und wiederholbar prüfbar sind. Darüber hinaus werden mindestens zwei Prüfer benötigt. Die Teile müssen mindestens drei ordinalen Kategorien zugeordnet werden.

Der VDA-Band 5 empfiehlt, analog zur Kappa-Methode, mindestens hundert Teile, die von drei Prüfern mindestens zweimal bewertet werden.

4.4.7.2 Durchführung

Die Durchführung entspricht der Durchführung der Kappa-Methode nach Cohen (siehe Abschnitt 4.4.5.2), wobei die jeweils zugeordneten Kategorien notiert werden. Neben der Anforderung, dass mindestens drei verschiedene Kategorien existieren müssen, gelten auch die dort beschriebenen Voraussetzungen. Die Prüfobjekte sollten alle Ergebniskategorien in repräsentativer Art und Weise enthalten. Vor allem die Grenzbereiche der Kategorien sollten durch das Prüflos abgedeckt sein.

In der Praxis wird die Werteskala oftmals auf natürliche Zahlen abgebildet, wobei eins die niedrigste Bewertung darstellt. Dabei ist zu beachten, dass diese Abbildung rein formal ist und dadurch kein diskretes Merkmal entsteht.

4.4.7.3 Analyse

Die Berechnung des Kendall-Konkordanz-Koeffizients W ist recht komplex und soll hier zum Verständnis dargestellt, aber mathematisch nicht weiter vertieft werden. Für die Berechnung wird in der Regel einschlägige Software zur Anwendung kommen.

Die Prüfer weisen den Teilen bei der Beurteilung jeweils eine Kategorie zu. Dadurch entsteht pro Prüfer und Durchgang eine Rangfolge der Teile. Bewertet werden nun die Ränge, die ein Teil über alle Prüfer bzw. Wiederholungen erhält. Dazu werden die zugeordneten Ränge pro Teil aufsummiert, und es entsteht eine Rangsumme T_i für jedes Teil i.

Der Grundgedanke ist, dass bei zufälliger Verteilung der Kategorien auch die Ränge zufällig wären, wodurch die i Teile alle die gleiche Rangsumme T_i erhalten würden. Je eindeutiger jedoch die Entscheidungen der Prüfer für die gleiche Kategorie ist, desto stärker variieren die Rangsummen T_i pro Teil. Sortiert man die Ränge aufsteigend von schlecht nach gut, dann gibt es eindeutig schlechte Zeilen mit niedrigen Rangsummen und eindeutig gute Teile mit hohen Rangsummen.

Sind die Prüfer nicht eindeutig in ihren Entscheidungen, hat das den gleichen Effekt. Die Rangsummen nähern sich dem Mittelwert der Rangsummen $\overline{T}$. Je stärker die Teile von einer mittleren Rangsumme $\overline{T}$ abweichen, desto eindeutiger ist die Unterscheidung durch die Prüfer. Das entscheidende Maß ist also die Streuung der Rangsummen, hier ausgedrückt als Summe der quadratischen Abweichungen:

$$\sum_{i=1}^{n}(T_i - \overline{T})^2$$

Je größer die Summe der quadratischen Abweichungen, desto eindeutiger ordnen die Prüfer die Teile den Kategorien zu.

Um einen normierten Kennwert zwischen 0 und 1 zu erhalten, müssen Korrekturen in Bezug auf die Anzahl der Prüfer m und die Anzahl der Teile n angebracht werden. Des Weiteren ist zu berücksichtigen, dass in der Sortierung der Ergebnisse mehrere Teile den gleichen Rang erhalten können. Man nennt diese Ränge „gebunden". Innerhalb dieser Bindungen ist es nicht möglich, eindeutige Ränge zu ermitteln, was bei der Bewertung berücksichtigt werden muss. Für jeden Prüfer werden die Rangbindungen gezählt und danach über alle Prüfer aufsummiert. Der Parameter t ist die Summe aller Rangbindungen über die Prüfer und wird ebenfalls als Korrektur im Nenner mitgeführt. Der Kennwert W wird nun aus der korrigierten Summe der quadratischen Abweichungen der Rangsummen pro Teil errechnet:

$$W = \frac{12}{m^2(n^3 - n) - mt} \cdot \sum_{i=1}^{n}(T_i - \overline{T})^2$$

4.4.7.4 Kennwert

Bei drei Prüfern werden acht Kendalls-W berechnet:

- Übereinstimmung von Prüfer A mit sich selbst (W_{AxA})
- Übereinstimmung von Prüfer B mit sich selbst (W_{BxB})
- Übereinstimmung von Prüfer C mit sich selbst (W_{CxC})
- Übereinstimmung aller Prüfer untereinander (W_{AxBxC})

Ein Kennwert von $W = 0$ bedeutet, dass die Rangsummen nicht streuen, d. h., die Teile konnten nicht eindeutig unterschieden werden. Ein Kennwert von $W = 1$ bedeutet, dass die Rangsummen maximal streuen, d. h., die Teile konnten eindeutigen Rängen zugeordnet werden. Im VDA-Band 5 wird ein Grenzwert von $W \geq 0{,}9$ empfohlen (VDA 2021).

Eine weiterführenden Darstellung des Themas wird in den Originalquellen von Kendall sowie Kendall und Smith geliefert (Kendall 1938, Kendall/Smith 1939).

4.4.8 Bowker-Test

4.4.8.1 Beschreibung

Der Bowker-Test wird nur im VDA-Band 5 genannt und ist ein Test auf symmetrische Entscheidungen der Prüfer (VDA 2021). Er wird im Wesentlichen aus historischen Gründen aufgeführt, aber heute nicht mehr als Stand der Technik erachtet. Die Prüfer werden paarweise miteinander verglichen. Sollen also mehr als zwei Prüfer verglichen werden, müssen mehrere Tests durchgeführt werden. Referenzentscheide für die Prüfteile können aufgrund der Teststruktur nicht berücksichtigt werden.

Ziel des Bowker-Tests ist es, über eine Symmetrieprüfung zu bewerten, ob signifikante Unterschiede zwischen je zwei Prüfern vorliegen. Es wird nicht bewertet, ob die einzelnen Prüfungen jeweils zum richtigen Ergebnis geführt haben.

Voraussetzung für diese Methode nach VDA-Band 5 ist es, dass ein Prüflos von mindestens vierzig repräsentativen i. O.- und n. i. O.-Teilen vorliegt, das wiederholbar prüfbar ist (VDA 2021). Größere Stichprobenumfänge sind empfehlenswert. Das Merkmal muss binär sein. Eine parallele Bewertung mehrerer Kategorien ist nicht möglich.

4.4.8.2 Durchführung

Die Durchführung entspricht der Durchführung der Kappa-Methode nach Cohen (siehe Abschnitt 4.4.5.2). Allerdings sind, anders als bei den Kappa-Verfahren, mindestens drei Durchgänge pro Prüfer unter Wiederholbedingungen in zufälliger Reihenfolge erforderlich.

4.4.8.3 Analyse

Die Prüfobjekte werden auf Grundlage der Entscheidungen der Prüfer A bzw. B in jeweils eine der folgenden drei Klassen eingeordnet:

- Klasse 1: Alle Entscheidungen des Prüfers sind i. O.
- Klasse 2: Die Entscheidungen des Prüfers sind nicht eindeutig.
- Klasse 3: Alle Entscheidungen des Prüfers sind n. i. O.

Die Ergebnisse der Prüfungen werden anschließend in einer Kreuztabelle zusammengefasst (Bild 4.30).

Häufigkeiten n_{ij}		Prüfer B		
		Klasse 1 Ergebnisse „+++“	Klasse 2 gemischte Ergebnisse	Klasse 3 Ergebnisse „- - -“
Prüfer A	Klasse 1 Ergebnisse „+++“	7	3	1
	Klasse 2 gemischte Ergebnisse	10	4	7
	Klasse 3 Ergebnisse „- - -“	2	1	5

Bild 4.30
Ergebnismatrix zum Bowker-Test

Die in Bild 4.30 dargestellte Tabelle wird mithilfe des χ^2-Tests mit drei Freiheitsgraden auf Symmetrie getestet.

Die zu testende Nullhypothese

$$H_0: \; m_{ij} = m_{ji} \text{ mit } (i, j = 1 \ldots 3 \text{ und } i \neq j)$$

besagt, dass die zu erwartenden Häufigkeiten m_{ij}, die symmetrisch zur Hauptdiagonalen liegen, identisch sind. Die Teststatistik wird mit dem $1 - \alpha$-Quantil der χ^2-Verteilung mit drei Freiheitsgraden verglichen.

$$\chi^2 = \sum_{i>j} \frac{(n_{ij} - n_{ji})^2}{n_{ij} + n_{ji}} > \chi^2_{f=3;(1-\alpha)} \qquad (4.38)$$

Die Irrtumswahrscheinlichkeit α wird in vielen Fällen auf $\alpha = 5\,\%$ festgelegt, kann aber vom Anwender in Absprache frei gewählt werden.

4.4.8.4 Kennwert

Das Verfahren kennt als Kennwert nur den Testentscheid des Bowker-Tests. Es gibt keine anderweitig benannte Kenngröße.

Die Hypothese der Symmetrie wird abgelehnt, wenn der Wert der Teststatistik größer ist als der Wert des Quantils der χ^2-Verteilung mit drei Freiheitsgraden.

Dem in Tabelle 4.12 dargestellten Beispiel liegen die Daten aus dem VDA-Band 5 (VDA 2021) zugrunde.

Tabelle 4.12 Beispieldaten aus dem VDA-Band 5 (VDA 2021) zum Bowker-Test

Teilenummer	Prüfer A			Prüfer B		
	1	2	3	1	2	3
1	+	+	+	–	–	–
2	+	+	–	–	–	–
3	+	+	+	–	+	–
4	+	+	+	–	–	–
5	–	+	–	+	+	–
6	+	+	+	+	–	--
7	+	+	+	+	–	+
8	–	–	+	+	–	–
9	–	+	–	–	+	–
10	+	–	+	+	+	+
11	–	+	–	+	+	+
12	+	+	+	+	+	+
13	+	–	+	–	–	+
14	+	–	–	–	–	–
15	+	+	+	+	+	+
16	+	+	+	–	–	–
17	–	–	+	+	–	–
18	–	+	–	–	+	–
19	+	+	+	+	+	+
20	+	–	–	+	–	+
21	+	+	+	–	+	–
22	+	–	–	+	–	+
23	–	–	–	–	+	–
24	+	+	+	+	+	+

Teilenummer	Prüfer A			Prüfer B		
	1	2	3	1	2	3
25	–	–	+	+	–	–
26	+	+	+	–	–	–
27	+	+	+	–	+	+
28	+	+	+	+	–	–
29	+	+	+	–	–	–
30	+	+	+	+	+	+
31	–	–	–	–	–	–
32	–	–	+	+	–	–
33	–	–	–	–	–	–
34	+	–	+	–	–	+
35	+	+	+	+	+	+
36	+	+	+	–	–	–
37	–	+	+	–	–	–
38	–	+	+	–	+	–
39	+	+	+	–	–	–
40	+	+	+	+	+	+

Die daraus entstehende Matrix enthält die in Tabelle 4.13 dargestellten Werte.

Tabelle 4.13 Ergebnismatrix aus den Beispieldaten

Häufigkeiten n_{ij}		Prüfer B		
		Klasse 1 (+ + +)	Klasse 2 (gemischt)	Klasse 3 (– – –)
Prüfer A	Klasse 1 (+ + +)	2 *Feld (1/1)*	1 *Feld (1/2)*	0 *Feld (1/3)*
	Klasse 2 (gemischt)	3 *Feld (2/1)*	12 *Feld (2/2)*	2 *Feld (2/3)*
	Klasse 3 (– – –)	7 *Feld (3/1)*	6 *Feld (3/2)*	7 *Feld (3/3)*

Nun werden nach Bowker jeweils zwei Felder verglichen und ein Koeffizient daraus errechnet:

Verglichene Felder	$\chi^2_{ij} = \frac{(n_{ij} - n_{ji})^2}{n_{ij} + n_{ji}}$
Feld (2/1) und Feld (1/2)	$\chi^2_{12} = \frac{(1-3)^2}{1+3} = \frac{2^2}{4} = 1$
Feld (3/1) und Feld (1/3)	$\chi^2_{13} = \frac{(0-7)^2}{0+7} = \frac{7^2}{7} = 7$
Feld (3/2) und Feld (2/3)	$\chi^2_{23} = \frac{(2-6)^2}{2+6} = \frac{4^2}{8} = 2$

Die Teststatistik ergibt sich damit zu

$$\chi^2 = \sum_{i>j} \frac{(n_{ij} - n_{ji})^2}{n_{ij} + n_{ji}} = \chi^2_{12} + \chi^2_{13} + \chi^2_{23} = 1 + 7 + 2 = 10$$

Als Grenzwert für die Irrtumswahrscheinlichkeit (Bild 4.31) erhält man mit drei Freiheitsgraden und einer Irrtumswahrscheinlichkeit $\alpha = 5\,\%$

$$\chi^2_{f;(1-\alpha)} = \chi^2_{3;0,95} = 7,82$$

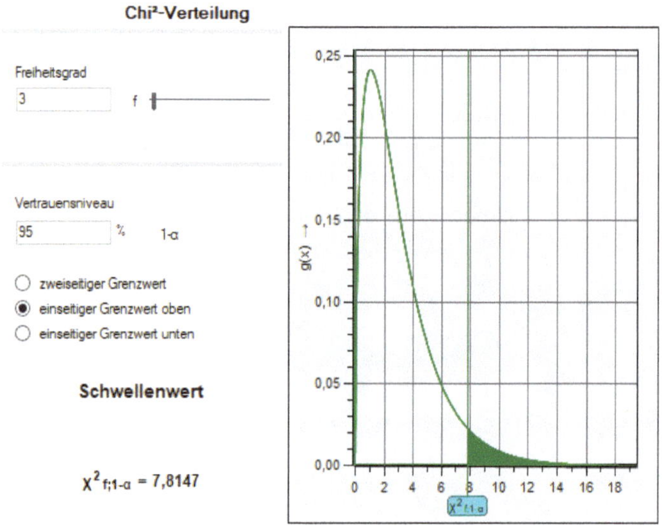

Bild 4.31 Grenzwert für den Bowker-Test mit drei Freiheitsgraden: $\chi^2_{f;(1-\alpha)} = \chi^2_{3;0,95} = 7,82$

Mit

$$X^2 = 10 > 7{,}82 = \chi^2_{3;0,95}$$

folgt, dass die Nullhypothese zum Niveau $\alpha = 5\,\%$ zu verwerfen ist, man also davon ausgehen muss, dass die Prüfer nicht symmetrisch prüfen (Bild 4.32).

Bowker Test auf Symmetrie

H_0	Es besteht eine Symmetrie-Eigenschaft bezüglich der Prüfer-Entscheidungen		
H_1	Es besteht keine Symmetrie-Eigenschaft bezüglich der Prüfer-Entscheidungen		
Testniveau	kritische Werte unten	kritische Werte oben	Prüfgröße
a = 5 %	---	7,81	10,0000*
a = 1 %	---	11,34	
a = 0,1 %	---	16,27	
Testergebnis	Nullhypothese wird zum Niveau a = 5% verworfen		

Bild 4.32 Ergebnisdarstellung des Bowker-Tests

4.4.8.5 Anmerkungen

Der Bowker-Test prüft nur die Symmetrie der Prüfer. Die Korrektheit des Prüfentscheids kann nicht bewertet werden.

Oftmals sind die Eckpositionen der Matrix mit Entscheidungen der Klasse 1/Klasse 3 (+ + +/– – –) unbesetzt, weshalb der Bowker-Test dann nur mit reduzierten Freiheitsgraden berechnet werden kann und somit in der Entscheidung unzuverlässiger wird. Durch Erhöhung des Stichprobenumfangs und gezielte Auswahl der Prüfteile steigt die Wahrscheinlichkeit, diese Klassen doch zu besetzen.

Vielfach findet man aber auch Ergebnisse, bei denen alle Felder außerhalb der Diagonalen mit null besetzt sind, da die Prüfer sehr eindeutige Entscheidungen fällen. Dann ist der Test nicht auswertbar.

4.5 Auswahlhilfen

Weder die AIAG MSA noch der VDA-Band 5 machen explizite Vorgaben oder fordern spezielle Methoden (AIAG 2010, VDA QMC 2021). Sie präsentieren mögliche Vorgehensweisen und überlassen dem Anwender die Auswahl eines für seinen Anwendungsfall adäquaten Verfahrens. Natürlich muss die Vorgehensweise mit dem jeweiligen Kunden abgesprochen sein, sofern ein Kunde involviert ist.

Um dem Anwender die Entscheidung für oder gegen eins der Verfahren zu erleichtern, sollen hier einige Kriterien genannt werden, die bei der Auswahl berücksichtigt werden können. Diese Kriterien sind vornehmlich aus der Sicht der durchführenden Rollen und Personen beschrieben. Je früher der Eignungsnachweis oder Elemente davon in der Entwicklung des Prüfprozesses zu Anwendung kommen, desto vielfältiger sind die Möglichkeiten. Hierzu sei auf das Kapitel zum Systems Engineering im VDA-Band 5 (VDA QMC 2021) und speziell für optische Systeme auf den VDA-Band 5.3 (VDA QMC 2024) verwiesen.

Folgende Kriterien können bei der Auswahl berücksichtigt werden:

1. **Diskretisierte Merkmale:** An vorderster Stelle steht natürlich die Unterscheidung nach diskreten und diskretisierten Merkmalen. Bei diskretisierten binären Merkmalen ist immer die Methode der Signalerkennung zu empfehlen, um sowohl die Messunsicherheit als auch einen Eignungsindex analog zu stetigen, messbaren Merkmalen ermitteln zu können. Zusätzlich lassen sich Verfahren für nominale Merkmale anwenden, oftmals auf Basis des gleichen Datensatzes, der zur Signalerkennung herangezogen wird.
2. **Ordinale Merkmale:** Liegen rein diskrete Merkmale vor, so ist die Unterscheidung zwischen nominalen und ordinalen Merkmalen wichtig. Ist das untersuchte Merkmale ordinal, so ist die Bewertung des Konkordanz-Koeffizients W nach Kendall zu empfehlen. Nur dieser kann die Besonderheit eines ordinalen Merkmals adäquat bewerten. Zusätzlich lassen sich Verfahren für nominale Merkmale anwenden, oftmals auf Basis des gleichen Datensatzes, der zur Signalerkennung herangezogen wird.
3. **Nominale Merkmale:** Die Verfahren für nominale Merkmale lassen sich ergänzend zu den Verfahren für diskretisierte und ordinale anwenden. Die genannten Verfahren legen folgende Schwerpunkte:
   a. Wie viele Fehlentscheidungen sind zu erwarten?

      Hier stehen die Methoden der Effektivität, der False Alarm Rate und der Miss Rate im Vordergrund. Ein Kritikpunkt an diesen Verfahren ist, dass die Ergebnisse sehr stark vom ausgewählten Prüflos abhängig sind und keine Korrektur in Bezug auf zufällige Effekte (zufällige Übereinstimmungen) berücksichtigt wird. Auch die AIAG MSA (AIAG 2010) weist darauf hin, dass die Grenzwerte mehr durch Überzeugungen als durch statistische Methoden begründet sind.

   b. Entscheiden die Prüfer richtig?

      Auch hier wäre die Effektivität zu nennen, mit den gleichen Bedenken wie den unter 3a) genannten. Darüber hinaus sind vor allem die Kappa-Verfahren in Bezug auf die Referenz zu nennen, die jeweils die Wahrscheinlichkeit zufälliger Entscheidungen korrigierend berücksichtigen.

c. Entscheiden die Prüfer untereinander gleich (Inter-Rater Agreement)?

An dieser Stelle ist vor allem Cohens Kappa zu empfehlen, da mit diesem Verfahren die Prüfer paarweise verglichen werden. Fleiss' Kappa kann die Übereinstimmung aller Prüfer gemeinsam untereinander bewerten, allerdings nicht die paarweise Übereinstimmung. Der Bowker-Test prüft zwar formal auch die Symmetrie zwischen zwei Prüfern, die aber theoretisch auf sehr konträren Entscheidungen beruhen kann.

d. Entscheidet ein Prüfer immer gleich bzw. kommen die Prüfer jeweils zu wiederholbaren Entscheidungen (Intra-Rater Agreement)?

Diese Frage wird im Wesentlichen durch Fleiss' Kappa beantwortet, bei dem die Prüfer mit sich selbst verglichen werden.

e. Ist der Prüfprozess zeitlich stabil?

Natürlich kann das vorab gewählte Verfahren jederzeit wiederholt werden. Leider ist das meist sehr aufwendig, und es muss sichergestellt werden, dass jederzeit ein ausreichend großes und gepflegtes Prüflos zur Verfügung steht. Für einen schnellen Test, der pro Schicht oder täglich durchgeführt werden kann, ist die Short Method mit wenigen, aber sorgfältig ausgesuchten grenzlagigen Teilen anwendbar.

f. Wie kann man bei sehr vielen Prüfern oder sehr unklaren Prüfabläufen einen schnellen Überblick gewinnen?

In diesem Fall empfiehlt sich eine Short Method mit sehr grenzlagigen Teilen. Diese Vorgehensweise ist nicht zur Freigabe des Prüfprozesses gedacht, sondern zur Identifikation von Schwachstellen im Prüfprozess, die nachfolgend mit aufwendigeren Verfahren genauer geprüft werden.

g. Wie ist die Trennschärfe eines automatisierten attributiven Prüfsystems für Maßprüfungen?

Dies ist ein typischer Fall für die analytische Methode, bei der keine Prüfer bewertet werden, aber ein diskretisiertes Merkmal vorausgesetzt wird.

In diesem Zusammenhang soll auch nochmals darauf hingewiesen werden, dass auf Basis gleicher Datensätze unterschiedliche Auswertemethoden zum Zuge kommen können:

- Wurde zum Beispiel eine Signalerkennung durchgeführt, können basierend auf diesen Daten auch Kappa-Werte, Effektivität, False Alarm Rate und Miss Rate berechnet werden.
- Wurde zum Beispiel ein Kendalls Konkordanz-Koeffizient bewertet, können basierend auf diesen Daten ebenfalls Kappa-Werte, Effektivität, False Alarm Rate und Miss Rate berechnet werden.

Insofern kann man die tatsächlichen Datenerfassungen in drei Gruppen zusammenfassen, die jeweils abhängig von Test-Setup eine Vielzahl von Auswertungen ermöglichen (Tabelle 4.14).

Tabelle 4.14 Datenerfassung und Auswertung

Merkmal	Beispiel								Auswertemöglichkeiten
Nominal Es existiert nur ein Referenzentscheid, aber kein Referenzwert.	**Nr.**	**Ref.**	**A1**	**A2**	**B1**	**B2**	**C1**	**C3**	Short Method
	1	✓	✓	✓	✓	✓	✓	✗	Effektivität
	2	✓	✓	✓	✓	✓	✓	✓	False Alarm Rate
	3	✗	✓	✓	✓	✗	✗	✗	Miss Rate
	...	...	...	...	...	...	...	...	Cohens Kappa
									Fleiss' Kappa
									Bowker-Test (paarweise bei drei Durchgängen)
Ordinal Es existiert nur ein Referenzentscheid, aber kein Referenzwert, und es wurden pro Prüfer mehrere Durchgänge festgelegt.	**Nr.**	**Ref.**	**A1**	**A2**	**B1**	**B2**	**C1**	**C3**	Konkordanz-Koeffizient
	1	++	++	++	++	+	++	+	Short Method
	2	--	--	0	–	--	--	--	Effektivität
	3	0	–	0	0	+	0	0	False Alarm Rate
	...	...	...	...	...	...	...	...	Miss Rate
	(hier exemplarisch Entscheidungen in den Kategorien ++, +, 0, –, --)								Cohens Kappa
									Fleiss' Kappa
									Bowker-Test (paarweise bei drei Durchgängen)
Diskretisiert Binäres Merkmal mit Referenzwerten statt Referenzentscheidungen und mehreren Prüfern	**Nr.**	**Ref.**	**A1**	**A2**	**B1**	**B2**	**C1**	**C3**	Signalerkennung U, Q_{MP}
	1	2,85	✓	✓	✓	✓	✓	✗	Short Method
	2	3,72	✓	✓	✓	✓	✓	✓	Effektivität
	3	1,97	✓	✓	✓	✗	✗	✗	False Alarm Rate
	...	...	...	...	...	...	...	...	Miss Rate
									Cohens Kappa
									Fleiss' Kappa
									Bowker-Test (paarweise bei drei Durchgängen)

4.6 Eignungsnachweis bei der Nutzung von künstlicher Intelligenz

In den vergangenen Jahren hat der Einsatz von künstlicher Intelligenz – genauer: von Verfahren des Machine Learning und Deep Learning – bei attributiven Prüfprozessen rasant zugenommen. Dies gilt insbesondere bei optischen Prüfungen. Kaum ein Fachkongress zur industriellen Bildverarbeitung kommt heute ohne Vorträge zu Convolutional Neural Networks, Transformer-Architekturen oder selbstlernenden Klassifikatoren aus. Besonders augenfällig ist dieser Trend bei den optischen Prüfungen: Kamera- oder Zeilensensorsysteme liefern hochaufgelöste Bilddaten, die zuvor noch von fest verdrahteten Schwellwertlogiken, Morphologie-Operatoren oder fest parametrierten Filterketten ausgewertet wurden. Mittlerweile übernehmen tief lernende Modelle diese Aufgabe – oftmals gekapselt in Bildverarbeitungsalgorithmen, die als Herzstück des attributiven Prüfsystems fungieren.

Der Nutzen liegt auf der Hand: Machine-Learning-basierte Ansätze können komplexe Oberflächenstrukturen, schwach ausgeprägte Defekte oder variierende Beleuchtungsbedingungen deutlich robuster erkennen als klassische Regelwerke. Durch den datengetriebenen Lernprozess entfällt in vielen Fällen der mühselige, iterative „Feature-Engineering-Marathon", der Ingenieurinnen und Ingenieure früher Wochen oder gar Monate beschäftigte. Stattdessen wird das System mit Tausenden gelabelten Beispielbildern trainiert, bis es den gewünschten Entscheidungs- oder Klassifikationserfolg erzielt.

Mit diesem Paradigmenwechsel – von explizit programmierten, deterministischen Regeln hin zu latent repräsentierten, statistisch gelernten Entscheidungsmodellen – verändern sich jedoch auch die Anforderungen an den Eignungsnachweis. Doch warum ist das so?

- **Nicht-Determinismus und Blackbox-Charakter:** Die interne Entscheidungslogik ist nicht explizit programmiert, sondern durch Gewichtungsmatrizen repräsentiert. Nachvollziehbarkeit (Explainability) und Validierung erfordern häufig neue Werkzeuge (insbesondere bei Deep Learning-Algorithmen).
- **Abhängigkeit von Trainingsdaten:** Die künftige Qualität der Prüfung ist unmittelbar an Qualität, Menge und Repräsentativität der Trainings- und Validierungsdaten gekoppelt. Traditionelle Vorgehens- und Betrachtungsweisen greifen hier häufig zu kurz.
- **Veränderte Fehlerarten:** Neben klassischen Fehlertypen treten Data Shift-Phänomene, Overfitting, Bias und Konzeptdrift auf.
- **Lebenszyklus-Orientierung:** Machine Learning-Modelle unterliegen einem „Model Life Cycle". (Training, Validierung, Inference, gegebenenfalls Re-Training). Dem Aspekt des kontinuierlichen Eignungsnachweises kommt hierbei noch einmal eine andere Bedeutung zu als bei Prüfprozessen mit regelbasierten Auswertealgorithmen.

Kurzum: Die Verschiebung von fest codierten Regeln hin zu lernenden Algorithmen macht den Eignungsnachweis komplexer, aber auch essenzieller. Es reicht nicht mehr, ausschließlich die Ergebnisse des klassischen Eignungsnachweises zu bewerten. Es muss der gesamte Daten- und Modelllebenszyklus betrachtet werden.

Der Schwerpunkt dieses Abschnitts liegt darauf, jene Besonderheiten des Eignungsnachweises herauszuarbeiten, die unmittelbar aus dem Lebenszyklus datengetriebener Modelle resultieren. Während klassische, regelbasierte Bildverarbeitung nach einmaliger Parametrierung weitgehend statisch bleibt, durchläuft ein ML-basiertes Prüfsystem mehrere, teils zyklisch wiederkehrende Phasen – von der Datenerhebung und dem initialen Anlernen über die Inference im Feld bis hin zum Re-Training, zur Modellaktualisierung und schließlich zur Außerbetriebnahme. Jede dieser Lebenszyklusphasen bringt eigene Risiken und Validierungsbedarfe mit sich, die im Rahmen eines erweiterten Eignungsnachweises systematisch adressiert werden müssen.

Die grundlegenden Begrifflichkeiten rund um künstliche Intelligenz, Machine Learning und Deep Learning werden in Abschnitt 5.1 vertieft definiert. Fragen der Erklärbarkeit und Vertrauenswürdigkeit (Explainable AI, Trustworthy AI) folgen wiederum ab Abschnitt 5.2. So kann dieser Abschnitt sich ganz auf den lebenszyklusorientierten Eignungsnachweis konzentrieren und gleichzeitig einen strukturierten Übergang zu den weiteren, spezialisierteren Themenbereichen des Buches schaffen.

Die in Folgendem vorgeschlagenen Aspekte orientieren sich am im VDA-Band 5.3 dargestellten Vorgehen zum Eignungsnachweis von attributiven Prüfprozessen (Kapitel 6; VDA-Band 5.3). Im VDA-Band 5.3 wird für den Eignungsnachweis ein Sechs-Phasen-Modell vorgestellt. Dies beginnt mit der optionalen Machbarkeitsanalyse (Phase 0), in welcher die voraussichtlich geeigneten Komponenten des Prüfsystems ermittelt und in ihrem Zusammenwirken vorab getestet werden. Es folgt die Phase 1 (Vorbereitung). In dieser Phase werden sämtliche Grundlagen geschaffen, die für die anschließende Validierung und Freigabe des optischen Prüfsystems erforderlich sind. Dazu zählen die Durchführung der Risikoanalyse, die Definition der Validierungs- und Freigabekriterien einschließlich der zugehörigen Verfahren sowie die Bereitstellung des für die Freigabe notwendigen Referenzprüfloses[1)] (VDA QMC 2024). Phase 2 beschreibt die vorläufige Freigabe. Es folgen die Verifizierung der Anforderungen (Phase 3), die finale Freigabe (Phase 4) sowie Phase 5 mit der kontinuierlichen Überwachung. Im VDA-Band 5.3 wird erstmalig auf die Besonderheiten der Nutzung von Machine Learning beim Eignungsnachweis eingegangen.

Folgende Aspekte werden durch die Richtlinie in Verbindung mit Machine Learning explizit benannt:

---

1 Der VDA-Band 5.3 definiert das Referenzprüflos als „Menge der für den Eignungsnachweis zu verwendenden Objekte/Szenen/Datensätze sowie der zugehörigen Referenzbewertungen, sofern diese erforderlich sind. Darf nicht für Entwicklung/Optimierung des Mess- oder Prüfsystems verwendet werden und ist deshalb disjunkt zum Lernlos“. Dies entspricht der Definition des Prüfloses nach VDA-Band 5 und diesem Buch (inkl. der vorangegangenen Abschnitte in Kapitel 4).

- Es kann sinnvoll sein, dass der Freigabeprozess bereits zu Beginn der Entwicklung gestartet wird, da die durchgeführte Validierung die Auswahl des passenden Machine Learning-Algorithmus und die Erzeugung/Auswahl der Trainingsdaten beeinflusst.
- In Phase 1 wird das Referenzprüflos festgelegt. Bei Machine Learning-basierten Bildverarbeitungssystemen sollte in diesem Zusammenhang auch die Festlegung des Lernloses[2)] (VDA QMC 2024) erfolgen. Des Weiteren wird darauf hingewiesen, dass die Blackbox-Eigenschaften der Systeme dazu führen, dass ein Referenzprüflos üblicherweise deutlich größer ausfallen sollte als es bei regelbasierten Systemen der Fall ist. Als Grund hierfür wird die zunächst geringere Vertrauenswürdigkeit angegeben.
- Die Akzeptanz von Machine Learning-basierten Systemen bei Mitarbeiterinnen und Mitarbeitern ist zu berücksichtigen und zu prüfen.[3)]
- Für die kontinuierliche Überwachung wird im VDA-Band 5.3 darauf hingewiesen, dass für Fälle, in denen das Machine Learning-Modell angepasst/verändert wird, aber weder die Prüfteile, der Produktionsprozess noch die Bilderzeugung sich verändern, eine Freigabe auf Basis der Referenzprüflose ausreicht. Werden zusätzlich die Prüfteile oder der Aufbau des Prüfsystems verändert, ist eine erneute und vollständige Freigabeprüfung notwendig.

Um diese Aspekte aufzugreifen, aber noch einige weitere Hilfestellungen für die Anwendung zu geben, soll im Folgendem ein Vorgehen dargestellt werden, welches sich an Stage-Gate-Modellen aus der Automobil- oder Medizintechnik orientiert. Das Vorgehen kann parallel zu bestehenden Vorgehensweisen in Normen und Richtlinien genutzt und/oder in diese integriert werden. Es soll vor allem Hilfestellungen liefern, welche Aspekte und Besonderheiten bei der Nutzung von Machine Learning-Algorithmen im Bereich der attributiven Prüfungen bestehen und beachtet werden sollten.

Phase 0 – Projektstart und Verantwortlichkeiten:

- Benennung eines interdisziplinären Kernteams
  - Qualitätsingenieur/-ingenieurin (Kompetenz im Bereich von Eignungsnachweisen)

[2] Das Lernlos definiert sich nach VDA-Band 5.3 als „Szenen/Objekte/Datensätze, welche für Entwicklung/Optimierung des Mess- oder Prüfsystems verwendet werden. Darf nicht für den Eignungsnachweis verwendet werden."

[3] Nicht im VDA-Band 5.3 genannt, aber dafür in diversen anderen Quellen: Die Akzeptanz bei Mitarbeiterinnen und Mitarbeitern wird häufig über das Verständnis der Funktionsweise geschaffen. Dieser Aspekt findet sich im Bereich Trustworthy und Explainable AI wieder und wird in Kapitel 5 dieses Buches näher beschrieben.

  - Data Scientist/ML-Engineer
  - Domänenexperte/-expertin (z. B. im Bereich Werkstoff- oder Fertigungsverfahren)
  - IT/OT-Vertretung (Infrastruktur, Deployment)
- Festlegung der regulatorischen Rahmenbedingungen (Normen, AI Act-Klassifizierung, Kundenvorgaben)
- Aufsetzen eines Dokumentenlenkungssystems, das alle nachfolgenden Artefakte (Datensätze, Modellstände, Prüfberichte) versionssicher archiviert

→ *Abschluss Phase 0 – „Team und Verantwortlichkeiten festgelegt“ (Gate 0)*

Diese Phase ist analog zu den „Rollen und Kompetenzen im Prüfprozessmanagement“, welche z. B. in Kapitel 4.2 im VDA-Band 5 dargestellt werden (VDA QMC 2021).

Phase 1 – Planung und Audit der Datenakquise:

- Use-Case-Definition
  - Prüfmerkmal(e) und Fehlertypen katalogisieren (Fehlerlandschaft, FMEA, Risikomatrix)
  - zulässige Fehlerraten und Sicherheitsfaktoren ableiten
- Datenerhebungsplan
  - Stichprobenumfang
  - Festlegung von Schicht, Fertigungslinie, Werkzeug, Charge etc.
  - Definition eines Referenzprüfloses für spätere Rekalibrierungen
- auditierbare Leitlinie zur Label-Qualität
  - Label-Guideline erstellen
  - Doppel-Labeling (zwei Personen) und Konsensverfahren

→ *Abschluss Phase 1 – „Datenakquise freigegeben“ (Gate 1)*

Phase 2 – Training, Validierung, Test:

- Datenmanagement
  - Trennung in Trainings-/Validierungs-/Testdaten
  - automatisierte Daten-Pipelines
- Modellentwicklung
  - Architektur festlegen (und begründen)
  - Hyperparameter-Räume festlegen
- Kennzahlen-Set definieren
  - „klassische“ Metriken für den Eignungsnachweis
  - „Machine Learning-Metriken“ (z. B. F1, ROC-AUC, Confusion Matrix)

- statistische Absicherung
  - Bootstrap-Konfidenzintervalle über *X* Resamples[4]
  - Stresstests mit synthetischen Variationen

→ *Abschluss Phase 2 – „Freigabe zum Pilotbetrieb“ (Gate 2)*

Hinweis zum Datenmanagement und zu den Trainings-/Validierungs-/Testdaten

Je nach Ausgestaltung des Vorgehens können diese Datensätze nach Definition dieses Buches dem Lernlos, dem Referenzlos und dem Prüflos entsprechen. Wird die Bildung des Modells vollständig unabhängig vom Eignungsnachweis durchgeführt oder wird auf bestehende Modelle zurückgegriffen, können sich die Datensätze jedoch auch vom (Lernlos,) vom Referenzlos sowie vom Prüflos unterscheiden.

Phase 3 – Übergang in den Produktivbetrieb (Inference):

- Systeminstallation und IQ/OQ/PQ-Tests
  - Installation Qualification (IQ): Hardware-/Software-Stückliste, Firmware-Versionen
  - Operational Qualification (OQ): Referenzlos(e) mit *X* Teilen → *Y* % richtig
  - Process Qualification (PQ): *X* Teile aus Serienfertigung → Kriterien aus den Metriken von Phase 2 einhalten
- Schulung und Übergabe

→ *Abschluss Phase 3 – „Freigabe zum Produktivbetrieb“ (Gate 3)*

Das hier genannte Referenzlos wird je nach Unternehmen und/oder Branche unter anderem auch als Golden Batch bezeichnet.

Phase 4 – Monitoring und Drift-Erkennung:

- Online-Metriken
- Eskalationsmatrix
  - Stufe 1: automatische Alarm-Mail, manuelle Sichtprobe von *X* Teilen
  - Stufe 2: vorläufige Sperre, Trigger „Re-Eignungsnachweis“

Phase 5 – Re-Training und Re-Eignungsnachweis:

- Datenerfassung für Re-Training (gegebenenfalls über gezielte Stichprobenauswahl auffälliger Klassen)

---

[4] *X* (bzw. *Y* in späteren Phasen) stehen in diesem Fall für entsprechend zu wählende Teileanzahlen. Da die Anzahl stark vom entsprechenden Anwendungsfall abhängig ist, wird sie hier (und auch in den weiteren Phasen) über eine Variable dargestellt.

- Delta-Analyse
- Validierung
  - gegebenenfalls mit Anpassung der Hyperparameter
  - gegebenenfalls mit Architektur oder Algorithmuswechsel
- Dokumentation

Abgeschlossen wird das Vorgehen mit dem End-of-Life bzw. End-of-Service und der Außerbetriebnahme des Modells. Hierfür sollten dann alle Modelle/Modellbestandteile, Daten (inklusive Code) und Prüfberichte archiviert und Lessons Learned für Folgeprojekte dokumentiert werden.

Trotz aller Neuartigkeit bleibt festzuhalten: Auch Machine Learning-Modelle sind letztlich „nur" Auswertealgorithmen innerhalb eines attributiven Prüfprozesses und können als solche auch mathematisch beschrieben werden. Damit greifen grundsätzlich dieselben Vorgehensweisen und Werkzeuge, die sich für konventionelle, regelbasierte Systeme seit Jahren bewährt haben (siehe Abschnitt 4.3). Dennoch treten mit der datengetriebenen Modellierung einige Besonderheiten auf, die gezielt adressiert werden müssen. Erstens ist die Qualität der Prüfergebnisse nun wesentlich stärker von Qualität, Repräsentativität und fortlaufender Aktualität der Trainingsdaten abhängig. Ein einmaliger Datensatz genügt selten. Zweitens liefern Machine Learning-Modelle probabilistische Ausgaben, sodass neben klassischer Fehlerstatistik häufig auch Kalibrierung und Konfidenzabschätzung zu prüfen sind. Drittens unterliegen die Modelle einer potenziellen Drift, sobald Produktionsbedingungen, Materialchargen oder Beleuchtung variieren. Der Eignungsnachweis muss deshalb lebenszyklusbegleitend überwacht und bei Bedarf erneuert werden. Eine Drift ist natürlich auch bei „klassischen" Prüfprozessen denkbar und oft üblich. Die Besonderheit ist hier jedoch, dass neben einer Drift in der Hardware auch eine Drift in der Software auftreten kann. Beides kann sowohl abhängig als auch unabhängig voneinander auftreten. Viertens erschwert der Blackbox-Charakter vieler Deep Learning-Architekturen die Nachvollziehbarkeit. Ergänzende Maßnahmen zur Erklärbarkeit und Dokumentation sind nötig, um Vertrauen bei Auditoren und Anwendern zu schaffen (siehe Kapitel 5). Fünftens entstehen neue Rollen- und Prozessschnittstellen, etwa zwischen Data Science-Team und Qualitätsabteilung, die im Organisationshandbuch verankert werden sollten. Berücksichtigt man diese Besonderheiten jedoch konsequent, lassen sich bestehende Eignungsnachweismethoden nahezu nahtlos auf Machine Learning-basierte attributive Prüfprozesse übertragen und damit deren Zuverlässigkeit ebenso belastbar belegen wie bei konventionellen Auswertealgorithmen.

Literatur

AIAG – Automotive Industry Action Group: MSA Measurement Systems Analysis. 4th Edition. Michigan, USA, 2010

Fleiss, J. L./Cohen, J.: The equivalence of weighted kappa and the intraclass correlation coefficient as measures of reliability. In: Educational and psychological measurement, 33(3), 1973, pp. 613 – 619

Fleiss, J. L./Cohen, J./Everitt, B. S.: Large sample standard errors of kappa and weighted kappa. In: Psychological bulletin, 72(5), 1969, p. 323

ISO/IEC Guide 98-4:2012: Uncertainty of measurement—Part 4: Role of measurement uncertainty in conformity assessment. International Organization for Standardization (ISO), 2012

ISO 14253-1:2017-10: Geometrische Produktspezifikationen (GPS)—Prüfung von Werkstücken und Messgeräten durch Messen – Teil 1: Entscheidungsregeln für den Nachweis von Konformität oder Nichtkonformität mit Spezifikationen. International Organization for Standardization (ISO) 2017

ISO 22514-2:2017-2: Statistische Verfahren im Prozessmanagement – Fähigkeit und Leistung – Teil 2: Prozessleistungs- und Prozessfähigkeitskenngrößen von zeitabhängigen Prozessmodellen. International Organization for Standardization (ISO) 2017

ISO 22514-5:2019-8: Statistische Verfahren im Prozessmanagement – Fähigkeit und Leistung – Teil 5: Schätzwerte der Prozessfähigkeit und -leistung für attributive Merkmale. International Organization for Standardization (ISO) 2019

ISO 22514-3:2020-12: Statistical methods in process management—Capability and performance—Part 3: Machine performance studies for measured data on discrete parts. International Organization for Standardization (ISO) 2020

JCGM 106:2012: Evaluation of measurement data – The role of measurement uncertainty in conformity assessment. Sèvres, France 2012

Kendall, M. G.: A New Measure of Rank Correlation. In: Biometrika, 30(1 – 2), June 1938, pp. 81 – 93. *https://doi.org/10.1093/biomet/30.1-2.81*

Kendall, M. G./Smith, B. B.: The Problem of m Rankings. In: The Annals of Mathematical Statistics, 10(3), September 1939, pp. 275 – 287. *https://doi.org/10.1214/aoms/1177732186*

Robert Bosch GmbH: Schriftenreihe Qualitätssicherung der Bosch-Gruppe, Heft 10. Technische Statistik, Fähigkeit von Mess- und Prüfprozessen, Ausgabe 11.2019. Stuttgart, Robert Bosch GmbH 2019

Sanchez-Marquez, R./Gerhorst, F./Schindler, D.: (2023). Effectiveness of quality inspections of attributive characteristics – A novel and practical method for estimating the „intrinsic" value of kappa based on alpha and beta statistics. In: Computers & Industrial Engineering, 176, February 2023, 109006. *https://doi.org/10.1016/j.cie.2023.109006*

Schmitt, R./Dietrich, E.: Handbuch Messtechnik in der industriellen Produktion. Valide Messergebnisse planen, erhalten, auswerten und verteilen. Carl Hanser Verlag, München 2023

VDA QMC: Eignung von optischen Sensoren und Bildverarbeitungssystemen. VDA-Band 5.3. Verband der Automobilindustrie e. V., Berlin 2024

VDA QMC: Mess- und Prüfprozesse. Eignung, Planung und Management. VDA-Band 5. 3., überarbeitete Auflage. Verband der Automobilindustrie e. V., Berlin 2021

5 Künstliche Intelligenz, Machine Learning und Deep Learning in attributiven Prüfprozessen

Zusammenfassung

Dieses Kapitel beschreibt den Einsatz von künstlicher Intelligenz, Machine Learning und Deep Learning in attributiven Prüfprozessen. Künstliche Intelligenz beschreibt hierbei die Wissenschaft, die menschliche Wahrnehmung und das menschliche Verhalten durch Maschinen zu simulieren. Als Teilgebiet beschreibt Machine Learning Methoden zur Datenanalyse. Algorithmen lernen aus Daten entsprechende Muster und sind anschließend in der Lage, Vorhersagen zu treffen. Deep Learning ist wiederum ein Teilgebiet des Machine Learning und beschreibt eine spezifische Klasse von Algorithmen (mehrschichtige neuronale Netze). Für überwachte Lernverfahren werden einige Algorithmen vorgestellt. Zudem werden Kriterien zur Auswahl des für die Anwendung passenden Algorithmus eingeführt. Kern des Kapitels ist die Beschreibung der Themen Trustworthy AI und Explainable AI. Beide Begriffe werden zunächst definiert, und es werden entsprechende Vorgehensweisen vorgestellt. Als beispielhafte Algorithmen der Explainable AI werden SHAP und TCAV anhand eines Beispiels näher ausgeführt. Daraufhin wird der Unterschied zwischen Erklären und Verstehen erläutert. Die Ergebnisse werden in Hinweise für die Praxis hinsichtlich des Einsatzes von künstlicher Intelligenz, Machine Learning und Deep Learning sowie Trustworthy AI und Explainable AI überführt. Das Kapitel schließt mit einem Ausblick, welcher aktuelle Entwicklungen in den Themengebieten hervorhebt und mögliche neue Anwendungsfelder für die Praxis darlegt.

In der heutigen Produktionstechnik spielt die Automatisierung eine entscheidende Rolle bei der Steigerung von Effizienz und Qualität. Dies gilt auch für attributive Prüfprozesse. Mit dem Aufkommen der künstlichen Intelligenz (KI) und insbesondere des maschinellen Lernens (engl. Machine Learning, ML) eröffnen sich neue Möglichkeiten zur Optimierung attributiver Prüfungen. Machine Learning-gestützte Systeme können komplexe Muster erkennen und Entscheidungen auf Basis von entsprechenden Daten treffen. Bestehende Prüfprozesse können über diese Algorithmen ergänzt werden. Teilweise werden aber auch komplett neue Anwendungen möglich.

In Bild 5.1 wird der Unterschied zwischen künstlicher Intelligenz und Machine Learning dargestellt. Künstliche Intelligenz beschreibt hierbei nach Gronwald die Wissenschaft, die menschliche Wahrnehmung und das menschliche Verhalten durch Maschinen zu simulieren (Gronwald 2024). Sie ist im Dreiklang aus künstlicher Intelligenz, Maschine Learning und Deep Learning der einhüllende Oberbegriff. Als Teilgebiet beschreibt Machine Learning Methoden zur Datenanalyse. Algorithmen lernen aus Daten entsprechende Muster und sind anschließend in der Lage, Vorhersagen zu treffen. Die Algorithmen lösen hierbei Probleme, ohne dass dafür entsprechende Regeln explizit programmiert werden müssen (Samuel 1959). Deep Learning ist wiederum ein Teilgebiet des Machine Learning und beschreibt eine spezifische Klasse von Algorithmen. Hierbei handelt es sich um mehrschichtige neuronale Netze, welche vor allem auf sehr großen Datenmengen trainiert werden.

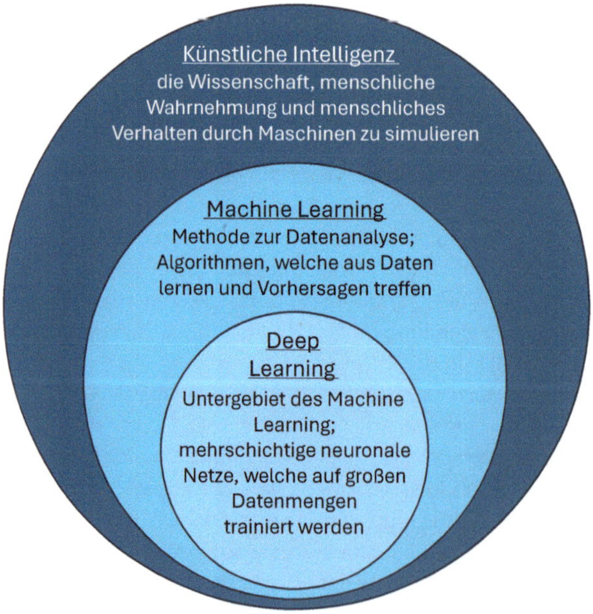

Bild 5.1 Künstliche Intelligenz, Machine Learning und Deep Learning (in Anlehnung an Gronwald 2024)

Insbesondere die Begriffe künstliche Intelligenz und Machine Learning werden im alltäglichen Sprachgebrauch häufig synonym verwendet. Betrachtet man die heutigen Anwendungen in der Produktion, im Qualitätsmanagement und in der Metrologie, so ist es in den meisten Fällen präziser, von Machine Learning oder Deep Learning anstelle von künstlicher Intelligenz zu sprechen.

Prinzipiell gilt Machine Learning als datenbasierte Modellbildung.[1] Wie vorangehend beschrieben, funktioniert die Modellbildung, ohne dass die Algorithmen speziell dafür programmiert werden müssen. Hierbei wird zwischen dem überwachten Lernen (engl. Supervised Learning), dem unüberwachten Lernen (engl. Unsupervised Learning) und dem verstärkenden Lernen (engl. Reinforcement Learning), unterschieden. In Tabelle 5.1 werden die verschiedenen Arten des Machine Learning aufgelistet und beschrieben.

Tabelle 5.1 Arten des Machine Learning

	Überwachtes Lernen		Unüberwachtes Lernen		Verstärkendes Lernen
Subkategorien	Klassifikation	Regression	Dimensionsreduktion	Clusteranalyse	–
Beispiele	Texterkennung, Objekterkennung, Zustandserkennung	Qualitätsvorhersage (Predictive Quality/Virtual Measurement), Predictive Maintenance	Informationsverdichtung, Big Data, Visualisierung	Anomaliedetektion, Marksegmentierung	autonomes Fahren, Robotiksteuerung
Relevanz für attributive Prüfprozesse	sehr hoch	gering	mittel	mittel	gering

Die prinzipielle Funktionsweise eines Machine Learning-Algorithmus ist hierbei zunächst für alle Arten identisch. Auf Basis von Daten werden Zusammenhänge mit dem Ziel gelernt, diese später auf neue Daten anwenden zu können. Beim überwachten Lernen geschieht das Lernen des Zusammenhangs auf Basis von „gelabelten" Daten. In diesem Kontext besteht der Trainingsdatensatz aus Eingabe-Ausgabe-Paaren, wobei jede Eingabe (auch Merkmalsvektor genannt) mit dem korrekten Zielwert oder Label assoziiert ist. Das Modell lernt den zugrunde liegenden Zusammenhang, welcher die Eingaben mit den entsprechenden Ausgaben verknüpft. In Bild 5.2 wird dieses Vorgehen dargestellt. Im Beispiel wird das Erkennen der Abbildungen von Pferden, Zebras und Tigern trainiert. Pferd, Zebra und Tiger sind in diesem Fall die Labels. Der gesamte vorliegende Datensatz enthält Abbildungen, welche jeweils mit den Labels annotiert wurden. Diese Daten dienen als Input für einen Algorithmus, welcher

[1] Machine Learning-Modelle können als Graybox-Modelle auch analytische Bestandteile, also nicht aus Daten gelernte Zusammenhänge, beinhalten. Ein Beispiel hierfür sind Physical Informed Neural Networks. Der analytische Bestandteil deckt jedoch nie den gesamten Zusammenhang ab, sodass der Gesamtzusammenhang über eine Kombination aus bestehendem, analytischem Wissen und datenbasiertem Lernen abgebildet wird.

die notwendigen Zusammenhänge erlernt und nach dem Anlernprozess eigenständig Abbildungen in die Kategorien Zebra, Tiger und Pferd einsortiert.

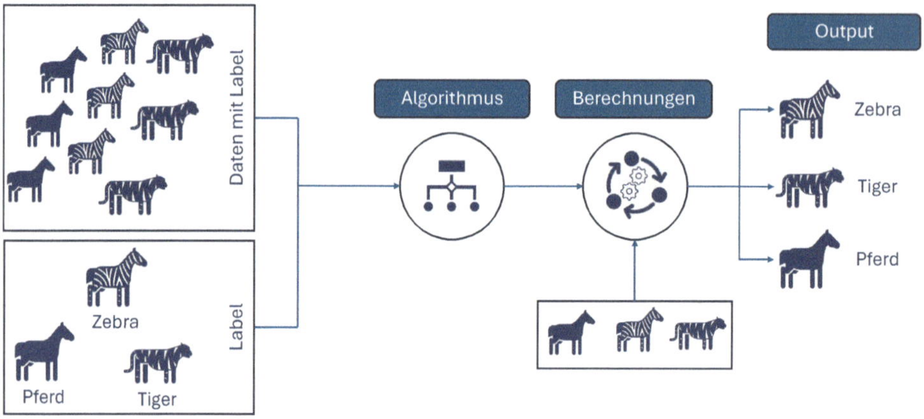

Bild 5.2 Funktionsweise überwachter Lernalgorithmen

Der Lernprozess besteht darin, die Differenz zwischen den vorhergesagten Ausgaben des Modells und den tatsächlichen Zielwerten zu minimieren. Dies wird durch Anpassung der Modellparameter erreicht, um die Vorhersagegenauigkeit zu erhöhen. Das Ziel des überwachten Lernens ist es, eine allgemeingültige Funktion zu erlernen, die nicht nur für die Trainingsdaten gilt, sondern auch für neue, unbekannte Daten generalisiert werden kann. Dies ermöglicht es dem Modell, korrekte Vorhersagen oder Klassifizierungen für Eingaben zu treffen, die es während des Trainings nicht gesehen hat (in Bild 5.2 entspricht dies der korrekten Zuordnung zum entsprechenden Tier). Im Wesentlichen nutzt das überwachte Lernen das Prinzip des Lernens aus Beispielen, bei dem das Modell aus bekannten Lösungen lernt, um ähnliche Probleme künftig eigenständig zu lösen. Ein Beispiel aus der Produktion ist die automatisierte Qualitätskontrolle durch Bildverarbeitung: Überwachtes Lernen wird eingesetzt, um Modelle zu trainieren, die Bilder von Produkten analysieren und Defekte erkennen. Durch das Training mit beschrifteten Daten (Bilder von fehlerhaften und einwandfreien Produkten; entspricht den Labels) kann das System automatisch Kratzer, Risse oder Fehlmontagen identifizieren und aussortieren. Je nach Anwendungsfall können entweder die Labels *fehlerhaft* und *einwandfrei* gewählt werden, oder der Algorithmus kann direkt auf die Fehlerbilder angelernt werden. Beispielhafte Labels wären dann *Riss*, *Kratzer*, *Fehlmontage* und *einwandfrei*. Aufgrund der immer geringer werdenden Kosten für die hierfür notwendigen Kameras und aufgrund der immer performanteren Algorithmen ist dieses Vorgehen in der Produktion inzwischen sehr verbreitet.

Unüberwachtes Lernen ist ein Bereich des maschinellen Lernens, bei dem Modelle mit unbeschrifteten Daten trainiert werden. Im Gegensatz zum überwachten Lernen stehen keine Eingabe-Ausgabe-Paare oder Labels zur Verfügung. Stattdessen analysiert das Modell die Daten, um verborgene Muster, Strukturen oder Zusammenhänge zu entdecken. Ziel ist es, Ähnlichkeiten und Differenzen innerhalb der Daten zu erkennen, wodurch Daten in Cluster gruppiert, Anomalien identifiziert oder dimensionale Reduktionen für eine vereinfachte Darstellung vorgenommen werden können. Im Vergleich zum vorangegangenen Beispiel bedeutet dies, dass dem Algorithmus in der Ausgangslage prinzipiell die gleichen Daten zur Verfügung stehen. Die Daten enthalten jedoch keine Labels, sind also im Falle des unüberwachten Lernens nicht den entsprechenden Tieren (Zebra, Tiger und Pferd) zugeordnet. Der Algorithmus versucht, entsprechende Muster in den Daten zu erkennen, und wird somit, bei ausreichender Datenbasis und Lernzeit, zu dem Ergebnis kommen, dass es drei Cluster gibt. Im Gegensatz zum überwachten Lernen sind diese jedoch nicht benannt. Das Vorgehen ist in Bild 5.3 dargestellt.

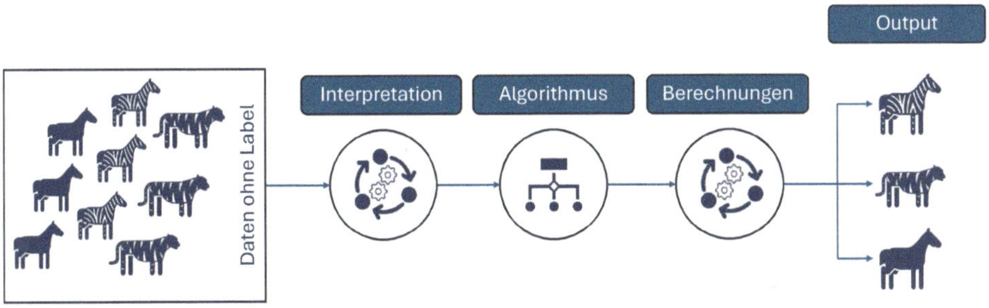

Bild 5.3 Funktionsweise von überwachten Lernalgorithmen

Das unüberwachte Lernen ermöglicht es, versteckte Strukturen und Muster in den Daten zu entdecken, die vorher nicht bekannt waren. Diese Methoden sind besonders nützlich für die Datenexploration, für die Segmentierung und für das Generieren von Hypothesen. Durch das Erkennen von inneren Strukturen ohne vorgegebene Labels können Unternehmen tiefere Einblicke gewinnen und die Grundlage für weiterführende Analysen oder Entscheidungsprozesse schaffen. Im Wesentlichen nutzt das unüberwachte Lernen das Prinzip der Selbstorganisation, bei dem das Modell eigenständig Beziehungen innerhalb der Daten findet, um Erkenntnisse zu gewinnen, die bei der Lösung komplexer Probleme helfen können. Ein Beispiel in der Produktion ist die Anomalieerkennung in Maschinendaten. Hierbei können ungewöhnliche Muster in Sensordaten von Maschinen erkannt werden. An dieser Stelle sei darauf hingewiesen, dass durch den Algorithmus vorgeschlagene Muster nicht zwingend den vom Menschen zu erwartenden Mustern entsprechen müssen. Des Weiteren, sofern nicht durch den Algorithmus unterbunden, werden keine physikalischen Zusammenhänge oder Naturgesetze zugrunde gelegt, sodass es hier gegebenenfalls zu unsinnig vorgeschlagenen Mustern kommen kann.

Verstärkendes Lernen kann zum Beispiel für die autonome Roboterarmsteuerung oder die Optimierung von Fertigungsprozessen eingesetzt werden. Grundlage hierbei ist ein Agent, der durch die Interaktion mit einer Umgebung lernt, optimale Aktionen zu wählen, um einen kumulativen Belohnungswert zu maximieren. Anstatt aus vorgegebenen Input-Output-Paaren zu lernen (wie im überwachten Lernen), lernt der Agent durch Trial-and-Error. Er erhält Feedback in Form von Belohnungen oder Strafen für seine Aktionen und passt sein Verhalten an, um langfristig die höchsten Belohnungen zu erzielen. Ziel ist es, eine Policy (Strategie) zu erlernen, die angibt, welche Aktion in welchem Zustand der Umgebung ausgeführt werden sollte, um den maximalen Gesamterfolg zu erreichen. Das Vorgehen ist in Bild 5.4 dargestellt und ist an klassische Regler angelehnt, welche aus der Regelungstechnik bekannt sind.

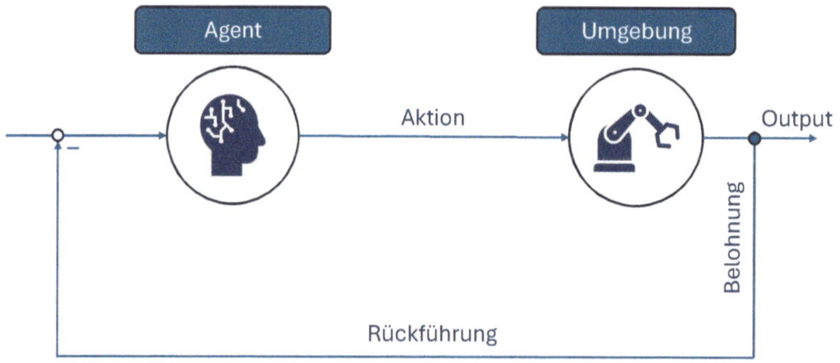

Bild 5.4 Funktionsweise verstärkender Lernalgorithmen

In der Produktion finden alle drei Arten von Algorithmen Anwendung. Für attributive Prüfprozesse ist jedoch vor allem das überwachte Lernen relevant. Das liegt vor allem an folgenden Punkten:

- Vorliegen beschrifteter Daten:
  - In attributiven Prüfprozessen gibt es bereits eine Menge an historischen Daten, bei denen Produkte mit Labels wie „gut“ oder „schlecht“ versehen wurden.
  - Überwachtes Lernen nutzt diese beschrifteten Daten, um Modelle zu trainieren, die zukünftige Produkte entsprechend klassifizieren können.
- Klassifikationsaufgabe:
  - Der Kern von attributiven Prüfprozessen ist die Klassifikation von Produkten basierend auf bestimmten Merkmalen.
  - Überwachtes Lernen ist genau darauf spezialisiert, Modelle zu erstellen, die Eingabedaten (z. B. Messwerte, Bilder) mit den korrekten Ausgaben (Labels) verknüpfen.

- Hohe Genauigkeit[2] und Generalisierbarkeit:
  - Durch das Training auf spezifischen Daten kann das Modell lernen, auch bei Variationen oder neuen Mustern zuverlässige Vorhersagen zu treffen.
  - Dies ist entscheidend in der Produktion, wo Produkte variieren können, aber dennoch korrekt klassifiziert werden müssen.

In der Anwendung von überwachten Lernmodellen für attributive Prüfprozesse bezeichnet „Genauigkeit" (engl. Accuracy) den Anteil der korrekt klassifizierten Produkte an der Gesamtzahl der geprüften Produkte. Es handelt sich um eine statistische Kennzahl, die misst, wie gut das Modell zwischen „guten" und „schlechten" Produkten unterscheiden kann. Hierbei können die Klassen (gut/schlecht) auch beliebig durch andere Klassen ersetzt werden. Die gewählten Klassen dienen nur der Verdeutlichung.

Die Genauigkeit von überwachten Lernmodellen wird wie folgt berechnet:

$$\text{Genauigkeit} = \frac{\text{Anzahl der korrekt klassifizierten Produkte}}{\text{Gesamtzahl der Produkte}}$$

In der Metrologie hingegen bezieht sich die „Genauigkeit" nach VIM auf die Nähe einer Messung zum wahren Wert der zu messenden Größe. Es ist ein Maß dafür, wie „korrekt" ein Messinstrument ist und wie gering die systematischen Fehler sind. Da der wahre Wert der Messung in der Praxis üblicherweise nicht bekannt ist, kann die (Mess-)Genauigkeit nicht quantitativ ausgedrückt werden. In der Metrologie wird daher auf die Angabe der (Mess-)Genauigkeit verzichtet. Für Einzelwerte wird von einer Messabweichung gesprochen, welche über die Differenz aus dem Messwert und einem Referenzwert gebildet wird. Für die Bewertung eines Messsystems wird in der Regel die Messunsicherheit als Grundlage genutzt, welche über die Streuung der Messwerte bestimmt wird. Für attributive Prüfprozesse ist die Messunsicherheit jedoch, wie in Abschnitt 4.4 beschrieben, in der Regel nicht ohne Weiteres bestimmbar.

Für das Buch (und weitläufig auch die industrielle Praxis) gilt, dass die Genauigkeit nur als Kennzahl in vorangehend beschriebener mathematischer Definition beim überwachten Lernen genutzt wird, nicht im Zusammenhang mit der metrologischen Bewertung von Mess- oder Prüfprozessen.

Wird das überwachte Lernen dem unüberwachten und verstärkenden Lernen gegenübergestellt, ergibt sich das im Folgenden dargestellte Bild.

Unüberwachtes Lernen:

- findet Muster und Strukturen in unbeschrifteten Daten
- kann hilfreich sein, um Anomalien zu erkennen oder Daten zu clustern

[2] Im Forschungsbereich des Data Science

- Einschränkung: Ohne Labels kann es keine direkte Klassifikation in „gut“ oder „schlecht“ geben.
- **Fazit:** nützlich zur Datenexploration, aber nicht primär für attributive Prüfprozesse geeignet

Verstärkendes Lernen:

- lernt durch Interaktion mit einer Umgebung, basierend auf Belohnungen oder Strafen
- wird oft für Steuerungs- oder Optimierungsaufgaben eingesetzt
- Einschränkung: Der Lernprozess ist zeitaufwendig und erfordert viele Durchläufe, was in einem Prüfprozess mit unmittelbaren Entscheidungen unpraktisch ist.
- **Fazit:** eher geeignet für Prozessoptimierung als für direkte Klassifikationsaufgaben in der Qualitätskontrolle

Im Folgenden wird daher vor allem auf das überwachte Lernen eingegangen. Hierzu soll zunächst die Funktion der Algorithmen, insbesondere der Klassifizierungsalgorithmen, näher erläutert werden. Anschließend wird auf Möglichkeiten eingegangen, wie ein Vertrauen in die Algorithmen geschaffen werden kann, ähnlich wie es Eignungsnachweise bei Prüfprozessen tun. Hierbei wird der Fokus auf Trustworthy AI und Explainable AI (vertrauenswürdige und erklärbare künstliche Intelligenz) liegen. Beide Begriffe werden zunächst definiert, und es werden entsprechende Vorgehensweisen vorgestellt. Als beispielhafte Algorithmen der Explainable AI werden SHAP und TCAV anhand eines Beispiels näher ausgeführt. Daraufhin wird der Unterschied zwischen Erklären und Verstehen erläutert und analysiert. Die Ergebnisse werden in Hinweise für die Praxis hinsichtlich des Einsatzes von künstlicher Intelligenz, Machine Learning und Deep Learning sowie Trustworthy AI und Explainable AI überführt. Das Kapitel schließt mit einem Ausblick, welcher aktuelle Entwicklungen in den Themengebieten hervorhebt und mögliche neue Anwendungsfelder für die Praxis darlegt.

Übergeordnetes Ziel des Kapitels ist es, ein Verständnis dafür zu schaffen, welche Möglichkeiten künstliche Intelligenz bzw. Machine Learning und Deep Learning für attributive Prüfprozesse bieten, wie diese eingesetzt werden können und welche Möglichkeiten es von Algorithmus-Seite gibt, ein Vertrauen in diese Algorithmen aufzubauen. Im Fokus steht, wie auch in den vorangegangenen Kapiteln, die industrielle Anwendbarkeit und das Ziel, dass Personen aus der Praxis das Thema verstehen. Folglich werden immer wieder entsprechende Erläuterungen und Hinweise sowie Anwendungsbeispiele aus der Produktionstechnik und der Metrologie herangezogen.

5.1 Überwachte Lernalgorithmen

Das überwachte Lernen und insbesondere die Klassifizierung sind häufig der Kern von Machine Learning- oder Deep Learning-Ansätzen in attributiven Prüfprozessen. In diesem Abschnitt soll daher näher auf die Algorithmen, die Unterschiede, aber auch die Vorgehensweise zur Implementierung sowie auf das Modelltraining und die Modellvalidierung eingegangen werden. Zu Beginn soll der Unterschied zwischen Machine Learning und Deep Learning noch einmal genauer analysiert werden. Ein Verständnis von den Unterschieden hilft später dabei, passende Algorithmen auszuwählen.

Zur Erinnerung: Machine Learning ist ein Teilgebiet der künstlichen Intelligenz, welches es Computern ermöglicht, aus Daten zu lernen und Vorhersagen oder Entscheidungen zu treffen, ohne explizit programmiert zu werden. Es basiert auf Algorithmen, die Muster in Daten erkennen und daraus Modelle erstellen.

Deep Learning ist eine Unterkategorie des Machine Learning und nutzt künstliche neuronale Netze mit vielen Schichten (sogenannte „tiefe" Netze), um komplexe Muster und Zusammenhänge in Daten zu lernen. Deep Learning ist besonders leistungsfähig bei der Verarbeitung großer Datenmengen und komplexer Datenstrukturen wie Bildern, Sprache oder Text.

Die Hauptunterschiede sind folgende:

- Feature Engineering (Bild 5.5):
  - **Machine Learning:** Machine Learning erfordert häufig manuelles Feature Engineering. Das bedeutet, dass Experten die wichtigsten Merkmale (Features) aus den Rohdaten extrahieren müssen, die für die Modellierung relevant sind. Dies kann manuell oder über entsprechende Algorithmen geschehen, welche speziell für die Relevanzbewertung entwickelt wurden.
  - **Deep Learning:** kann relevante Merkmale automatisch aus den Rohdaten extrahieren, insbesondere bei unstrukturierten Daten wie Bildern oder Audiodaten
- Datenbedarf:
  - **Machine Learning:** kann auch mit kleineren Datensätzen effektive Modelle erstellen
  - **Deep Learning:** benötigt große Mengen an Daten, um genaue Modelle zu trainieren
- Rechenleistung:
  - **Machine Learning:** geringerer Bedarf an Rechenressourcen, kann oft auf Standardcomputern laufen
  - **Deep Learning:** Deep Learning hat einen hohen Rechenleistungsbedarf. Oft ist der Einsatz von GPUs oder spezialisierten Hardwarelösungen erforderlich.

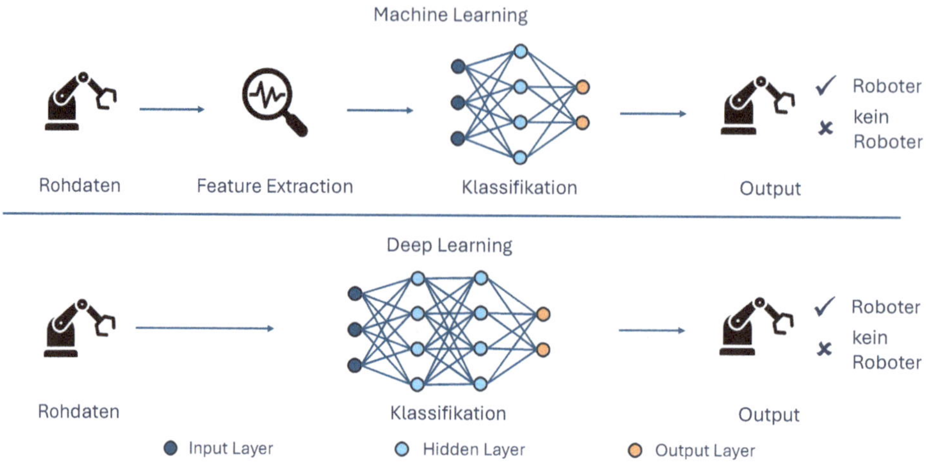

Bild 5.5 Unterscheidung zwischen Machine Learning und Deep Learning auf Basis eines neuronalen Netzes mit einem Hidden Layer (Machine Learning) und mehreren Hidden Layern (Deep Learning)

Die Auswahl des richtigen Algorithmus ist ein entscheidender Schritt bei der Implementierung von überwachten Lernmethoden in attributiven Prüfprozessen. Die Wahl beeinflusst maßgeblich die Genauigkeit,[3] Effizienz und Interpretierbarkeit des Modells. Im Folgenden wird die Algorithmusauswahl beschrieben, wobei sowohl traditionelle Machine Learning-Algorithmen als auch Deep Learning-Ansätze berücksichtigt werden.

Bevor spezifische Algorithmen betrachtet werden, sollten mehrere Faktoren berücksichtigt und gegebenenfalls entsprechende Informationen eingeholt werden:

1. Art der Daten:
   - Strukturierte Daten: Dies umfasst tabellarische Daten wie Messwerte, Sensoraufzeichnungen oder numerische Merkmale.
   - Unstrukturierte Daten: Dies umfasst Bilder, Audioaufnahmen, Texte oder andere komplexe Datenformate.
2. Datenmenge:
   - Kleine bis mittlere Datensätze: Traditionelle Machine Learning-Algorithmen können hier effektiver sein.
   - Große Datensätze: Deep Learning-Algorithmen profitieren von vielen Daten und können komplexe Muster besser erfassen.
3. Rechenressourcen:
   - Begrenzte Ressourcen: Algorithmen mit geringeren Anforderungen sind vorzuziehen.

[3] Gemäß der vorangegangenen Definition aus dem Data Science-Bereich

   - Hohe Ressourcenverfügbarkeit: Dies ermöglicht den Einsatz rechenintensiver Modelle, wie z. B. Deep Learning-Modelle.
4. Anforderungen an die Interpretierbarkeit:
   - Hohe Interpretierbarkeit notwendig: Modelle sollten nachvollziehbar sein (z. B. in regulierten Umgebungen; Whitebox-Modelle).
   - Interpretierbarkeit weniger kritisch: Der Fokus liegt auf höchster Genauigkeit, auch wenn das Modell komplex ist.
5. Zeitliche und personelle Ressourcen:
   - Schnelle Implementierung gewünscht: Dies erfordert einfache Algorithmen mit geringem Implementierungsaufwand.
   - Langfristige Projektplanung: Dies erfordert Investitionen in komplexe Modelle mit potenziell höherer Performance.

Grundlage für die Auswahl sind folglich Eigenschaften der vorhandenen oder aufzunehmenden Daten, aber auch Projekt- und Unternehmensziele sowie die damit verbundenen zur Verfügung stehenden Ressourcen. Dieses entspricht auch der Grundlage des CRISP-DM-Prozessmodells (Wirth/Hipp 2000).

Nachfolgend werden beispielhaft einige bekannte Algorithmen vorgestellt, die Einsatz in attributiven Prüfprozessen finden. Zunächst werden jeweils das Grundprinzip des Algorithmus und ein möglicher Anwendungsfall beschrieben. In Tabelle 5.2 werden dann noch einmal die Vor- und Nachteile der Algorithmen gelistet.

Entscheidungsbaum (Decision Tree):

- Die Entscheidungsfindung wird in Form eines Baums strukturiert, wobei jeder Knoten eine Entscheidung basierend auf einem Merkmal trifft.
- Daten werden in Untergruppen aufgeteilt, bis eine Entscheidung (Klassifikation) getroffen werden kann.

Denkbar wäre eine Anwendung zur Klassifikation von Produkten basierend auf einfachen Messmerkmalen wie Gewicht, Größe oder Farbe.

Random Forests:

- Hierbei handelt es sich um ein Ensemble vieler Entscheidungsbäume, wobei jeder Baum auf einem zufälligen Subset der Daten und Merkmale trainiert wird.
- Die endgültige Entscheidung wird durch ein Mehrheitsvotum der einzelnen Bäume getroffen.

Random Forests könnten zum Beispiel eingesetzt werden, um komplexe Produkte mit vielen Qualitätsmerkmalen, z. B. Elektronikbauteile mit diversen Spezifikationen, zu bewerten.

Support Vector Machines (SVM):

- Support Vector Machines finden die optimale Trennlinie (Hyperebene) im Merkmalsraum, die die Klassen mit maximalem Abstand (Margin) voneinander trennt.
- Sie können sowohl linear als auch nichtlinear trennbare Daten durch Verwendung von Kernelfunktionen behandeln.

Eine Anwendung wäre z. B. die Klassifikation von Fehlern in Materialien basierend auf physikalischen Messungen, wie Spektroskopiedaten.

K-Nearest Neighbors:

- K-Nearest Neighbors klassifizieren neue Datenpunkte basierend auf den Klassen der *k* nächsten Nachbarn im Merkmalsraum.
- Die Klasse mit der Mehrheit unter den Nachbarn wird zugewiesen.

Denkbar wäre hier eine schnelle Klassifikation von Produkten in kleinen Datensätzen, z. B. die Sortierung von Teilen nach einfachen Merkmalen.

Neuronale Netze (traditionelles Machine Learning):

- Neuronale Netze basieren auf künstlichen Neuronen, die in Schichten (Eingabeschichten, versteckte Schichten und Ausgabeschichten) organisiert sind.
- Sie lernen durch die Anpassung der Gewichte, um den Fehler zwischen vorhergesagten und tatsächlichen Werten zu minimieren.

Ein klassisches Beispiel ist die Vorhersage von Qualitätsmerkmalen basierend auf Prozessparametern. Dieses Vorgehen ist häufig auch unter dem Begriff Predictive Quality oder Virtual Measurement bekannt.

Tiefe neuronale Netze (Deep Learning):

- Hierbei handelt es sich um die Verwendung von neuronalen Netzen mit vielen versteckten Schichten, die komplexe Muster und Zusammenhänge lernen können.
- Es gibt spezielle Architekturen wie Convolutional Neural Networks (CNNs) für Bilddaten und Recurrent Neural Networks (RNNs) für Sequenzdaten.

Ein klassisches Beispiel für tiefe neuronale Netze (Deep Neural Networks) ist die automatische visuelle Qualitätsprüfung von Produkten mittels Bildverarbeitung zur Erkennung von Defekten wie Kratzern oder Verformungen sowie die Vollständigkeitsprüfung von Bauteilgruppen.

Tabelle 5.2 Vor- und Nachteile der ausgewählten Machine Learning-Algorithmen

Bezeichnung	Vorteile	Nachteile
Entscheidungsbaum (Decision Tree)	▪ Einfache Interpretierbarkeit: Die Entscheidungsregeln können leicht nachvollzogen werden. ▪ Wenig Datenvorbereitung erforderlich: Entscheidungsbäume können mit fehlenden Werten und nicht normalisierten Daten umgehen. ▪ Effizient bei kleinen bis mittleren Datensätzen	▪ Überanpassung (Overfitting): Einzelne Entscheidungsbäume neigen dazu, sich zu stark an die Trainingsdaten anzupassen. ▪ Begrenzte Skalierbarkeit: Bei sehr großen Datensätzen sind Entscheidungsbäume weniger effizient.
Random Forests	▪ Hohe Genauigkeit: Random Forests verbessern die Vorhersageleistung gegenüber einzelnen Bäumen. ▪ Robustheit gegenüber Ausreißern und Rauschen: Random Forests reduzieren Overfitting durch Mittelung. ▪ Handhabung von großen Datensätzen und vielen Merkmalen	▪ Geringere Interpretierbarkeit: Das Gesamtmodell ist schwerer zu interpretieren als ein einzelner Entscheidungsbaum. ▪ Erhöhter Rechenaufwand: Training und Inferenz sind ressourcenintensiver.
Support Vector Machines (SVM)	▪ Effektiv in hochdimensionalen Räumen: SVMs sind gut geeignet für Datensätze mit vielen Merkmalen. ▪ Flexibilität durch Kernel-Trick: SVMs können komplexe Muster erfassen. ▪ Robust gegenüber Overfitting bei richtigem Regularisierungsparameter	▪ Skalierungsprobleme bei großen Datensätzen: Der Rechenaufwand steigt quadratisch mit der Anzahl der Datenpunkte. ▪ Schwierige Parametereinstellung: Die Wahl des richtigen Kernels und der Hyperparameter erfordert Erfahrung.
K-Nearest Neighbors	▪ Einfachheit: K-Nearest Neighbors sind leicht zu implementieren und zu verstehen. ▪ Keine Annahme über die Datenverteilung erforderlich ▪ Flexibilität: K-Nearest Neighbors können sowohl zur Klassifikation als auch zur Regression verwendet werden.	▪ Rechenaufwand bei großen Datensätzen: Die Suche nach den nächsten Nachbarn kann zeitintensiv sein. ▪ Empfindlichkeit gegenüber unbalancierten Klassen und irrelevanten Merkmalen ▪ Keine explizite Modellbildung: schwer interpretierbar

Tabelle 5.2 Vor- und Nachteile der ausgewählten Machine Learning-Algorithmen *(Fortsetzung)*

Bezeichnung	Vorteile	Nachteile
Neuronale Netze (traditionelles Machine Learning)	▪ Fähigkeit, nichtlineare Beziehungen zu modellieren ▪ anpassbar an verschiedene Arten von Daten und Problemstellungen	▪ Blackbox-Charakter: Die Interpretierbarkeit ist eingeschränkt. ▪ Anfällig für Overfitting: Neuronale Netze erfordern sorgfältige Regularisierung und Validierung. ▪ Erfordert Feature Engineering: Merkmale müssen manuell ausgewählt und vorbereitet werden.
Deep Learning (tiefe neuronale Netze)	▪ Automatische Merkmalsextraktion: Deep Learning reduziert den Bedarf an manuellem Feature Engineering. ▪ Hervorragende Leistung bei komplexen Daten: Deep Learning ist besonders effektiv bei großen und unstrukturierten Datensätzen wie Bildern oder Texten. ▪ State of the Art-Ergebnisse in vielen Anwendungsbereichen	▪ Hoher Datenbedarf: Deep Learning benötigt große Mengen an Trainingsdaten. ▪ Hoher Rechenaufwand: Das Training erfordert oft GPUs und kann zeitintensiv sein. ▪ Blackbox-Charakter: Tiefe neuronale Netze sind noch weniger interpretierbar als flache neuronale Netze.

Insbesondere Algorithmen zur Bildverarbeitung, also hauptsächlich die verschiedenen Formen von (tiefen) neuronalen Netzen, finden aufgrund der immer häufiger eingesetzten Kameras zur automatisierten Qualitätssicherung Einzug in die Produktionstechnik.

In der Produktionstechnik sind Qualität, Zuverlässigkeit und Sicherheit von übergeordneter Bedeutung. Wenn KI-Modelle Entscheidungen treffen, die direkte Auswirkungen auf die Produktqualität und damit auf die Kundenzufriedenheit und das Unternehmensimage haben, ist es unerlässlich, dass diese Entscheidungen vertrauenswürdig und nachvollziehbar sind. Die Einführung von KI in attributive Prüfprozesse, wie z. B. Kamerasysteme, bringt daher nicht nur technische Herausforderungen mit sich, sondern auch Fragen nach der Transparenz und Verantwortlichkeit dieser Systeme. Dieser Gedanke entspricht dem Ziel des klassischen Eignungsnachweises von (attributiven) Prüfprozessen (vgl. z. B. VDA-Band 5), bei dem ein Vertrauen in die Ergebnisse der Prüfung geschaffen werden soll.

Im Folgenden werden daher die Themen Trustworthy AI und Explainable AI näher erläutert. Die Themen ergänzen das Vorgehen des Eignungsnachweises aus Abschnitt 4.4. Im Gegensatz zum Eignungsnachweis und zur teilweisen Berücksichtigung von Machine Learning-Algorithmen (vgl. VDA-Band 5.3) sind Vorgehensweisen, Methoden und Algorithmen von Trustworthy AI und Explainable AI jedoch in Prüfprozess-Normen und -Richtlinien nicht weit verbreitet. Mit der ansteigenden Verbreitung von Kameratechnik und Bildverarbeitung mittels Machine/Deep Learning-Algorithmen und den allgemein ansteigenden Anforderungen an den Einsatz solcher Systeme (vgl. AI Act der EU) ist jedoch davon auszugehen, dass zumindest die Denkmuster kurz- oder mindestens mittelfristig Einzug in die Normen und Richtlinienwelt der Prüfprozesse halten.

Im Jahre 2023 verfügt die Europäische Union über rund zwanzig Verordnungen im Bereich der künstlichen Intelligenz (KI), von denen acht restriktiv sind. Seit 2016 hat der Anteil der expansiven Vorschriften zugenommen und ist von null im Jahr 2018 auf rund 60 Prozent der gesamten KI-bezogenen EU-Vorschriften gestiegen (Statista 2024).

5.2 Trustworthy AI and Explainable AI

Trustworthy AI, also vertrauenswürdige KI, zielt darauf ab, KI-Systeme so zu gestalten, dass sie zuverlässig, sicher und ethisch korrekt agieren. Dies beinhaltet Aspekte wie Robustheit gegenüber Fehlern und Störungen, Datenschutz, Fairness und die Vermeidung von Verzerrungen (Bias). In einer Produktionsumgebung müssen KI-Systeme nicht nur effizient arbeiten, sondern auch sicherstellen, dass sie unter verschiedenen Bedingungen konsistente und korrekte Ergebnisse liefern.

Gleichzeitig gewinnt die Erklärbarkeit von KI-Entscheidungen immer mehr an Bedeutung. Explainable AI (XAI) beschäftigt sich mit Methoden und Techniken, die es ermöglichen, die inneren Mechanismen eines KI-Modells offenzulegen und seine Entscheidungen für Menschen verständlich zu machen. Dies ist besonders wichtig, wenn Entscheidungen des Modells weitreichende Konsequenzen haben oder wenn sie von Fachleuten überprüft werden müssen.

In attributiven Prüfprozessen kann die mangelnde Erklärbarkeit zu erheblichen Problemen führen. Wenn ein KI-Modell z. B. ein Produkt als „schlecht" klassifiziert, aber die Gründe dafür nicht nachvollziehbar sind, kann dies zu Unsicherheit und Misstrauen gegenüber dem System und den Prüfergebnissen führen. Es erschwert zudem die Fehleranalyse und die kontinuierliche Verbesserung des Produktionsprozesses. Durch die Integration von Trustworthy AI und Explainable AI in die Entwicklung und den Einsatz von KI-Modellen können diese Herausforderungen adressiert werden, was die Akzeptanz von KI-Technologien im Unternehmen fördert.

Die wachsende Bedeutung dieser Themen zeigt sich auf Wissenschaftsseite z. B. in der Anzahl der Publikationen in den letzten Jahren. Aus Bild 5.6 geht hervor, dass sich die Anzahl der Publikationen zum Thema Trustworthy AI und/oder Explainable AI in den letzten fünf Jahren mehr als versechsfacht hat.

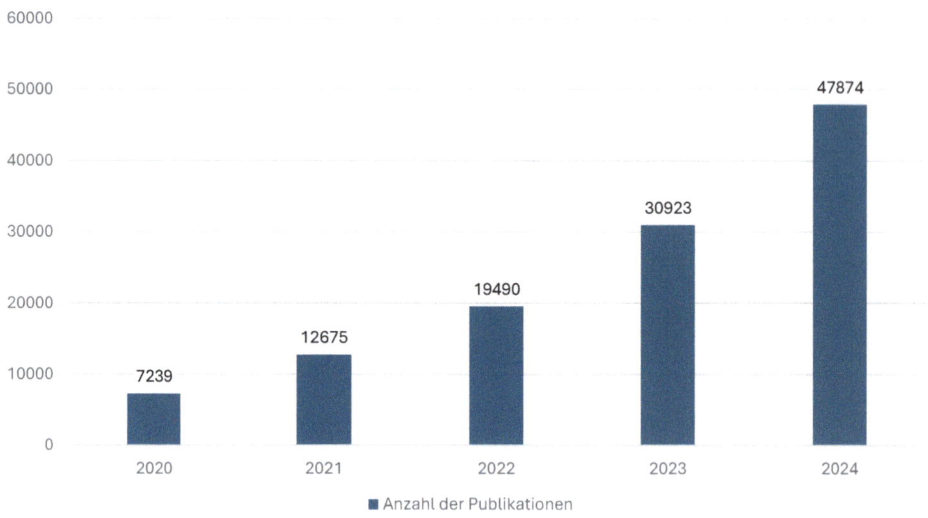

Bild 5.6 Anzahl der Publikationen in der Scopus-Datenbank[4] zum Thema „explainable" oder „trustworthy" und „ai" oder „artificial intelligence" (Abruf: März 2025)

5.2.1 Vertrauenswürdige Machine Learning-Algorithmen

Grundlage für die im nachfolgenden Kasten aufgeführte Definition von Vertrauenswürdigkeit ist der Technical Report ISO/IEC TR 24028, „Information technology – Artificial intelligence – Overview of trustworthiness in artificial intelligence".

Vertrauenswürdigkeit

„die Fähigkeit, die Erwartungen der Stakeholder auf nachprüfbare Weise zu erfüllen.

Anmerkung 1: Je nach Kontext oder Sektor und auch je nach spezifischem Produkt oder Dienstleistung, Daten und Technologie gelten unterschiedliche Merkmale und müssen überprüft werden, um sicherzustellen, dass die Erwartungen der Stakeholder erfüllt werden.

Anmerkung 2: Zu den Merkmalen der Vertrauenswürdigkeit gehören z. B. Zuverlässigkeit, Verfügbarkeit, Widerstandsfähigkeit, Sicherheit, Datenschutz, Sicherheit, Verantwortlichkeit, Transparenz, Integrität, Authentizität, Qualität, Benutzerfreundlichkeit.

Anmerkung 3: Vertrauenswürdigkeit ist ein Attribut, das auf Dienstleistungen, Produkte, Technologien, Daten und Informationen sowie, im Kontext der Governance, auf Organisationen angewendet werden kann."

(ISO/IEC TR 24028, Definition 3.42; übersetzt aus dem Englischen)

[4] *https://www.scopus.com*

Hierbei entspricht der Stakeholder jeder Einzelperson, Gruppe oder Organisation, die eine Entscheidung oder Aktivität beeinflussen kann, von ihr betroffen ist oder sich von ihr betroffen fühlt. Die EU ergänzt in ihren Ethik-Richtlinien für vertrauenswürdige KI die im nachfolgenden Kasten aufgeführten Kriterien vertrauenswürdiger KI (European Commission 2019).

Vertrauenswürdige KI sollte wie folgt umgesetzt werden:

(1) robust - sowohl aus technischer Sicht als auch unter Berücksichtigung des sozialen Umfelds

(2) rechtmäßig - unter Beachtung aller geltenden Gesetze und Vorschriften

(3) ethisch - unter Beachtung der ethischen Grundsätze und Werte

---

Sowohl die ISO als auch die Ethik-Richtlinie der EU sind prinzipiell erst einmal für den allgemeinen Einsatz von künstlicher Intelligenz in jeder denkbaren Form gedacht. Um den Bezug zum Anwendungsgebiet der industriellen Praxis von attributiven Prüfprozessen zu schaffen, liefert der nachfolgende Kasten eine Übersetzung für die Praxis.

Übersetzung für die Praxis

Der Aspekt der **Robustheit**, wie er in der EU-Definition von vertrauenswürdiger KI verankert ist, hat in der Praxis von attributiven Prüfprozessen eine herausragende Relevanz. Robustheit bezieht sich auf die technische Zuverlässigkeit und Stabilität von KI-Systemen, insbesondere ihre Fähigkeit, unter verschiedenen und potenziell widrigen Bedingungen konsistent korrekte Ergebnisse zu liefern. In attributiven Prüfprozessen müssen KI-Modelle in der Lage sein, Produkte zuverlässig als „gut" oder „schlecht" zu klassifizieren, selbst wenn sie mit variierenden Eingabedaten, Rauschen oder unvorhergesehenen Veränderungen im Produktionsprozess konfrontiert sind. Dies beinhaltet beispielsweise Schwankungen in der Materialbeschaffenheit, Änderungen der Umgebungsbedingungen wie Beleuchtung oder Temperatur sowie potenzielle Störungen in der Datenerfassung. Ein robustes KI-System kann solchen Herausforderungen standhalten und gewährleistet somit eine hohe Qualität und Konsistenz in der Produktprüfung. Die Betonung der Robustheit ist daher entscheidend, um Fehlklassifikationen zu minimieren, Produktionsausfälle zu verhindern und letztlich das Vertrauen in die KI-gestützten Prüfprozesse zu stärken. Durch die Entwicklung und Implementierung robuster KI-Lösungen wird sichergestellt, dass diese Systeme auch in der dynamischen und oft unvorhersehbaren Umgebung der Produktion verlässlich funktionieren und den hohen Standards der Industrie gerecht werden.

Die **rechtlichen Aspekte** der EU-Definition von vertrauenswürdiger KI haben in der Praxis von attributiven Prüfprozessen vor allem auf der übergeordneten Ebene eine hohe Relevanz. Insbesondere die Gesetzeskonformität, also die Einhaltung aller geltenden Gesetze und Vorschriften, ist von entscheidender Bedeutung.

In attributiven Prüfprozessen werden KI-Systeme eingesetzt, um Entscheidungen über die Qualität von Produkten zu treffen, die direkte Auswirkungen auf Produktsicherheit, Verbraucherschutz und Haftungsfragen haben können. Es muss sichergestellt sein, dass die KI den einschlägigen Normen und gesetzlichen Anforderungen entspricht, wie etwa den Produktsicherheitsrichtlinien oder branchenspezifischen Regularien. Darüber hinaus müssen Datenschutzgesetze wie die Datenschutz-Grundverordnung (DSGVO) berücksichtigt werden, insbesondere wenn personenbezogene Daten im Prüfprozess erfasst oder verarbeitet werden. Sobald personenbezogene Daten aufgenommen werden, entweder durch die Bedienung des Systems oder z. B. im Kamerafeld durch eine Person, die das zu prüfende Bauteil festhält, ist ein verstärktes Augenmerk auf die rechtlichen Rahmenbedingungen zu legen.

Ethische Aspekte sind für attributive Prüfprozesse ebenfalls vor allem dann relevant, wenn Personen einen direkten Einfluss auf das Prüfergebnis haben. In diesem Fall stehen die ethischen Aspekte häufig in direkter Verbindung mit der Einhaltung von Recht (aufgrund der personenbezogenen Daten) oder mit der Robustheit. So dürfen Geschlecht, Hautfarbe und andere Eigenschaften von Personen keinen Einfluss auf das Ergebnis oder die Performance der Algorithmen haben und sollten folglich bereits im Anlernprozess berücksichtigt werden.

Durch die zuvor analysierten Aspekte der gesetzlichen Vorgaben, der Robustheit und der ethischen Grundsätze von vertrauenswürdiger KI wird die Bedeutung dieser Prinzipien für attributive Prüfprozesse deutlich. Um diese Anforderungen konkret in die Praxis zu übertragen, sind gezielte Methoden zur Umsetzung erforderlich. Im Folgenden werden die verschiedenen Ansätze und Techniken vorgestellt, die dazu beitragen, Trustworthy AI in attributiven Prüfprozessen effektiv einzusetzen. Hierbei wird zwischen prozessualen und organisatorischen Methoden, rechtlichen und regulatorischen Maßnahmen sowie technischen Methoden unterschieden.

Prozessuale und organisatorische Methoden beschreiben die Verankerung von Vorgängen, Denkmustern und Vorgehensweisen in Unternehmen. Ein wesentlicher Bestandteil ist die Einführung von *Ethik- und Compliance-Richtlinien*. Dies umfasst die Einrichtung von Ethik-Kommissionen oder ähnlichen Gremien, die die Aufgabe haben, ethische Aspekte bei der Entwicklung und dem Einsatz von KI-Systemen zu überwachen. Diese Kommissionen gewährleisten, dass ethische Überlegungen systematisch berücksichtigt werden, und dienen als Beratungseinrichtung für Entwickler und Entscheidungsträger. Zudem sind die Implementierung von internen Regelwerken und die Einhaltung von Industriestandards zu überwachen. Die Relevanz und das Ausmaß dieser Richtlinien sind davon abhängig, wie die KI-Algorithmen im Unternehmen eingesetzt werden. Je größer der Einfluss der Algorithmen von und auf Menschen ist, desto höher ist die Relevanz solcher Richtlinien.

Die *Dokumentation und Transparenz* der KI-Systeme sind weitere essenzielle Faktoren. Durch die Erstellung von Model Cards wird eine umfassende Dokumentation der eingesetzten Modelle gewährleistet. Diese enthalten Informationen über die Modelleigenschaften, deren Anwendungsbereiche und mögliche Einschränkungen. Solche Dokumente fördern das Verständnis und die Nachvollziehbarkeit der Modelle für alle Beteiligten. Ebenso wichtig sind Datenblätter für Datensätze, die eine detaillierte Beschreibung der verwendeten Daten bieten. Diese Datenblätter informieren über die Herkunft, Zusammensetzung und mögliche Verzerrungen der Daten und tragen dazu bei, Transparenz zu schaffen und das Vertrauen in die verwendeten Daten zu stärken.

Die *Schulung und Sensibilisierung* der Mitarbeitenden spielen eine entscheidende Rolle für den Erfolg von Algorithmen der KI. Durch gezielte Schulung der Mitarbeitenden werden Fachkräfte sowohl in ethischen als auch in technischen Aspekten von KI ausgebildet. Dies ermöglicht zum einen überhaupt erst einmal den Umgang mit den Systemen. Zum anderen fördern Schulungen auch das Bewusstsein für potenzielle Risiken und befähigen die Mitarbeitenden, verantwortungsvoll mit KI-Systemen umzugehen. Dies umfasst sowohl die Bedienung im „Normalfall", aber auch den Umgang mit unvorhergesehenen Vorkommnissen. Darüber hinaus ist die Einbindung von Stakeholdern entscheidend. Eine offene und transparente Kommunikation mit allen Beteiligten – von Führungskräften über Fachkräfte bis hin zu Kunden und Partnern – trägt dazu bei, Vertrauen aufzubauen und gemeinsame Ziele zu definieren.

Schließlich sind die *kontinuierliche Überwachung und Wartung* der KI-Systeme unerlässlich, um deren langfristige Zuverlässigkeit und Leistungsfähigkeit zu gewährleisten. Durch fortlaufendes Monitoring werden die Systemleistung und das Verhalten regelmäßig überprüft, sodass Abweichungen oder Probleme zeitnah identifiziert werden können. Die Einrichtung von Feedbackschleifen ermöglicht es, Feedback aus der Anwendung aktiv in die Weiterentwicklung des Systems einzubeziehen. Dies unterstützt nicht nur die fortlaufende Verbesserung der KI, sondern stellt auch sicher, dass das System den tatsächlichen Anforderungen und Erwartungen der Praxis entspricht.

Allgemein gilt für die Produktion, dass gesetzliche Vorschriften einzuhalten sind. **Rechtliche und regulatorische Maßnahmen** stellen somit keine Besonderheit von KI dar, sind aber aufgrund der rasanten (Weiter-)Entwicklungen neuer Anwendungsmöglichkeiten in Forschung und Entwicklung aktuell sehr volatil und entwickeln sich schneller weiter, als es vielleicht rechtliche Vorgaben in anderen Bereichen tun. Aus diesem Grund werden in diesem Buch vor allem allgemeine Vorgaben diskutiert, und es wird weniger auf spezifische Gesetzesvorgaben eingegangen. Aufgrund des hohen medialen Interesses, aber auch der allgemein stark geschützten Persönlichkeitsrechte, sollte die Beachtung von *Datenschutzgesetzen* (insbesondere der Datenschutz-Grundverordnung, DSGVO) einen besonders hohen Stellenwert bei Unternehmen haben, die KI nutzen oder planen, KI in der Produktion einzusetzen. Es ist sicherzustellen, dass personenbezogene Daten geschützt und konform mit den gesetzlichen Bestimmungen verarbeitet werden. Ebenso müssen *Produkthaftungsgesetze* berücksichtigt werden, um sicherzustellen, dass das KI-System keine Schäden verursacht und die Sicherheit der Produkte gewährleistet ist.

Ein weiterer wichtiger Aspekt sind *externe Audits und Zertifizierungen*. Durch Auditierungen, also Überprüfungen durch unabhängige Stellen, wird die Einhaltung von Standards und gesetzlichen Vorgaben überprüft. Dies schafft Transparenz und erhöht das Vertrauen in die eingesetzten KI-Systeme. Die Erlangung von Zertifizierungen bestätigt zusätzlich die Vertrauenswürdigkeit des Systems und dokumentiert, dass es den erforderlichen Qualitäts- und Sicherheitsstandards entspricht. Für attributive Prüfprozesse wäre es ein analoges Vorgehen, wie es aktuell z. B. in der Automobilbranche über die Eignungsnachweise von Prüfprozessen nach beispielsweise VDA-Band 5 Standard ist. Näheres hierzu wird auch im Ausblick diskutiert (siehe Abschnitt 5.5).

Technische Methoden sind unter anderen *Testen und Validieren*, eine *Robustheitsanalyse, Bias-Detektion und -Korrektur* sowie *Erklärbarkeitstechniken*.

Das *Testen und Validieren* von KI-Modellen ist ein essenzieller Schritt, um ihre Leistungsfähigkeit und Zuverlässigkeit zu beurteilen. Durch sorgfältige Tests kann festgestellt werden, wie gut das Modell auf unbekannte Daten generalisiert und ob es den Anforderungen des attributiven Prüfprozesses entspricht. Grundlage hierfür sind üblicherweise folgende Aspekte:

- **Erstellung von Testdatensätzen:**
  - Dazu zählt die Verwendung von unabhängigen Testdaten, die nicht im Training verwendet wurden, um eine objektive Bewertung zu ermöglichen. Eine übliche Aufteilung ist hierbei 70 % Trainingsdaten, 20 % Validierungsdaten (z. B. für die Ermittlung der Hyperparameter eines Modells) und 10 % Testdaten.
  - Hierzu zählt auch die Einbeziehung von repräsentativen Beispielen, einschließlich seltener Fehler oder spezieller Produktvarianten. Hierbei kann gegebenenfalls auf künstlich erstellte Daten zurückgegriffen werden. Ein Beispiel hierfür sind über generative KI (z. B. Cycle-GANs) erstellte Bilddaten.
- **Leistungsmetriken:**
  - Genauigkeit (Accuracy): Anteil der korrekt klassifizierten Proben (vgl. Definition im Hinweiskasten zu Beginn des Kapitels)
  - Präzision und Recall: Bewertung der Fehlerraten bei positiven und negativen Klassifikationen
  - F1-Score: harmonisches Mittel von Präzision und Recall für ein ausgewogenes Maß
- **Cross-Validation:** Anwendung von Cross-Validation-Techniken wie die K-Fold-Cross-Validation zur Überprüfung der Stabilität des Modells über verschiedene Datenaufteilungen hinweg

Durch das Testen und Validieren werden die Zuverlässigkeit und Konsistenz des Modells sichergestellt. Zudem können in vielen Fällen die Schwachstellen des Modells identifiziert werden.

Für die *Robustheitsanalyse* stehen verschiedene Methoden zur Verfügung:

- **Adversariales Testen:** Adversariales Testen untersucht die Reaktion des Modells auf speziell manipulierte Eingaben, die darauf abzielen, das Modell in die Irre zu führen oder Schwachstellen aufzudecken.
  - **Generierung adversarialer Beispiele:** Hinzufügen von kleinen Störungen oder Rauschen zu Eingabedaten (z. B. Bilder), die für den Menschen unbedeutend sind, aber das Modell beeinflussen könnten
  - **Überprüfen der Modellreaktion:** Analyse, ob das Modell trotz der Störungen korrekte Klassifikationen liefert
  - **Anpassung des Modells:** Implementierung von Verteidigungsstrategien, wie z. B. Adversarial Training, bei dem das Modell mit adversarialen Beispielen trainiert wird, um Robustheit zu erhöhen
- **Stresstests:** Stresstests simulieren Extrembedingungen, um zu beurteilen, wie das Modell unter außergewöhnlichen Umständen funktioniert.
  - Simulation von Ausfällen und Fehlern: Testen des Modells bei Hardwarefehlern, Netzwerkunterbrechungen oder Datenverlust
  - Extreme Daten: Verwendung von Daten mit extremen Werten oder untypischen Mustern, um die Stabilität des Modells zu überprüfen

Die *Bias-Detektion und -Korrektur* unterteilt sich in drei Phasen – die Datenanalyse, die Bewertung des Bias über Fairness-Metriken und schlussendlich die algorithmischen Anpassungen.

Datenanalyse:

- Statistische Untersuchungen:
  - Analyse der Datenverteilung von Klassen und Merkmalen
  - Identifizierung von unterrepräsentierten oder überrepräsentierten Gruppen
  - Berechnung von statistischen Kennzahlen wie Mittelwert, Median und Standardabweichung zur Beschreibung der Daten
  - Durchführung von Hypothesentests, um signifikante Unterschiede zwischen verschiedenen Gruppen zu ermitteln
- Visualisierung:
  - Analyse der Datenverteilung von Klassen und Merkmalen
  - Identifizierung von unterrepräsentierten oder überrepräsentierten Gruppen
  - Berechnung von statistischen Kennzahlen wie Mittelwert, Median und Standardabweichung zur Beschreibung der Daten
  - Durchführung von Hypothesentests, um signifikante Unterschiede zwischen verschiedenen Gruppen zu ermitteln

- Korrelation und Kausalität:
  - Prüfung, ob bestimmte Merkmale unbeabsichtigte Korrelationen aufweisen, die zu Verzerrungen führen könnten
  - Berechnung von Korrelationskoeffizienten (z. B. Pearson- oder Spearman-Korrelation), um die Stärke der Beziehungen zwischen Merkmalen zu quantifizieren
  - Durchführung von Regressionsanalysen, um Zusammenhänge zwischen unabhängigen und abhängigen Variablen zu untersuchen
  - Anwendung von kausalen Modellen oder strukturellen Gleichungsmodellen, um Ursache-Wirkungs-Beziehungen zu identifizieren und zu validieren

Fairness-Metriken:

- Bewertung von Fehlerraten:
  - Vergleich der False Positive Rate und False Negative Rate zwischen verschiedenen Produktgruppen oder Klassen, um Unterschiede in der Fehlklassifikation zu identifizieren
  - Analyse der False Discovery Rate (Falschentdeckungsrate) und False Omission Rate (Falschauslassungsrate) für jede Gruppe, um die Genauigkeit der positiven und negativen Vorhersagen zu bewerten
  - Erstellung von Konfusionsmatrizen für einzelne Gruppen, um detaillierte Einblicke in die Verteilung der Klassifikationsfehler zu erhalten
  - Identifizierung von Gruppen mit überdurchschnittlichen Fehlerraten und Durchführung gezielter Ursachenanalysen, um mögliche Verzerrungen zu erkennen und zu beheben
- Statistische Parität:
  - Überprüfung, ob das Modell für alle Gruppen eine ähnliche positive Klassifikationsrate (Selection Rate) aufweist, um sicherzustellen, dass keine Gruppe bevorzugt oder benachteiligt wird
  - Berechnung des demografischen Paritätsdifferentials, um Abweichungen in der Modellleistung zwischen verschiedenen Gruppen zu quantifizieren
  - Durchführung von statistischen Tests (z. B. Chi-Quadrat-Test), um festzustellen, ob Unterschiede in den Klassifikationsraten signifikant sind
  - Anwendung von Anpassungsstrategien wie Reweighting oder Resampling, um statistische Parität zu erreichen und Ungleichheiten zu reduzieren
- Gleichbehandlungsprinzip:
  - Sicherstellung, dass keine Gruppe systematisch benachteiligt wird (durch Implementierung von Fairness-Regularisierungen im Modelltraining)
  - Etablierung von fairen Lernalgorithmen, die darauf abzielen, Diskriminierung zu minimieren und Gleichbehandlung zu fördern

- kontinuierliche Überwachung der Modellentscheidungen hinsichtlich potenzieller Benachteiligungen und regelmäßige Audits zur Fairnessbewertung
- Sensibilisierung von Entwicklungsteams für unbewusste Vorurteile (Unconscious Bias) und Förderung von Diversität und Inklusion in der Modellentwicklung

Algorithmische Anpassungen:

- Gewichten von Klassen:
  - Anpassung der Klassengewichte im Trainingsprozess, um Ungleichgewichte auszugleichen: Dabei werden unterrepräsentierten Klassen höhere Gewichte zugewiesen, sodass Fehler in diesen Klassen stärker bestraft werden.
  - Implementierung von kostenbasiertem Lernen, bei dem Fehlklassifikationen unterschiedliche Kosten zugewiesen werden: Dies ermöglicht es, die Fehlerrate in kritischen Klassen zu minimieren.
  - dynamische Gewichtsanpassung, bei der die Gewichte während des Trainings basierend auf der aktuellen Leistung des Modells aktualisiert werden, um kontinuierlich ein Gleichgewicht zu halten
  - Berücksichtigung geschäftlicher Prioritäten, indem Produkte mit höherem wirtschaftlichem Wert oder höherer Sicherheitsrelevanz stärker gewichtet werden
- Datenausgleich:
  - Oversampling von unterrepräsentierten Klassen, indem zusätzliche Kopien dieser Datenpunkte erstellt oder synthetische Daten generiert werden (z. B. mit der Synthetic Minority Over-sampling Technique, SMOTE)
  - Undersampling von überrepräsentierten Klassen, um die Anzahl der Datenpunkte in den dominanten Klassen zu reduzieren und ein Gleichgewicht herzustellen
  - Hybridansätze, die sowohl Oversampling als auch Undersampling kombinieren, um ein ausgewogenes Datenset zu erzielen
  - Datenaugmentation, bei der bestehende Datenpunkte durch Transformationen (z. B. Rotation, Skalierung bei Bildern) vervielfältigt werden, um die Vielfalt der Daten zu erhöhen
  - generative Modelle einsetzen, um neue Datenpunkte für unterrepräsentierte Klassen zu erzeugen, z. B. mithilfe von Generative Adversarial Networks (GANs)
- Fairness-optimierte Algorithmen:
  - Einsatz von Constraint-Based Learning, bei dem Fairnessbedingungen direkt in den Lernprozess integriert werden, um sicherzustellen, dass bestimmte Fairnesskriterien erfüllt sind

- Anwendung von Regularisierungstechniken, die eine Fairnesskomponente in die Verlustfunktion einbeziehen, um die Gleichbehandlung der Klassen zu fördern
- Entwicklung spezialisierter Fairness-Algorithmen, wie z. B. Fairness-Aware Machine Learning-Modelle, die darauf ausgelegt sind, Bias zu minimieren
- Anpassung der Prognosen durch Postprocessing:
  - Kalibrierung der Vorhersagen, um systematische Verzerrungen nachträglich zu korrigieren
  - Equalized Odds Postprocessing, bei dem die Fehlerraten zwischen den Klassen ausgeglichen werden
- kontinuierliche Überwachung und Anpassung:
  - Implementierung von Feedbackschleifen, um das Modell basierend auf neuen Erkenntnissen oder Änderungen in den Daten laufend zu verbessern
  - Simulation von Szenarien, um die Auswirkungen von Fairnessanpassungen auf die Gesamtleistung zu bewerten

Erklärbarkeitstechniken zielen darauf ab, die Transparenz und das Verständnis für die internen Mechanismen von Machine Learning-Algorithmen zu erhöhen. Dies ist essenziell, um Vertrauen in die KI-Systeme aufzubauen, Fehlerquellen zu identifizieren und die Modelle kontinuierlich zu verbessern. Vor allem unter dem englischen Begriff Explainable AI (XAI) bekannt, stellen diese Techniken, Methoden und Algorithmen ein großes Forschungsfeld dar. Da die Erklärbarkeit von KI-Systemen jedoch auch immer mehr explizit gefordert wird (vgl. EU AI Act), ist davon auszugehen, dass die Algorithmen in näherer Zukunft flächendeckend auch in Unternehmen und folglich auch beim Einsatz in attributiven Prüfprozessen Einsatz finden. Aus diesem Grund wird in Abschnitt 5.2.2 detailliert auf das Thema erklärbare Machine Learning-Algorithmen in attributiven Prüfprozessen eingegangen.

5.2.2 Erklärbare Machine Learning-Algorithmen

Erklärbare KI, erklärbare Machine Learning-Algorithmen oder kurz XAI ist ein Forschungsgebiet, das darauf abzielt, die Ergebnisse von KI-Systemen für den Menschen verständlicher zu machen. Der Begriff wurde erstmals 2004 von van Lent et al. geprägt, um die Fähigkeit ihres Systems zu beschreiben, das Verhalten von KI-gesteuerten Einheiten in Simulationsspielen zu erklären (van Lent et al. 2004). Obwohl der Begriff vergleichsweise neu ist, rückte die Frage nach Erklärbarkeit bereits Mitte der 1970er-Jahre in den Fokus, als Wissenschaftlerinnen und Wissenschaftler damit begannen, Erklärungsmechanismen für Expertensysteme zu erforschen (Swartout/Moore 1989). Allerdings geriet die Entwicklung auf diesem Gebiet ins Stocken, als die

KI dank großer Erfolge im Bereich des maschinellen Lernens eine entscheidende Schwelle überschritt. In der Folge richtete sich das Hauptaugenmerk zunehmend auf die Implementierung von Modellen und Algorithmen mit hoher Vorhersagekraft, während die Fähigkeit, Entscheidungsprozesse zu erläutern, in den Hintergrund trat. In jüngerer Zeit hat das Thema XAI jedoch wieder an Bedeutung gewonnen – sowohl in der wissenschaftlichen Diskussion als auch in der praktischen Anwendung (Adadi/Berrada 2018). Dies wird zum einen in der Anzahl der wissenschaftlichen Publikationen (vgl. Bild 5.6) deutlich, zum anderen unterstreichen die Entwicklungen auf EU-Ebene die erhöhte Relevanz des Themas. Das Europäische Parlament fordert in seinen Vorschriften vom Mai 2018[5)] in Bezug auf XAI-basierte Systeme, ein Recht für alle Personen, sinnvolle Erklärungen der beteiligten Logik zu erhalten (Goodman/Flaxman 2016).

Technisch gesehen existiert keine einheitliche und allgemein akzeptierte Definition von erklärbarer KI. Tatsächlich verweist der Begriff XAI weniger auf ein formales technisches Konzept als vielmehr auf eine Bewegung sowie auf verschiedene Initiativen und Bemühungen, die als Reaktion auf Bedenken hinsichtlich der Transparenz und des Vertrauens in KI entstanden sind. Zur Veranschaulichung dieses Trends werden im Folgenden einige XAI-Definitionen aus der Perspektive jener angeführt, die deren Anwendung fordern (Adadi/Berrada 2018).

Laut DARPA wird mit XAI angestrebt, „besser erklärbare Modelle zu erstellen und dabei ein hohes Maß an Lernleistung (Vorhersagegenauigkeit) beizubehalten; und menschliche Nutzende in die Lage zu versetzen, die aufkommende Generation künstlich intelligenter Partner zu verstehen, ihnen angemessen zu vertrauen und sie effektiv zu verwalten“ (Gunning 2018).

Das Ziel der Ermöglichung von Erklärbarkeit in Machine Learning-Algorithmen wird laut FAT folgendermaßen formuliert: „sicherzustellen, dass algorithmische Entscheidungen sowie alle Daten, die diesen Entscheidungen zugrunde liegen, den Endnutzern und anderen Beteiligten in nichttechnischen Begriffen erklärt werden können“ (FAT/ML 2018).

XAI wird von FICO, dem Organisator der xML Challenge, als „eine Innovation zur Öffnung der Blackbox von ML“ verstanden und gleichzeitig als „eine Herausforderung, Modelle und Techniken zu entwickeln, die sowohl genau sind als auch gute, vertrauenswürdige Erklärungen liefern, welche die Bedürfnisse der Kunden erfüllen“ (FICO 2018).

Die Gründe für den Einsatz von XAI sind vielfältig, lassen sich aber nach Adadi und Berrada meistens in einer (oder mehrere) der in Bild 5.7 dargestellten Kategorien einordnen (Adadi/Berrada 2018).

---

[5] European Union General Data Protection Regulation (GDPR) – Allgemeine Datenschutzverordnung der Europäischen Union

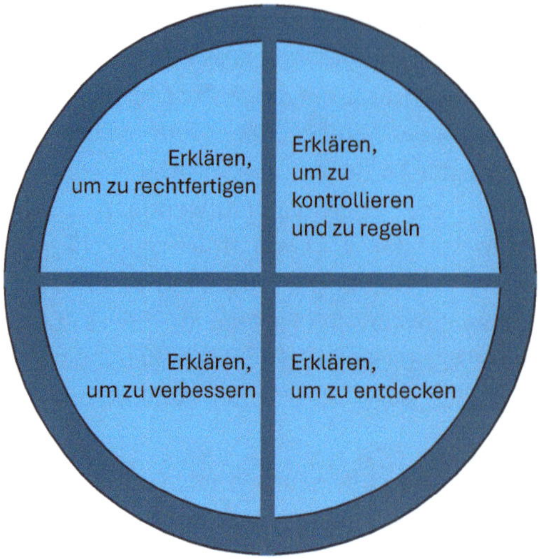

Bild 5.7
Gründe für die Nutzung von XAI-Techniken (in Anlehnung an Adadi/Berrada 2018)

Erklären, um zu rechtfertigen

Ein Grund für den Einsatz von XAI ist, Ergebnisse zu rechtfertigen. Dazu zählt vor allem der Nachweis, dass KI/ML-Ergebnisse keinem Bias unterliegen und nicht diskriminierend sind (Caruana et al. 2015). Es handelt sich folglich um einen Nachweis, dass die Ergebnisse nicht fehlerhaft sind. Die Verwendung von XAI-Systemen liefert die erforderlichen Informationen, um Ergebnisse zu rechtfertigen, insbesondere, wenn unerwartete Entscheidungen getroffen werden. Außerdem wird sichergestellt, dass es eine überprüfbare und nachweisbare Möglichkeit gibt, algorithmische Entscheidungen begründet zu verteidigen (Adadi/Berrada 2018).

Für attributive Prüfprozesse, welche Algorithmen der KI (also in den meisten Fällen Machine Learning bzw. Deep Learning) nutzen, wären Methoden aus dem Bereich XAI als Nachweise gegenüber Kunden denkbar. Ein solcher Nachweis folgt den gleichen Gedanken wie ein Eignungsnachweis von Prüfmitteln (z. B. über VDA-Band 5). Der erste Schritt in diese Richtung erfolgte bereits durch die EU in Form der Datenschutz-Grundverordnung (GDPR).

Erklären, um zu kontrollieren und zu regeln

Die Erklärbarkeit der Ergebnisse von ML/DL ermöglicht es nicht nur, die Ergebnisse zu rechtfertigen, sondern auch Fehler im Prozess zu identifizieren und zu regeln. Das Verständnis der Ergebnisse der Algorithmen schafft einen besseren Überblick über unbekannte Schwachstellen und Fehler. Sofern die Schwachstellen und Fehler aufgedeckt werden, können die Prozesse um den Algorithmus herum angepasst und geregelt werden (Adadi/Berrada 2018). Dies kann entsprechend auf attributive Prüfprozesse und die dahinterstehende Produktion übertragen werden.

Erklären, um zu verbessern

Für attributive Prüfprozesse ist das Erklären, um zu verbessern, ein klassischer kontinuierlicher Verbesserungsprozess. Mit steigenden Anforderungen an die Qualität und gleichzeitig steigendem Kostendruck bieten optische Mess- und Prüfsysteme kostengünstige Alternativen zu „klassischen" (taktilen) Systemen. Um die Anforderungen zu erfüllen, ist nicht nur die Hardware zu optimieren, sondern auch die Softwareseite – und damit folglich die genutzten Algorithmen und Modelle.

Erklären, um zu entdecken

Nach Erklärungen zu fragen ist ein hilfreiches Mittel, um neue Fakten zu lernen, Informationen zu sammeln und so Wissen zu erwerben. Nur erklärbare Systeme können dafür nützlich sein. Algorithmen folgen nicht zwingend den gleichen „Denkmustern" und der gleichen Logik wie es Menschen tun. Dieser Unterschied kann auf der einen Seite zu Fehlern führen, beispielsweise weil physikalische Gesetzmäßigkeiten ignoriert werden, zum anderen kann dieser Unterschied jedoch auch genutzt werden, um neue Erkenntnisse zu generieren.

Für attributive Prüfprozesse kann dies bedeuten, dass gegebenenfalls neue Fehlerursachen oder Abhängigkeiten zwischen Merkmalen identifiziert werden können, die vorher nicht bekannt waren. Dieses Vorgehen ist insbesondere für überwachte Lernverfahren nützlich. Dabei werden die spezifischen Vorteile der überwachten Lernverfahren genutzt, gleichzeitig können aber auch die Ideen der Mustererkennung von unüberwachten Lernverfahren genutzt werden.

Wenn es so viele gute Gründe für den Einsatz von XAI gibt, warum wird es dann bislang noch nicht flächendeckend in der Praxis eingesetzt? Die Antwort auf diese Frage ist so simpel wie unbefriedigend: Die technische Umsetzung ist aktuell noch sehr herausfordernd.

Um dennoch ein Verständnis für die Möglichkeiten von XAI zu schaffen und Hinweise für eine mögliche Umsetzung in der Praxis zu geben, werden nachfolgend zunächst die Grundlagen von XAI dargelegt und später beispielhaft einige Algorithmen und Vorgehensweisen erläutert.

Geht man von einem Einsatz von ML/DL bei attributiven Prüfprozessen aus, so bildet das entsprechend durch den Algorithmus gebildete Modell die Grundlage der Anwendung. Auf Basis von Daten (die im Prüfprozess z. B. von einer Kamera aufgenommen werden) berechnet das Modell einen entsprechenden Output, welcher Grundlage für einen Prüfentscheid ist (Bild 5.8). XAI setzt auf diesem Prozess auf. XAI stellt eine Erklärungsmethode bereit, welche es ermöglicht, das Ergebnis (hier den Prüfentscheid) und die Zusammenhänge im Modell zu erklären.

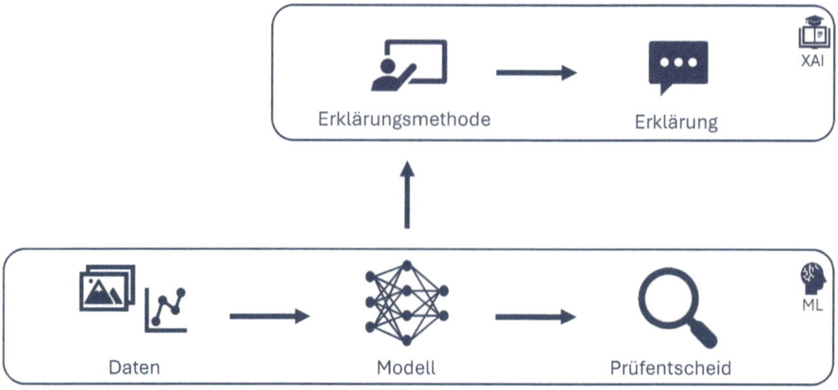

Bild 5.8 Funktionsweise von XAI in der Anwendung auf attributive Prüfprozesse

Generell können XAI-Methoden durch drei Aspekte kategorisiert werden. Die Unterscheidungsmerkmale sind hierbei die Erklärungsquelle, der Geltungsbereich und die Abhängigkeit vom Modell (Bild 5.9).

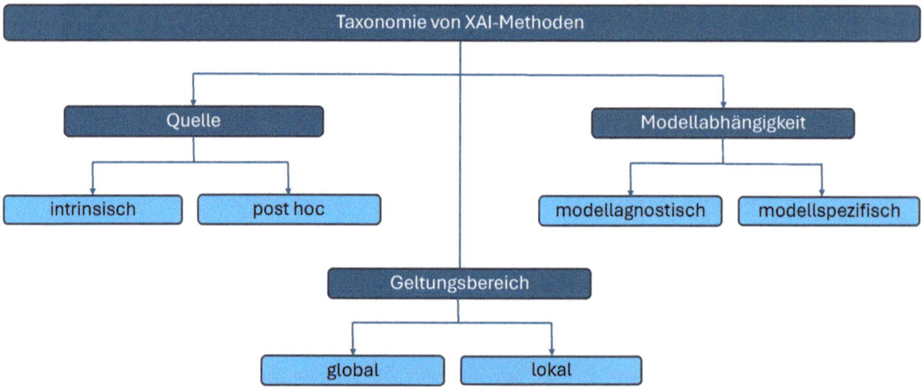

Bild 5.9 Kategorisierung von XAI-Methoden (Taxonomie) (in Anlehnung an Moosavi et al. 2024)

Die **Quelle** für eine Erklärung könnte in der Struktur des Modells selbst liegen (*intrinsisch*), z. B. bei einfachen Modellen wie kleinen Entscheidungsbäumen (engl. Decision Trees) und linearen Modellen, oder sie könnte durch die Anwendung von *Post-hoc*-Methoden auf ein trainiertes Modell abgeleitet werden. Innerhalb der intrinsischen Erklärbarkeit, in Barredo Arrieta et al. auch Transparenz genannt, kann zwischen algorithmischer Transparenz, Zerlegbarkeit und Simulierbarkeit unterschieden werden (Barredo Arrieta et al. 2020). In Bild 5.8 ist hierbei die Erklärungsmethode quasi im Modell selbst integriert. Die Post-hoc-Erklärbarkeit kann wiederum in textbasierte, visuelle, lokale, beispielbasierte, vereinfachungsbasierte und merkmalsbasierte Erklärbarkeit unterteilt werden. In Bild 5.8 entspricht dies dem Vorgehen, dass die Erklärungsmethode auf das Modell „draufgesetzt“ wird.

Basierend auf der genannten Taxonomie lässt sich der **Geltungsbereich** entweder global oder lokal anlegen. *Globale Erklärbarkeit* beschreibt dabei die Fähigkeit, die gesamte Logik des Modells sowie sämtliche möglichen Ergebnisse nachzuvollziehen. *Lokale Erklärbarkeit* hingegen legt den Fokus auf die Erklärung des Modells in Bezug auf bestimmte Situationen oder Einzelentscheidungen (Guidotti et al. 2018). Hierbei geht es häufig um die Erklärung, wie ein spezifisches Ergebnis (z. B. ein bestimmter Prüfentscheid) in der entsprechenden Ausprägung zustande kam.

Hinsichtlich der **Modellabhängigkeit** sind *modellspezifische Erklärungsverfahren* auf ein einzelnes Modell oder eine bestimmte Modellgruppe zugeschnitten und nutzen dessen interne Struktur und Gewichte. Dadurch gewinnen sie zwar tiefe Einblicke, sind jedoch nicht ohne Weiteres auf andere Modelle übertragbar, und eine flächendeckende Nutzung eines breiten Anwendungsfelds ist häufig mit hohen Aufwänden verbunden. Intrinsische Methoden sind per Definition modellspezifisch. *Modellagnostische* Techniken hingegen betrachten ausschließlich die Ein- und Ausgaben eines KI-Systems und erstellen ihre Erklärungen erst nach dem Training. Dieser Ansatz ermöglicht es, jedes beliebige ML-Modell im Nachhinein (post hoc) zu erklären, ohne die interne Funktionsweise des Modells direkt einsehen zu müssen (Moosavi et al. 2024). In Bild 5.8 beschreibt es die vollkommene Trennung und Unabhängigkeit der beiden Ebenen ML und XAI. Modellagnostische Methoden sind üblicherweise Post-hoc-Methoden, können jedoch sowohl für die globale als auch die lokale Erklärbarkeit genutzt werden. Die meisten Entwicklungen der letzten Jahre (vor allem in Veröffentlichungen mit Peer-Review-Verfahren) sind modellagnostische Verfahren. Die Techniken von modellagnostische Verfahren können wiederum in Kategorien eingeordnet werden: Visualisierung, Wissensextraktion, einflussbasierte Methoden (Relevanzbewertung) und beispielbasierte Erklärungen (Adadi/Berrada 2018).

Adadi und Berrada beschreiben die vier Kategorien wie folgt (Adadi/Berrada 2018):

1. **Visualisierung:** Zur Erklärung eines ML-Modells, insbesondere eines Deep Neural Network (DNN), wird häufig dessen Darstellung visualisiert, um die in neuronalen Einheiten verborgenen Muster zu untersuchen. In mehreren Forschungsarbeiten wurde dabei mithilfe verschiedener Visualisierungstechniken gezeigt, wie Einblicke in diese „Blackboxes“ ermöglicht werden können. Diese Techniken werden vorrangig im Bereich überwachter Lernmodelle eingesetzt. In der verfügbaren Fachliteratur gelten insbesondere drei Ansätze als verbreitete Visualisierungsmethoden: Surrogatmodelle, Partial Dependency Plots (PDP) und Individual Conditional Expectation (ICE).

2. **Wissensextraktion:** Das Erklären von ML-Modellen gestaltet sich schwierig, insbesondere, wenn Modelle auf künstlichen neuronalen Netzen (engl. Artificial Neural Networks, ANN) basieren. Mehrschichtige Feedforward-Netzwerke werden als

universelle Approximatoren eingestuft. Allerdings werden die Zellen in den verborgenen Schichten während des Lernprozesses kontinuierlich angepasst, was zu komplexen internen Repräsentationen führt. Daher besteht eine zentrale Aufgabe darin, das während des Trainings erworbene und intern codierte Wissen eines ANN in verständlicher Form bereitzustellen. In der Literatur werden dazu verschiedene Methoden zur Extraktion dieses Wissens beschrieben, wobei zwei Techniken besonders häufig zum Einsatz kommen: Regelextraktion und Modelldestillation.

3. **Einflussbasierte Methoden (Relevanzbewertung):** Bei diesen Methoden wird die Relevanz eines Merkmals durch Veränderungen des Inputs oder interner Komponenten ermittelt und gemessen, wie stark sich diese Modifikationen auf die Performance (z. B. die Genauigkeit) auswirken. Die Ergebnisse werden häufig visuell aufbereitet. In der Literatur sind folgende drei Verfahren sehr verbreitet: Sensitivitätsanalyse, schichtweise Relevanzausbreitung und Bestimmung der Merkmalswichtigkeit.

4. **Beispielbasierte Erklärungen:** Bei beispielbasierten Erklärungstechniken werden bestimmte Instanzen eines Datensatzes ausgewählt, um das Verhalten von Modellen des maschinellen Lernens zu veranschaulichen. Da sich auf diese Weise nahezu jedes ML-Modell übersichtlicher gestalten lässt, gelten solche Erklärungen in der Regel als modellunabhängig. Der wesentliche Unterschied zu modellagnostischen Verfahren besteht darin, dass beispielbasierte Ansätze die Interpretation durch die gezielte Auswahl von Dateninstanzen erzielen, anstatt die Merkmale zu verändern oder das Modell selbst zu transformieren. Beispielhafte Verfahren sind folgende: Prototypen und Kritiken (Prototypes and Critiques) sowie kontrafaktische Erklärungen (Counterfactual Explanations).

In Tabelle 5.3 werden anhand der Kategorien intrinsisch/post hoc, global/lokal sowie modellspezifisch/modellagnostisch beispielhafte XAI-Methoden bzw. Algorithmen gelistet. Unter Quelle(n) werden Literaturangaben gelistet, welche für eine vertiefte Recherche bei den jeweiligen XAI-Methoden/Algorithmen einen nützlichen Ausgangspunkt darstellen können.

Tabelle 5.3 Beispielhafte XAI-Methoden (inklusive Kategorisierung) (in Anlehnung an Adadi/Berrada 2018)

XAI-Methode/ Algorithmus	Quelle(n)	Intrinsisch/ Post hoc	Global/ Lokal	Modellspezifisch/ Modellagnostisch
Decision Tree	Schetinin 2007, Gibbons 2013, García et al. 2009	I	G	SP
Rule Lists	Letham et al. 2015, García et al. 2009, Wang/Rudin 2015, Su et al. 2015, Malioutov et al. 2017	I	G	AG
LIME (Local Interpretable Model-Agnostic Explanations)	Ribeiro et al. 2018, Ribeiro et al. 2016, Guidotti et al. 2018, Mishra et al. 2017	P	L	AG
SHAP (SHapley Additive exPlanations)	Merrick/Taly 2020, Shapley 1953, Schulze et al. 2024, Lundberg/Lee 2017	P	L	AG
Saliency Map	Simonyan et al. 2013, Zeiler/Fergus 2014, Zhou et al. 2016, Sundararajan et al. 2017, Fong/Vedaldi 2017, Dabkowski/Gal 2017	P	L	AG
TCAV (Testing with Concept Activation Vectors)	Kim et al. 2018	P	G	SP
Activation Maximization	Nguyen et al. 2016, Erhan et al. 2010	P	G	AG
Surrogate Models	Ribeiro et al. 2016, Bastani et al. 2017, Thiagarajan et al. 2016	P	G/L	AG
Partial Dependence Plot (PDP)	Green/Kern 2010, Elith et al. 2008	P	G/L	AG
Individual Conditional Expectation (ACI)	Goldstein et al. 2015, Casalicchio et al. 2018	P	L	AG
Rule Extraction	Johansson et al. 2004, Aung et al. 2007, Hailesilassie 2016, Andrews et al. 1995, GopiKrishna et al. 2014, Ras et al. 2018	P	G/L	AG
Decomposition	Robnik-Sikonja/Kononenko 2008, Montavon et al. 2017, Bach et al. 2016	P	L	AG
Model Distillation	Che et al. 2015, Xu et al. 2018, Tan 2018, Tan et al. 2018b, Tan et al. 2018a, Tan et al. 2017	P	G	AG

Tabelle 5.3 Beispielhafte XAI-Methoden (inklusive Kategorisierung) (in Anlehnung an Adadi/Berrada 2018) *(Fortsetzung)*

XAI-Methode/ Algorithmus	Quelle(n)	Intrinsisch/ Post hoc	Global/ Lokal	Modellspezifisch/ Modellagnostisch
Sensitive Analysis	Cortez/Embrechts 2013, Cortez/ Embrechts 2011	P	G/L	AG
Layer-wise Relevance Propagation (LRP)	Bach et al. 2015	P	G/L	AG
Feature Importance	Fisher et al. 2018, Casalicchio et al. 2018, Lei et al. 2016	P	G/L	AG
Prototype and Criticism	Bien/Tibshirani 2011, Kim et al. 2015, Gurumoorthy et al. 2017, Kim et al. 2016	P	G/L	AG
Counterfactuals Explanations	Wachter et al. 2017	P	L	AG

I: intrinsisch
P: post hoc
G: global
L: lokal
SP: modellspezifisch
AG: modellagnostisch

Um ein besseres Verständnis der verschiedenen Möglichkeiten und Vorgehensweisen der XAI-Methoden zu ermöglichen, werden im Folgenden zwei der Methoden näher erläutert: SHAP und TCAV. Die Kategorisierung ist noch einmal in Bild 5.10 dargestellt.

SHAP (SHapley Additive exPlanations) ist ein Verfahren zur Erklärbarkeit von künstlich-intelligenten Vorhersagemodellen. Es basiert auf den sogenannten Shapley-Werten aus der Spieltheorie, mit denen ursprünglich berechnet wurde, welchen Anteil jeder Spieler an einer gemeinsam erzielten Leistung hat (Shapley 1953). Übertragen auf den Anwendungsbereich XAI wird ermittelt, welchen Einfluss jedes Input-Feature auf die Vorhersage eines Modells hat.

Entwickelt wurde SHAP von Scott M. Lundberg und Su-In Lee, die 2017 ein Framework vorgestellt haben, das Shapley-Werte formal in die Praxis von ML-Modellen integriert (Lundberg/Lee 2017). Inzwischen gilt SHAP als eine der wegweisenden Methoden im Bereich XAI, weil sie verschiedene bereits existierende Ansätze auf ein gemeinsames Prinzip zurückführt.

Angelehnt an die Darstellung in Bild 5.8 nimmt SHAP die Rolle der Erklärungsmethode auf. Als Post-hoc-Methode wird zunächst das ML-Modell gebildet, und die Ergebnisse werden im Anschluss lokal, also einzelergebnisbezogen, erklärt. Grundlegend funktioniert SHAP so, dass es jede Modellvorhersage als Summe von Feature-Beiträgen ausdrückt. Dabei werden virtuelle „Koalitionen“ von Features (= Teilmenge von Features, die gemeinsam betrachtet werden) gebildet, um festzustellen, wie stark sich ein einzelnes Merkmal auf die Vorhersage auswirkt, wenn es zusammen mit verschiedenen Teilmengen anderer Merkmale betrachtet wird. Die berechneten Shapley-Werte zeigen anschließend, ob ein Feature positiv oder negativ zur Modellvorhersage beiträgt und wie groß dieser Einfluss in Relation zu den übrigen Merkmalen ist.

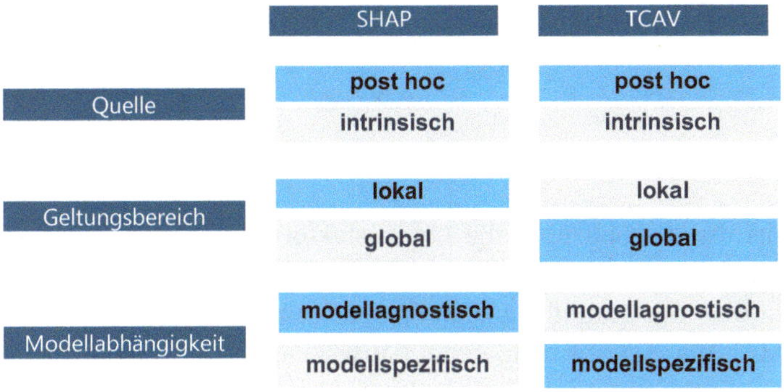

Bild 5.10 Kategorisierung von SHAP und TCAV

Angelehnt an das auf Github[6] publizierte Beispiel von Lundberg und Lee, beschreibt Bild 5.11, wie das Ergebnis einer SHAP-Analyse aussehen kann (Lundberg/Lee 2017). In Bild 5.11 links ist ein generisches Blackbox-Modell zu sehen. Der Input ist eine sogenannte Base Rate (hier 0,1). Dies können zum Beispiel Nominalwerte von Qualitätsmerkmalen sein. Anschließend wirken verschiedene Einflussgrößen, sodass am Ende ein entsprechender Output (hier 0,2; z. B. reale Messgröße) berechnet wird. Für einen rein binären Ausgang („OK“ oder „NOK“) berechnet das zugrunde liegende Modell in der Regel eine Wahrscheinlichkeit für „OK“ und leitet daraus das finale Urteil ab (z. B. bei P(OK) > 0,5 → OK, sonst NOK). SHAP greift genau an dieser Wahrscheinlichkeitsvorhersage an und verteilt die Abweichung vom „durchschnittlichen“ Vorhersagewert (Baseline) auf die beteiligten Merkmale (vgl. auch Kapitel 2). Damit erhält man für jedes Feature einen Beitrag, der positiv oder negativ zum Wahrscheinlichkeitsunterschied gegenüber der Base Rate beiträgt. Ob das Modell am Ende „OK“ oder „NOK“ ausgibt, hängt lediglich davon ab, ob die resultierende Wahrscheinlichkeit einen vordefinierten Schwellenwert überschreitet. Die quantitativen Anteile je Merkmal basieren jedoch auf den Wahrscheinlichkeiten und lassen sich so auch in binären Klassifikationsszenarien sinnvoll ausweisen.

Im Anwendungsfall der Produktion findet dies für jedes Bauteil oder für jedes Messobjekt neu statt. Es kann anschließend (post hoc) für jedes Ergebnis eine Analyse

---

[6] *https://github.com/shap/shap*

durchgeführt werden. In dieser Analyse werden jeweils die Größe und die Richtung des jeweiligen Einflusses (Features) auf das Ergebnis (Output) quantifiziert.

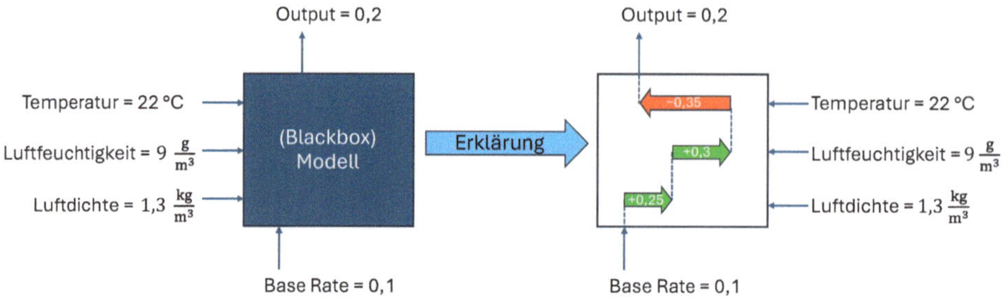

Bild 5.11 Funktionsweise der SHAP-XAI-Methode (in Anlehnung an Lundberg/Lee 2017)

Ein Vorteil von SHAP ist die Klarheit über die Einflussfaktoren. Die Einflussgröße wird für jeden Einfluss definiert. So wird deutlich, welche Einflüsse besonders stark auf den Prozess gewirkt und den Output (z. B. den Prüfentscheid) beeinflusst haben. Dies kann genutzt werden, um entsprechende Root Cause-Analysen zu unterstützen und (Prüf-)Prozesse zu optimieren. Dadurch, dass SHAP ein modellagnostisches Verfahren ist, kann es auf beliebige Modelltypen (z. B. neuronale Netze, Random Forests oder Gradiant Boosting) angewendet werden.

Ein Nachteil ist, dass insbesondere bei großen Datensätzen die Erklärungen sehr rechenintensiv sind und gegebenenfalls nicht für zeitkritische Entscheidungen rechtzeitig zur Verfügung stehen. SHAP-Werte basieren zudem immer auf Vergleichen mit einem Referenz- oder Hintergrunddatensatz. Ist dieser nicht repräsentativ (z. B. veraltete Sensordaten, einseitige Auswahl), kann das zu verzerrten Erklärungen führen. SHAP zeigt, „was" ein Modell beeinflusst, nicht zwangsläufig, „warum" sich ein Prozess so verhält. Die Interpretation der Werte verlangt nach Domänenexpertise, um praktische Schlüsse zu ziehen. Bei attributiven Prüfungen ist neben dem Beitrag einzelner Merkmale oft auch das Zusammenspiel mehrerer Merkmale wichtig, das in SHAP-Darstellungen nicht immer unmittelbar ersichtlich wird.

Nachdem mithilfe von SHAP im Detail gezeigt wurde, wie sich der Einfluss einzelner Merkmale auf eine Modellentscheidung quantifizieren lässt, stellt sich die Frage, ob und wie sich auch komplexere Konzepte oder Muster (statt einzelner Features) erklären lassen. Dies wäre vor allem für Bilder relevant und somit insbesondere für bildbasierte attributive Prüfungen (z. B. mittels Kameras) interessant. An dieser Stelle kommt das Verfahren **Testing with Concept Activation Vectors (TCAV)** ins Spiel, welches wiederum einen anderen Ansatz zur Interpretierbarkeit verfolgt: Es greift direkt auf „menschlich verständliche Konzepte" zu, um deren Bedeutung für das Modellergebnis zu messen.

TCAV wurde von einer Gruppe Forschender um Been Kim bei Google entwickelt und 2018 vorgestellt (Kim et al. 2018). Im Unterschied zu feature-basierten Ansätzen (wie SHAP) fokussiert sich TCAV auf die Frage, ob und wie sehr ein Modell bestimmte Konzepte repräsentiert – ganz im Sinne eines Post-hoc-Verfahrens, weil es nach dem Training eines neuronalen Netzes zum Einsatz kommt, ohne dessen Struktur zu ändern. Es ist ein modellspezifisches Verfahren, da es (in der ursprünglichen Form) ausschließlich für neuronale Netze nutzbar ist.

Das Grundprinzip von TCAV aus Kim et al. basiert auf vier Schritten und wird jeweils am Tierbeispiel aus Bild 5.2 (Zebra, Pferd, Tiger) näher erläutert (Kim et al. 2018):

1. *Konzepte definieren:* Es werden verschiedene Konzepte (z. B. Streifen, „Pferdeform", „Tigerform") festgelegt, welche untersucht werden sollen.
2. *Sammlung von Trainingsdaten:* Für das gewählte Konzept wird eine Reihe an Beispielbildern oder -instanzen zusammengestellt, die das Konzept möglichst eindeutig repräsentieren (etwa Fotos von Objekten mit Streifen; Fotos von Pferden, Tigern und Zebras selbst etc.).
3. *Bestimmung der Concept Activation Vectors (CAVs):* Die Bilder werden durch das neuronale Netz geleitet, um die Aktivierungen in einer bestimmten Schicht (z. B. Hidden Layer in einem neuronalen Netz) zu erfassen. Aus diesen Aktivierungen wird ein Vektor (CAV) extrahiert, der das jeweilige Konzept im Merkmalsraum des Netzes abbildet.
4. *Quantitative Überprüfung:* Anschließend wird ermittelt, inwieweit diese Konzepte beim Modell eine Rolle spielen. Dazu werden Testinstanzen durchs Netz geschickt, und anhand des Skalarprodukts mit den CAVs wird ermittelt, ob das Konzept signifikant zur Klassifikationsentscheidung beiträgt. Das Resultat kann beispielsweise zeigen, dass das Modell für die Klasse „Zebra" hohe Aktivierungen im „Streifen"-Konzeptraum aufweist.

In Bild 5.12 wird diese Vorgehensweise noch einmal grafisch abgebildet. Das dargestellte Prüfobjekt ist ein Zebra, welches durch ein tiefes neuronales Netz (Deep Neural Network) als ein Zebra erkannt wird. Dieses Vorgehen basiert auf dem bereits vorgestellten Vorgehen zur Bilderkennung (vgl. Bild 5.2). Mittels TCAV soll nun begründet werden, warum der Algorithmus „denkt", dass es sich um ein Zebra handelt und nicht beispielsweise um ein Pferd oder einen Tiger. Es werden nun folglich Trainingsdaten der verschiedenen zu untersuchenden Konzepte (hier: Streifen, Pferdeform und Tigerform) zur Verfügung gestellt. Gemäß dem vorangehend vorgestellten Grundprinzip der Funktionsweise werden zunächst die CAVs bestimmt. Abschließend kann bewertet werden, welchen Einfluss welches Konzept auf das Modellergebnis (hier die Identifizierung des Prüfobjekts als Zebra) hatte. Es ist zu erkennen, dass das Zebra vor allem aufgrund der Streifen als ein solches erkannt wurde. Des Weiteren hatte die Pferdeform eine hohe Relevanz, weil das Prüfobjekt ansonsten auch ein Tiger hätte sein können.

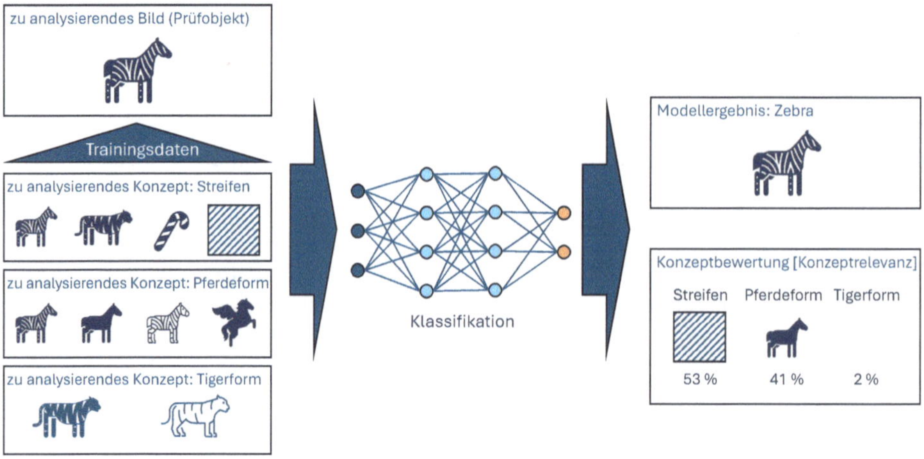

Bild 5.12 Funktionsweise von TCAV (in Anlehnung an Kim et al. 2018)

Bezogen auf die Produktionstechnik können die Konzepte beliebig gewählt werden. Beispiele aus der Produktion und den attributiven Prüfungen können folgende sein:

- Oberflächenstrukturen: Kratzer, Risse, Dellen oder auch Rauheitsgrade
- prozessbedingte Merkmale: Schweißnahtqualität oder Werkzeugverschleiß
- Materialeigenschaften: Farbdurchdringung oder Gefügestrukturen

Hierbei können entsprechend verschiedene Beispiele für OK und NOK definiert werden. Wichtig ist auch die Integration von Konzepten, die auf den ersten Blick keinen direkten Zusammenhang mit der Bauteilqualität haben. Als klassisches Beispiel sind hier Hände oder Finger zu nennen. Werden beispielsweise defekte Bauteile immer gesondert vor eine Kamera gehalten, so kann es passieren, dass der Bildverarbeitungsalgorithmus das Konzept „Finger“ als Grundlage für die Bewertung als NOK sieht.

Zusammenfassend bietet TCAV eine neuartige Möglichkeit, neuronale Netzwerke nicht nur anhand einzelner Features, sondern mithilfe von menschlich verständlichen Konzepten zu analysieren. Dadurch wird es möglich, komplexe Merkmale zu untersuchen – zum Beispiel „Streifen“ oder „Rundungen“ –, die das Modell gelernt hat. Ein großer Vorteil liegt darin, dass sich Resultate nicht allein in Form abstrakter Rechenwerte, sondern in Form konkreter Konzepte ausdrücken lassen, die eine intuitive Deutung vereinfachen. Dies lässt sich insbesondere dann nutzen, wenn man verdeutlichen möchte, wie stark das Netz für eine bestimmte Klasse typische oder unerwünschte Eigenschaften (etwa Kratzer) heranzieht.

Allerdings erfordert TCAV auch, dass die Konzepte manuell definiert werden und sich durch passende Beispieldaten abbilden lassen. Die Datenauswahl und Klassifikation (wie sie für attributive Prüfungen notwendig ist) für ein bestimmtes Konzept – zum Beispiel ausreichend viele Fotos mit Streifen – kann sehr aufwendig sein, besonders wenn das Konzept weniger eindeutig oder selten im Datenmaterial vorhanden ist.

5.2.3 Zwischenfazit zu Trustworthy AI und Explainable AI

Zusammenfassend verfolgt Trustworthy AI (vertrauenswürdige KI) das Ziel, KI-Systeme so zu gestalten, dass sie verlässlich, sicher, fair und ethisch vertretbar agieren. Dazu gehört unter anderem, mögliche Verzerrungen in Daten und Algorithmen zu minimieren, Datenschutz und Sicherheit zu gewährleisten sowie klare Verantwortlichkeiten und Transparenz im Entwicklungsprozess sicherzustellen.

Explainable AI (erklärbare KI) konzentriert sich darauf, die Funktionsweise und Entscheidungsfindung von KI-Systemen nachvollziehbar zu machen. Sowohl Nutzerinnen und Nutzer als auch Entwicklerinnen und Entwickler sollen verstehen können, wie ein KI-Modell zu einem bestimmten Ergebnis kommt. Dadurch kann zum einen das Vertrauen in die Ergebnisse der Modelle gestärkt werden, zum anderen können die Ergebnisse zur Optimierung von (Prüf-)Prozessen (und des Modells) genutzt werden. Bei fehlerhaften Entscheidungen können die Erklärungen genutzt werden, um das Modell gegebenenfalls neu anzulernen oder je nach Modell weitere Restriktionen hinzuzufügen. Bei korrekten Entscheidungen können die Entscheidungen genutzt werden, um mögliche unentdeckte Zusammenhänge zu identifizieren und diese zu nutzen, um den dahinterliegenden (Prüf-)Prozess zu optimieren.

Vergleicht man diese Ziele mit den Zielen der klassischen Eignungsnachweise von (attributiven) Prüfprozessen (z. B. nach VDA-Band 5 oder MSA, 4th Edition), fallen einige Parallelen auf. Auch der Eignungsnachweis dient dazu, nachzuweisen, dass die Ergebnisse der Prüfung vertrauenswürdig sind. Hierbei stehen jedoch oft konkrete Kennwerte zur Bewertung zur Verfügung (vgl. Abschnitt 4.4). Die Vertrauenswürdigkeit und Erklärbarkeit von KI verfolgen zwar ein ähnliches Ziel, setzen jedoch eine manuelle Analyse der Ergebnisse voraus. Diese manuelle Analyse bedingt also, dass ein Mensch in der Lage sein muss, die Ergebnisse der Algorithmen zu analysieren und folglich zu verstehen (Adadi/Berrada 2018). Aus diesem Grund soll in Abschnitt 5.3 der Unterschied zwischen einem algorithmusseitigen *Erklären* und einem *Verstehen* durch den Menschen analysiert werden.

5.3 Erklären vs. Verstehen

Erklären und Verstehen sind zwei verschiedene Vorgänge: Während sich das Erklären in erster Linie auf das zugrunde liegende Modell (also den Inhalt der Erklärung) und die verwendete Interpretationsmethode bezieht, hängt das Verstehen zusätzlich davon ab, wer die Erklärung erhält – sprich, welche Person oder Personengruppe angesprochen wird. Damit ein ML-Modell tatsächlich erklärbar (explainable) ist, muss es für menschliche Anwenderinnen und Anwender nachvollziehbar sein. Diese Anforderung stellt eine wesentliche Herausforderung für die Gestaltung von XAI dar, da hier nicht nur fundierte ML-Kenntnisse, sondern ebenso Fähigkeiten aus dem Bereich der Mensch-Computer-Interaktion (HCI) erforderlich sind. Nur so lässt sich ein hochkomplexer Rechenprozess auf eine Weise kommunizieren, die Menschen verständlich und zugänglich ist. Zudem ist zu bedenken, dass Erklären als Handlung bereits seit Langem Gegenstand philosophischer und psychologischer Untersuchungen ist. Die Erkenntnisse dieser Disziplinen liefern wertvolle Anregungen dafür, wie sich menschliche Erklärprozesse simulieren oder modellbasiert nachvollziehen lassen. Darüber hinaus erweist sich die Einbindung des Menschen (Human-in-the-Loop) als zentraler Faktor für den tatsächlichen Wert der Erklärbarkeit. Allerdings legt ein Blick auf die aktuelle Fachliteratur nahe, dass der Einfluss menschlicher Faktoren in XAI bislang vergleichsweise wenig berücksichtigt wurde. Dies verdeutlicht, wie wichtig es ist, diesen Aspekt stärker in den Fokus zu rücken, um wirklich nachhaltige und vertrauenswürdige KI-Systeme zu entwickeln (Adadi/Berrada 2018).

Dieses Thema ist insbesondere bei der Anwendung von KI in der Produktion von hoher Relevanz und schafft einen bedeutenden Mehrwert in der Anwendung von XAI, da es neue Einsichten in die menschlichen Aspekte rund um Erklärbarkeit und Akzeptanz von KI-Systemen ermöglicht. Gleichwohl soll es nicht expliziter Gegenstand dieses Buches sein. Für weitere Informationen sei an dieser Stelle auf die entsprechenden Arbeiten in diesem Bereich verwiesen. Dies sind unter anderem die Arbeiten von Miller (Miller 2017), Miller et al. (Miller et al. 2017) oder Bauer und Baldes (Bauer/Baldes, 2005). Des Weiteren sei auf die Dissertation von Johanna Miriam Werz mit dem Titel „Künstliche Intelligenz erklären, verstehen, nutzen – Anforderungen an Transparenz und ihr Einfluss auf die Nutzung von KI-Entscheidungsunterstützungssystemen“[7] verwiesen, welche dieses Thema ebenfalls aufgreift und analysiert.

5.4 Hinweise für die Praxis

Nachdem in den vorangegangenen Abschnitten die Themen künstliche Intelligenz, Machine Learning und Deep Learning sowie anschließend Explainable AI und Trustworthy AI eingeführt, beschrieben und anhand von Beispielen verdeutlicht wurden, geht es in diesem Abschnitt um die Hinweise für die Praxis. Wir beschreiben aus unserer Sicht, welche der vorangehend genannten Aspekte besondere Relevanz für die praktische Anwendung (in der Industrie/Produktion) haben.

Künstliche Intelligenz, Machine Learning und Deep Learning

Insbesondere in Prüfprozessen, die auf Bilddaten basieren, ist die Nutzung von Machine Learning und Deep Learning inzwischen ein zentraler Bestandteil moderner Analyseverfahren und daher kaum mehr wegzudenken. Diese innovativen Technolo-

[7] Zum Zeitpunkt des Verfassens dieses Buches befand sich die Dissertation noch im Veröffentlichungsprozess.

gien haben sich als äußerst effektiv erwiesen, um komplexe Muster in Bilddaten zu erkennen und Anomalien verlässlich zu identifizieren. Angesichts dieser beeindruckenden Leistungsfähigkeit ist in naher Zukunft zudem zu erwarten, dass entsprechende Algorithmen auch in weiteren Auswerteverfahren verstärkt Einzug halten werden. Infolgedessen vergrößern sich die Möglichkeiten der automatisierten Analyse signifikant, etwa durch die Kombination unterschiedlicher Datenquellen und verfeinerte Methoden der Ergebnisinterpretation.

Es ist jedoch von entscheidender Bedeutung, zu betonen, dass die Güte der Ergebnisse direkt von der Qualität der Datengrundlage abhängt. Daher sollte der Auswahl und Aufbereitung der zugrunde liegenden Daten besondere Aufmerksamkeit gewidmet werden, um sicherzustellen, dass die Algorithmen präzise und zuverlässig arbeiten können. Hierzu zählen insbesondere eine sorgfältige Datenerfassung, eine konsistente Vorverarbeitung sowie gegebenenfalls eine aussagekräftige Beschriftung der Bilddaten (Labeling). Darüber hinaus ist es hilfreich, eine ausreichende Vielfalt an Datenpunkten zu berücksichtigen, um die Algorithmen auf unterschiedliche Szenarien und Variationen vorzubereiten. Dadurch erhöht sich nicht nur die Robustheit der Modelle, sondern auch deren langfristige Verwendbarkeit in anspruchsvollen Prüfprozessen.

Darüber hinaus spielt nicht nur die Auswahl des spezifischen Algorithmus eine zentrale Rolle, sondern ebenso dessen frühzeitige Einbindung in den gesamten Entwicklungsprozess sowie in den Eignungsnachweis des Prüfprozesses. Diese enge Verzahnung der technischen Konzeption mit den Anforderungen der jeweiligen Prüfumgebung sorgt für eine reibungslose Integration und ermöglicht eine effektive Kontrolle der erzielten Ergebnisse. So können mögliche Schwachstellen bereits in einer frühen Phase erkannt und entsprechende Gegenmaßnahmen zeitnah eingeleitet werden. Durch dieses vorausschauende Vorgehen wird das volle Potenzial der ML- und DL-Methoden ausgeschöpft, um sowohl zeitliche als auch finanzielle Ressourcen zu schonen.

Trustworthy AI und Explainable AI

Bestehende Regulierungen, Normen und Richtlinien im Bereich Trustworthy AI und Explainable AI nehmen bislang nur selten direkten Bezug auf (attributive) Prüfprozesse oder den damit verbundenen Eignungsnachweis. Inwieweit sich dies künftig ändert und zu welchem Zeitpunkt dies geschieht, ist aufgrund der dynamischen Entwicklung und der Vielzahl einflussnehmender Faktoren gegenwärtig nur schwer einzuschätzen.

Dennoch bietet das Themengebiet bereits jetzt ein großes Potenzial, um einerseits die Ergebnisse von Prüfungen durch zusätzliche Transparenz abzusichern und andererseits wertvolle Erkenntnisse aus den Resultaten zu ziehen. So erlaubt der Einsatz von XAI-Methoden nicht nur einen tieferen Einblick in die Entscheidungswege und das Verhalten künstlicher Intelligenz, sondern schafft zugleich Vertrauen in die Aussagekraft und Belastbarkeit von KI-Ergebnissen. Dies kann entscheidend sein, wenn es darum geht, Systeme kontinuierlich weiterzuentwickeln und ihre Robustheit gegenüber unterschiedlichen Anwendungsszenarien zu erhöhen.

Darüber hinaus erleichtert die Integration von XAI-Verfahren die Kommunikation mit diversen Interessengruppen: Durch nachweisbare Erklärbarkeit und Nachvollziehbarkeit werden sowohl potenzielle Zweifel aufseiten der Anwender gemindert als auch die Akzeptanz bei Aufsichtsbehörden und im regulatorischen Umfeld gesteigert. Folglich lohnt es sich, schon jetzt zu evaluieren, wie und in welchem Umfang sich derartige Methoden sinnvoll in bestehende Prüfprozesse einbetten lassen. Dies trägt dazu bei, künftige Anforderungen – seien sie gesetzlicher, ethischer oder technischer Art – besser zu antizipieren und die eigenen Prozesse frühzeitig auf ein höheres Vertrauensniveau zu heben.

Übergreifend lässt sich feststellen, dass künstliche Intelligenz (KI), Machine Learning, Deep Learning sowie Trustworthy AI und Explainable AI in den meisten Fällen innerhalb eines soziotechnischen Systems zum Einsatz kommen. Dies bedeutet, dass Menschen nicht nur für die Entwicklung und Implementierung dieser Technologien verantwortlich sind, sondern auch direkt mit den Ergebnissen der Algorithmen und Systeme arbeiten. Die Interaktion zwischen Mensch und Maschine ist dabei entscheidend, da die Akzeptanz und letztlich auch die Wirksamkeit der KI-Lösungen davon abhängen, ob Anwenderinnen und Anwender ihre Funktionsweise grundsätzlich nachvollziehen können.

Nicht zuletzt zeigt sich, dass KI-Technologien am effektivsten sind, wenn sie nicht isoliert betrachtet werden, sondern im Kontext des jeweiligen Anwendungsfalls und der beteiligten Personen weiterentwickelt werden. Eine enge Zusammenarbeit zwischen technischen Expertinnen und Experten, Anwenderteams und Entscheidungsträgerinnen und -trägern stellt sicher, dass sowohl die fachlichen als auch die menschlichen Aspekte hinreichend berücksichtigt werden. Dadurch kann ein gemeinsames Verständnis entstehen, das die Akzeptanz und den Erfolg KI-basierter Lösungen nachhaltig stärkt.

5.5 Ausblick

Ziel dieses Abschnitts ist ein Ausblick auf die Themen künstliche Intelligenz, Machine Learning und Deep Learning sowie auf Trustworthy AI und Explainable AI im Bereich der attributiven Prüfprozesse und des korrespondierenden Eignungsnachweises. Da die Ergebnisgüte sehr stark von der Datengrundlage abhängig ist, soll jedoch zunächst auf dieses Thema näher eingegangen werden.

Datengrundlage

Eine gute Datengrundlage bildet die Basis für gute Ergebnisse der Algorithmen. Da insbesondere lernende Algorithmen häufig größere Datenmengen benötigen als zum Beispiel regelbasierte Algorithmen, entsteht häufig ein erhöhter Aufwand, wenn man zum Beispiel Deep Learning einsetzen möchte. Dieser Aufwand wird noch weiter erhöht, wenn bestimmte Klassen in den üblichen Produktionsdaten nur selten vorkommen. Ein klassisches Beispiel sind NOK-Daten in einem sehr fähigen Produktionsprozess mit hohem c_{pk}, wo folglich nur sehr wenig Ausschuss produziert wird. Um einem Lernalgorithmus dennoch genügend Trainingsdaten für diese Klasse bereitzustellen, besteht die Möglichkeit, die Daten künstlich zu erzeugen. Dies kann entweder physisch durch das manuelle Einbringen von Fehlern (z. B. Kratzern) erfolgen oder (bei optischen attributiven Prüfungen) über die Erstellung von künstlichen Bildern. Der zweite Aspekt wird hierbei erstmalig im Bereich des Eignungsnachweises im VDA-Band 5.3 erwähnt.

Bei der Erstellung der künstlichen Datensätze kann z. B. auf sogenannte GANs (Generative Adversarial Networks) zurückgegriffen werden. Ein GAN besteht aus zwei miteinander konkurrierenden künstlichen neuronalen Netzen: dem Generator-Netzwerk und dem Diskriminator-Netzwerk. Der Generator erzeugt zunächst mithilfe von gaußschem Rauschen synthetische Daten, die er dem Diskriminator präsentiert. Zeitgleich erhält der Diskriminator auch echte Daten und muss zwischen den realen und den künstlich generierten Beispielen unterscheiden. Diese Wettbewerbssituation führt dazu, dass beide Netzwerke im Rahmen des Trainings beständig voneinander lernen: Der Diskriminator wird zunehmend geschult, die charakteristischen Merkmale echter Daten zu erkennen und Fälschungen zu entlarven, während der Generator seine Erzeugnisse immer weiter verfeinert, um die Qualitätsmerkmale realer Daten möglichst genau nachzuahmen. Dadurch kann der Generator allmählich täuschend echte Bilder erzeugen, die sich kaum noch von den Vorlagen, auf denen das System trainiert wurde, unterscheiden lassen. Je besser der Generator wird, desto schwieriger fällt es dem Diskriminator, eine Fälschung von einem echten Datensatz zu unterscheiden. Umgekehrt muss der Diskriminator seine Fähigkeiten weiter verbessern, um die neuen „Tricks" des Generators zu durchschauen. Auf diese Weise entsteht ein ständiger Wettstreit zwischen den beiden Netzwerken, der letztlich zu immer überzeugenderen Resultaten im Sinne hochqualitativer, künstlich erzeugter Daten führt (Goodfellow et al. 2016).

Die Funktionsweise ist in Bild 5.13 noch einmal grafisch aufbereitet.

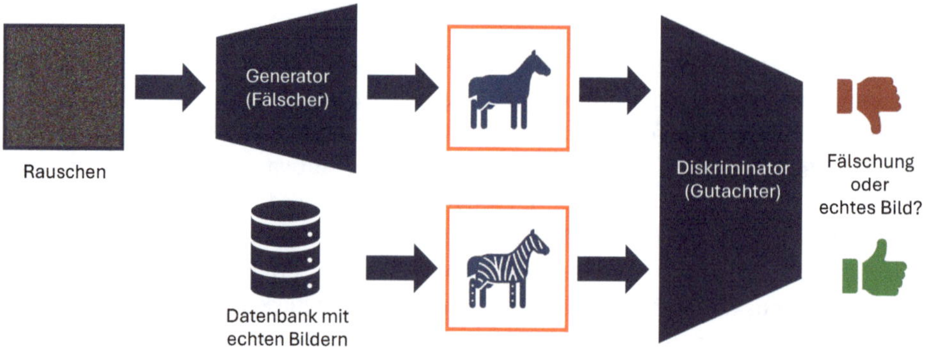

Bild 5.13 Funktionsweise GAN (Generative Adversarial Network)

Für das Training von Machine Learning-Algorithmen werden solche Ansätze zur Erstellung von künstlichen Daten teilweise schon genutzt. Im Bereich der Domain Randomization oder der Anomaliedetektion werden auch bereits heute akzeptable Ergebnisse erzielt. Für die Validierung der erstellten Machine Learning-Algorithmen werden jedoch häufig höhere Anforderungen an den Datensatz gestellt (z. B. in Bezug auf Realismus der Bilder). Häufig noch unbeantwortet bleibt daher die Frage nach der Validierung dieser Modelle mittels künstlicher Daten.

Eine Validierung ist für eine flächendeckende Umsetzung der Modelle unabdingbar, stellt jedoch in der Anwendung aufgrund der oben genannten Aspekte (vgl. geringer Ausschuss; hoher c_{pk}-Wert sowie hohe Anforderungen an die Datensätze) oft eine Herausforderung dar. Für bestimmte Ausprägungen (z. B. NOK-Bauteile) liegen folglich nur wenige bzw. zu wenige Validierungsdaten vor. Künstliche Datensätze, welche die hohen Anforderungen erfüllen, könnten hier eine Lösung darstellen. Dass künstliche/synthetische Daten für die Validierung genutzt werden können, wird in der Richtlinienlandschaft der Prüfprozesse zum ersten Mal im VDA-Band 5.3 erwähnt. Eine Vorgehensbeschreibung zur Erstellung dieser Validierungsdaten (oder auch Testdaten) ist jedoch nicht gegeben – es wird lediglich *Realismus* gefordert. Die Fragestellung nach der Validierung der Modelle über künstliche/synthetische Daten und ein dazugehöriges allgemeines Vorgehen bleibt folglich für die Anwendung häufig noch unbeantwortet.

In neusten Ansätzen (z. B. vom Lehrstuhl für Intelligence in Quality Sensing vom WZL der RWTH Aachen) wird daher an dem Ansatz geforscht, Daten über eine Kombination eines kontrollierbaren Ansatzes – wie einer Simulation/einem Rendering und einer Erhöhung des Realismus durch Style Transfer-Modelle, z. B. Cycle GANs – zu kombinieren und so die Vertrauenswürdigkeit der synthetischen Validierungsdaten zu erhöhen. Ziel ist hierbei eine Pipeline für kontrollierbare, realistische Bilder (am Beispiel von Oberflächendefekten) für die Evaluierung von Machine Vision-Modellen zu erstellen und so eine flächendeckende Nutzung künstlich erstellter Daten nicht nur für das Training von Machine Learning-Modellen zu ermöglichen, sondern auch für die Validierung der Modelle.

Machine Learning und Deep Learning

Die Forschung im Bereich Machine Learning und Deep Learning für attributive Prüfprozesse – darunter auch bildbasierte Verfahren – wird in den kommenden Jahren voraussichtlich stark an Bedeutung gewinnen und sich in mehreren Richtungen entwickeln. Ein zentrales Thema ist die Verbesserung der Dateneffizienz: Da in vielen Prüfprozessen die Etikettierung ausreichender Trainingsdaten zeitaufwendig und kostenintensiv sein kann, rücken Ansätze wie Few-Shot Learning, Transfer Learning oder Self-Supervised Learning verstärkt in den Fokus (z. B. Wang et al. 2020). Damit lassen sich die Genauigkeit und Robustheit der Modelle weiter erhöhen, ohne Unmengen an annotierten Daten zu benötigen.

Darüber hinaus beschäftigen sich Forschende damit, die Robustheit der Machine Learning- und Deep Learning-Systeme zu erhöhen. Dies umfasst unter anderem Techniken, die Modellen helfen, auch in variierenden Umgebungen zuverlässig zu arbeiten, etwa bei veränderten Lichtverhältnissen oder unterschiedlichen Produktionschargen. Insbesondere der Einsatz adversarialer Trainingsmethoden und die Verwendung synthetisch generierter Daten (z. B. GANs, siehe vorangegangene Ausführungen) können dabei unterstützen, den Einsatzbereich von Machine Learning-Systemen zu erweitern und ihre Fehleranfälligkeit zu reduzieren. Grundlage hierfür sind vor allem die Arbeiten von Goodfellow et al. (Goodfellow et al. 2016).

Trustworthy und Explainable AI

Da automatisierte Systeme in Prüfprozessen häufig als Entscheidungsträger fungieren, ist eine nachvollziehbare und vertrauenswürdige Entscheidungsfindung besonders essenziell. Hier rücken erklärbare Modelle in den Fokus, die den Anwenderinnen und Anwendern transparent aufzeigen, anhand welcher Merkmale oder Bildausschnitte ein Algorithmus seine Schlussfolgerungen zieht.

Zur Erreichung solcher Transparenz entwickelt die Forschung neue Techniken, die nicht nur bessere Visualisierungen für Merkmalsextraktionen bieten, sondern auch die Entstehung potenzieller Fehlklassifikationen aufdecken. Parallel dazu entstehen framework-basierte Ansätze, um während des kompletten Entwicklungsprozesses – vom Datenmanagement bis zur Modelloptimierung – sicherzustellen, dass die erzeugten Resultate robust und interpretierbar sind. Diese Entwicklung geht Hand in Hand mit der fortschreitenden Standardisierung und dem wachsenden Interesse an ethischen Leitlinien, beispielsweise im Hinblick auf Bias-Erkennung oder rechtliche Anforderungen. Zudem fließen Elemente der Mensch-Computer-Interaktion (HCI) stärker in die Gestaltung der KI-Systeme ein, sodass Anwenderinnen und Anwender innerhalb des Prüfprozesses nicht nur als „Endnutzer" betrachtet werden, sondern aktiv in den Erklärprozess eingebunden sind.

Auf technischer Ebene wird zudem intensiv daran gearbeitet, Erklärbarkeitsmethoden und Vertrauen schaffende Maßnahmen direkt in Machine Learning-Modelle zu integrieren, anstatt sie nur als nachträglich aufgesetzte „Add-ons" zu verwenden.

Hierdurch soll eine konsistent hohe Zuverlässigkeit erreicht werden, auch wenn sich Rahmenbedingungen wie etwa Beleuchtungssituationen bei Bildaufnahmen ändern oder neue Prüfobjekte hinzugefügt werden. Gleichzeitig ermöglichen modulare Systemarchitekturen eine flexiblere Anpassung an unterschiedliche industrielle oder regulatorische Anforderungen. Letztlich könnte so eine neue Generation von Attributprüfungen entstehen, in der KI-Modelle eine höhere Akzeptanz genießen, da ihre Entscheidungswege klar ersichtlich sind und laufend validiert werden.

Literatur

Adadi, A./Berrada, M.: Peeking Inside the Black-Box: A Survey on Explainable Artificial Intelligence (XAI). In: IEEE Access, 17 September 2018, pp. 52138 – 52160 (DOI: 10.1109/ACCESS.2018.2870052)

Andrews, R./Diederich, J./Tickle, A. B.: Survey and critique of Techniques for Extracting Rules from Trained Artificial Neural Networks. In: Knowl.-Based Syst., Vol. 8, No. 6, 1995, pp. 373 – 389

Aung, M. H./Lisboa, P. J. G./Etchells, T. A./Testa, A. C./Van Calster, B./Van Huffel, S./Valentin, L./Timmerman, D.: Comparing analytical decision support models through Boolean rule extraction: A case study of ovarian tumour malignancy. In: Proc. Int. Symp. Neural Netw., 2007, pp. 1177 – 1186

Bach, S./Binder, A./Montavon, G./Klauschen, F./Müller, K.-R./Samek, W.: On pixel-wise explanations for non-linear classifier decisions by layer-wise relevance propagation. In: PLoS ONE, July 2015, Vol. 10, No. 7, e0130140

Bach, S./Binder, A./Müller, K.-R./Samek, W.: Controlling explanatory heatmap resolution and semantics via decomposition depth. In: Proc. IEEE Int. Conf. Image Process. (ICIP), 2016, pp. 2271 – 2275

Baehrens, D./Schroeter, T./Harmeling, S./Kawanabe, M./Hansen, K./Müller, K. R.: How to Explain Individual Classification Decisions. In: J.Mach. Learn. Res., 11, 2010, pp. 1803 – 1831

Barredo Arrieta, A./Díaz-Rodríguez, N./Del Ser, J./Bennetot, A./Tabik, S./Barbado, A./Benjamins, R./ Chatila, R./Herrera, F.: Explainable Artificial Intelligence (XAI): Concepts, taxonomies, opportunities and challenges toward responsible AI. In: Inf. Fusion, June 2020, pp. 82 – 115 (DOI:10.1016/j.inffus.2019.12.012)

Bastani, O./Kim, C./Bastani, H.: Interpretability via Model Extraction. 2017. *https://arxiv.org/abs/1706.09773* (zuletzt abgerufen am 08. 10. 2025)

Bauer, M./Baldes, S.: An ontology-based interface for machine learning. In: Proc. 10th Int. Conf. Intell. Interfaces, January 2005, pp. 314 – 316

Bien, B./Tibshirani, R.: Prototype selection for interpretable classification. In: Ann. Appl. Statist., Vol. 5, 2011, No. 4, pp. 2403 – 2424

Caruana, R./Lou, Y./Gehrke, J./Koch, P./Sturm, M./Elhadad, N.: Intelligible models for healthcare: Predicting pneumonia risk and hospital 30-day readmission. In: Proc. 21th ACM SIGKDD Int. Conf. Knowl. Discovery Data Mining, August 2015, pp. 1721 – 1730

Casalicchio, G./Molnar, C./Bischl, B.: Visualizing the Feature Importance for Black Box Models. 2018. *https://arxiv.org/abs/1804.06620* (zuletzt abgerufen am 08. 10. 2025)

Che, Z./Purushotham, S./Khemani, R./Liu, Y.: Distilling Knowledge from Deep Networks with Applications to Healthcare Domain. December 2015. *https://arxiv.org/abs/1512.03542* (zuletzt abgerufen am 08. 10. 2025)

Cortez, P./Embrechts, M. J.: Opening black box data mining models using sensitivity analysis. In: Proc. IEEE Symp. Comput. Intell. Data Mining (CIDM), April 2011, pp. 341 – 348

Cortez, P./Embrechts, M. J.: Using sensitivity analysis and visualization techniques to open black box data mining models. In: Inf. Sci., vol. 225, March 2013, pp. 1 – 17

Dabkowski, P./Gal, Y.: Real time image saliency for black box classifiers. In: Proc. Adv. Neural Inf. Process. Syst., May 2017, pp. 6970 – 6979

Elith, J./Leathwick, J./Hastie, T.: A working guide to boosted regression trees. In: J. Animal Ecol., vol. 77, no. 4, August 2008, pp. 802 – 813

Erhan, D./Courville, A./Bengio, Y.: Understanding representations learned in deep architectures. Tech. Rep. 1355. Dept. d'Informatique Recherche Operationnelle, Université de Montreal, Québec, Canada 2010

European Commission: Ethics guidelines for trustworthy AI. 2019. *https://digital-strategy.ec.europa.eu/en/library/ethics-guidelines-trustworthy-ai* (zuletzt abgerufen am 08. 10. 2025)

Fan, H. F./Hooker, G./Wells, M. T.: Tree Space Prototypes: Another Look at Making Tree Ensembles Interpretable. November 2016. *https://arxiv.org/abs/1611.07115* (zuletzt abgerufen am 08. 10. 2025)

FAT/ML: The FAT/ML Workshop Series on Fairness Accountability and Transparency in Machine Learning. 2018. *http://www.fatml.org* (zuletzt abgerufen am 08. 10. 2025)

FICO: FICO Expands Educational Analytics Challenge Program with Three New Historically Black Colleges and Universities to Educate Aspiring Data Scientists. 2018. *https://community.fico.com/s/explainable-machine-learning-challenge* (zuletzt abgerufen am 08. 10. 2025)

Fisher, A./Rudin, C./Dominici, F.: Model Class Reliance: Variable Importance Measures for any Machine Learning Model Class, from the „Rashomon" Perspective. January 2018 (DOI: 10.48550/arXiv.1801.01489)

Fong, R./Vedaldi, A.: Interpretable Explanations of Black Boxes by Meaningful Perturbation. In: 2017 IEEE International Conference on Computer Vision (ICCV), Venice, Italy, 2017, pp. 3449 – 3457. *https://arxiv.org/abs/1704.03296* (zuletzt abgerufen am 08. 10. 2025)

García, S./Fernández, A./Herrera, F.: Enhancing the effectiveness and interpretability of decision tree and rule induction classifiers with evolutionary training set selection over imbalanced problems. In: Appl. Soft Comput., Vol. 9, No. 4, September 2009, pp. 1304 – 1314

Gibbons, R. D.: The CAD-MDD: A computerized adaptive diagnostic screening tool for depression. In: J. Clin. Psychiatry, Vol. 74, No. 7, July 2013, pp. 669 – 674

Goldstein, A./Kapelner, A./Bleich, J./Pitkin, E.: Peeking Inside the Black Box: Visualizing Statistical Learning with Plots of Individual Conditional Expectation. In: J. Comput. Graph. Statist., vol. 24, no. 1, September 2013, pp. 44 – 65

Goodfellow, I./Bengio, Y./Courville, A.: Deep Learning. MIT Press, Cambridge, USA, 2016

Goodman, B./Flaxman, S.: EU regulations on algorithmic decision-making and a „right to explanation". In: AI-Mag., 38(3), June 2016, pp. 50 – 57

GopiKrishna, T.: Evaluation of rule extraction algorithms. In: Int. J. Data Mining Knowl. Manage. Process, Vol. 4, No. 3, 2014, pp. 9 – 19

Green, D. P./Kern, H. L.: Modeling heterogeneous treatment effects in large-scale experiments using Bayesian Additive Regression Trees. In: Proc. Annu. Summer Meeting Soc. Political Methodol., January 2010, pp. 1 – 40

Gronwald, K.-D.: Data Management – Der Weg zum datengetriebenen Unternehmen. Springer Vieweg, Berlin/Heidelberg 2024

Guidotti, R./Monreale, A./Ruggieri, S./Pedreschi, D./Turini, F./Giannotti, F.: Local Rule-Based Explanations of Black Box Decision Systems. May 2018. *https://arxiv.org/abs/1805.10820* (zuletzt abgerufen am 08. 10. 2025)

Guidotti, R./Monreale, A./Turini, F./Pedreschi, D./Giannotti, F.: A Survey of Methods for Explaining Black Box Models. In: ACM Comput. Surv., 51(5), February 2018, pp. 1 – 42

Gunning, D.: XAI: Explainable Artificial Intelligence. 2018. *http://www.darpa.mil/program/explainable-artificial-intelligence* (zuletzt abgerufen am 08. 10. 2025)

Gurumoorthy, K. S./Dhurandhar, A./Cecchi, G.: ProtoDash: Fast interpretable prototype selection. 2017 (DOI: *10.48550/arXiv.1707.01212*)

Hailesilassie, T.: Rule Extraction Algorithm for Deep Neural Networks: A Review. In: International Journal of Computer Science and Information Security, Vol. 14, No. 7, July 2016. *https://arxiv.org/abs/1610.05267* (zuletzt abgerufen am 08. 10. 2025)

Hara, S./Hayashi, K.: Making tree ensembles interpretable. 2016. *https://arxiv.org/abs/1606.05390* (zuletzt abgerufen am 08. 10. 2025)

Howell, C.: A framework for addressing fairness in consequential machine learning. In: Proc. FAT Conf., Tuts., 2018, pp. 1 – 2

Johansson, U./König, R./Niklasson, L.: The Truth is In There – Rule Extraction from Opaque Models Using Genetic Programming. In: Proc. FLAIRS Conf., January 2004, pp. 658 – 663

Kim, B./Khanna, R./Koyejo, O. O.: Examples are not enough, learn to criticize! Criticism for Interpretability. In: Proc. 29th Conf. Neural Inf. Process. Syst. (NIPS), 2016, pp. 2280 – 2288

Kim, B./Rudin, C./Shah, J. A.: The Bayesian Case Model: A Generative Approach for Case-Based Reasoning and Prototype Classification. In: Proc. Adv. Neural Inf. Process. Syst., 3, March 2015, pp. 1952 – 1960

Kim, B./Wattenberg, M./Gilmer, J./Cai, C./Wexler, J./Viegas, F.: Interpretability Beyond Feature Attribution: Quantitative Testing with Concept Activation Vectors (TCAV). In: International conference on machine learning, 2018, pp. 2668 – 2677

Lei, J./G'Sell, M./Rinaldo, A./Tibshirani, R. J./Wasserman, L.: Distribution-Free Predictive Inference for Regression. In: Journal of the American Statistical Association, April 2016, pp. 1094 – 1111

Lent, M. van/Fisher, W./Mancuso, M.: An Explainable Artificial Intelligence System for Small-unit Tactical Behavior. In: Proc. 16th Conf. Innov. Appl. Artif. Intell. January 2004, pp. 900 – 907

Letham, B./Rudin, C./McCormick, T. H./Madigan, D. Interpretable classifiers using rules and Bayesian analysis: Building a better stroke prediction model. In: Ann. Appl. Statist., 9(3), September 2015, pp. 1350 – 1371

Lundberg, S. M./Lee, S. I.: A Unified Approach to Interpreting Model Predictions. In: Proc. Adv. Neural Inf. Process. Syst., December 2017, pp. 4768 – 4777

Malioutov, D. M./Varshney, K. R./Emad, A./Dash, S.: Learning Interpretable Classification Rules with Boolean Compressed Sensing. In: *Cerquitelli, T./Quercia, D./Pasquale/F.:* Transparent Data Mining for Big and Small Data. Springer, Cham 2017, pp. 95 – 121

Merrick, L./Taly, A.: The Explanation Game: Explaining Machine Learning Models Using Shapley Values. In: *Holzinger, A./Kieseberg, P./Tjoa, A./Weippl, E. (Eds.):* Machine Learning and Knowledge Extraction: 4th IFIP TC 5, TC 12, WG 8.4, WG 8.9, WG 12.9 International Cross-Domain Conference, CD-MAKE 2020, Dublin, Ireland, August 25 – 28, 2020, Proceedings, pp. 17 – 38

Miller, T.: Explanation in Artificial Intelligence: Insights from the Social Sciences. June 2017. *https://arxiv.org/abs/1706.07269* (zuletzt abgerufen am 09. 10. 2025)

Miller, T./Howe, P./Sonenberg, L.: Explainable AI: Beware of Inmates Running the Asylum Or: How I Learnt to Stop Worrying and Love the Social and Behavioural Sciences. In: IJCAI 2017, Workshop on Explainable Artifical Intelligence (XAI), December 2017, pp. 36 – 42

Mishra, S./Sturm, B. L./Dixon, S.: Local Interpretable Modelagnostic Explanations for Music Content Analysis. In: Proc. ISMIR, 2017, pp. 537 – 543

Montavon, G./Lapuschkin, S./Binder, A./Samek, W./Müller, K.-R.: Explaining NonLinear Classification Decisions with Deep Taylor Decomposition. In: Pattern Recognit., Vol. 65(2), May 2017, pp. 211 – 222.

Moosavi, S./Farajzadeh-Zanjani, M./Razavi-Far, R./Palade, V./Saif, M.: Explainable AI in Manufacturing and Industrial Cyber-Physical Systems: A Survey. In: Electronics, 13(17), September 2024, p. 3497 (DOI: 10.3390/electronics13173497)

Nguyen, A./Dosovitskiy, A./Yosinski, J./Brox, T./Clune, J.: Synthesizing the preferred inputs for neurons in neural networks via deep generator networks. In: Proc. Adv. Neural Inf. Process. Syst. (NIPS), May 2016, pp. 3387 – 3395.

Ras, G./van Gerven, M./Haselager, P.: Explanation Methods in Deep Learning: Users, Values, Concerns and Challenges. In: *Escalante, H. J./Escalera, S./Guyon, I./Baró, X./Güçlütürk, Y./Umut, G./van Greven, M. (Hrsg.):* Explainable and Interpretable Models in Computer Vision and Machine Learning. Springer, Cham 2018, pp. 19 – 33

Ribeiro, M. T./Singh, S./Guestrin, C.: „Why should I trust you?": Explaining the Predictions of Any Classifier. In: Proc. 22nd ACM SIGKDD Int. Conf. Knowl. Discovery Data Mining, August 2016, pp. 1135 – 1144

Ribeiro, M. T./Singh, S./Guestrin, C.: Anchors: High-Precision Model-Agnostic Explanations. In: Proc. AAAI Conf. Artif. Intell., 32 (1), April 2018, pp. 1 – 9.

Robnik-Sikonja, M./Kononenko, I.: Explaining Classifications for Individual Instances. In: IEEE Trans. Knowl. Data Eng., Vol. 20, No. 5, June 2008, pp. 589 – 600

Samuel, A. L.: Some Studies in Machine Learning Using the Game of Checkers. In: IBM Journal of Research and Development, 3(3), July 1959, pp. 210-229 (DOI: 10.1147/rd.33.0210)

Schetinin, V.: Confident Interpretation of Bayesian Decision Tree Ensembles for Clinical Applications. In: IEEE Trans. Inf. Technol. Biomed. Vol. 11, No. 3, June 2007, pp. 312 – 319

Schulze, T./Buschmann, D./Schmitt, R. H.: Evaluation Methodology for Interpretation Methods of Predictive Quality Models. In: Procedia CIRP, 126(2), October 2024, pp. 969 – 974

Shapley, L. S.: A Value for n-Person Games. In: *Kuhn, H./Tucker, A. (Eds.):* Contributions to the Theory of Games. Volume II. Princeton University Press 1953, pp. 307 – 317

Simonyan, K./Vedaldi, A./Zisserman, A.: Deep Inside Convolutional Networks: Visualising Image Classification Models and Saliency Maps. December 2013. *https://arxiv.org/abs/1312.6034* (zuletzt abgerufen am 09. 10. 2025)

Statista: Number of regulations related to artificial intelligence (AI) in the European Union from 2017 to 2023, by approach. 2024. *https://www.statista.com/statistics/1473115/ai-related-regulations-eu-by-approach* (zuletzt abgerufen am 09.10.2025)

Su, G./Wei, D./Varshney, K.R./Malioutov, D.M.: Interpretable Two-Level Boolean Rule Learning for Classification. 2015. *https://arxiv.org/abs/1511.07361* (zuletzt abgerufen am 09.10.2025)

Sundararajan, M./Taly, A./Yan, Q.: Axiomatic Attribution for Deep Networks. 2017. *https://arxiv.org/abs/1703.01365* (zuletzt abgerufen am 09.10.2025)

Swartout, W.R./Moore, J.D.: Explanation in Expert Systems: A survey. NASA Technical Reports Server 1989

Tan, S.: (2017). Interpretable Approaches to Detect Bias in Black-Box Models. In: Proc. AAAI/ACM Conf. AI Ethics Soc.December 2018, pp.1–2.

Tan, S./Caruana, R./Hooker, G./Lou, Y.: Detecting Bias in Black-Box Models Using Transparent Model Distillation. 2017. *https://arxiv.org/abs/1710.06169v2* (zuletzt abgerufen am 09.10.2025)

Tan, S./Caruana, R./Hooker, G./Gordo, A.: Transparent model distillation. January 2018a. *https://arxiv.org/abs/1801.08640v1* (zuletzt abgerufen am 09.10.2025)

Tan, S./Caruana, R./Hooker, G./Lou, Y.: Auditing blackbox models using transparent model distillation with side information. 2018b. *https://arxiv.org/abs/1710.06169v3* (zuletzt abgerufen am 09.10.2025)

Thiagarajan, J.J./Kailkhura, B./Sattigeri, P./Ramamurthy, K.N.: TreeView: Peeking Into Deep Neural Networks Via Feature-Space Partitioning. November 2016. *https://arxiv.org/abs/1611.07429* (zuletzt abgerufen am 09.10.2025)

Wachter, S./Mittelstadt, B./Russell, C.: Counterfactual Explanations Without Opening the Black Box: Automated Decisions and the GDPR. November 2017. *https://arxiv.org/abs/1711.00399* (zuletzt abgerufen am 09.10.2025)

Wang, F./Rudin, C.: Falling Rule Lists. In: Proc. 18th Int. Conf. Artif. Intell. Statist. (AISTATS), 38, 2015, pp.1013–1022

Wang, Y./Yao, Q./Kwok, J./Ni, L.: Generalizing from a Few Examples: A Survey on Few-shot Learning. In: ACM computing surveys (csur), 53(3), June 2020, pp.1–34

Wirth, R./Hipp, J.: CRISP-DM: Towards a Standard Process Model for Data Mining. In: Proceedings of the 4th International Conference on the Practical Applications of Knowledge Discovery and Data Mining, 11–13 April 2000, pp.29–40

Xu, K./Park, D.H./Yi, D.H./Sutton, C.: (2018). Interpreting Deep Classifer by Visual Distillation of Dark Knowledge. March 2018. *https://arxiv.org/abs/1803.04042* (zuletzt abgerufen am 09.10.2025)

Zeiler, M.D./Fergus, R.: Visualizing and Understanding Convolutional Networks. In: Computer Vision – ECCV 2014. 13th European Conference. Zurich, Switzerland, September 6–12, 2014. Proceedings, Part I. Springer, Cham 2014, pp.818–833

Zhou, B./Khosla, A./Lapedriza, A./Oliva, A./Torralba, O.: Learning deep features for discriminative localization. In: Proc. IEEE Conf. Comput. Vis. Pattern Recognit., 2016, pp.2921–2929

Index

Symbole

A

B

C

D

E